新工科物联网工程专业
新形态精品系列

传感器
技术与应用

微｜课｜版

胡福年　王晓燕◎主编

栾声扬◎副主编

U0220218

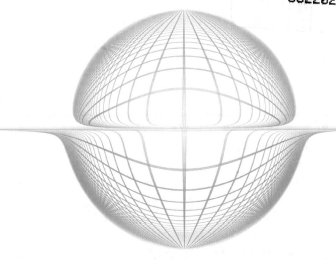

人民邮电出版社

北　京

图书在版编目（CIP）数据

传感器技术与应用 ：微课版 / 胡福年，王晓燕主编
. -- 北京 ：人民邮电出版社，2024.8
（新工科物联网工程专业新形态精品系列）
ISBN 978-7-115-64477-0

Ⅰ．①传… Ⅱ．①胡… ②王… Ⅲ．①传感器－高等
学校－教材 Ⅳ．①TP212

中国国家版本馆CIP数据核字(2024)第104064号

内 容 提 要

　　本书立足于"新工科"人才培养目标和工程教育专业认证课程建设的要求，以提升高等工程教育人才培养质量为目标，不但注重工程前沿知识的选择和系统性的表达，还注重工程思维能力的培养。本书详细阐述传感器技术的基础知识、传感器测量数据的误差分析及数据处理，并依次介绍多种传感器的结构构成、工作原理、测量电路及其实践应用特性等工程知识，具体包括热电式传感器、电阻式传感器、电容式传感器、电感式传感器、压电式传感器、光电式传感器、磁敏式传感器、化学传感器与生物传感器等传统传感器和新型传感器。本书习题、工程应用案例以及配套的数字化资源有助于提升工科人才工程思维能力。

　　本书不但可作为高等院校人工智能、机器人工程、智能感知工程、自动化、电气工程及其自动化、电子信息工程、智能电网信息工程、物联网工程、测控技术与仪器、智能制造、车辆工程等专业的教材，还可以作为相关领域工程技术人员的参考用书。

◆ 主　　编　胡福年　王晓燕

　　副 主 编　栾声扬

　　责任编辑　李　召

　　责任印制　陈　犇

◆ 人民邮电出版社出版发行　　北京市丰台区成寿寺路 11 号

　　邮编　100164　电子邮件　315@ptpress.com.cn

　　网址　https://www.ptpress.com.cn

　　北京市艺辉印刷有限公司印刷

◆ 开本：787×1092　1/16

　　印张：14.25　　　　　　　　2024 年 8 月第 1 版

　　字数：364 千字　　　　　　2024 年 8 月北京第 1 次印刷

定价：69.80 元

读者服务热线：(010)81055256　印装质量热线：(010)81055316
反盗版热线：(010)81055315
广告经营许可证：京东市监广登字 20170147 号

前　言

　　传感器技术、计算机技术、通信技术是现代信息技术的三大基础。目前，现代信息技术正处于跨学科融合、加速创新、深度调整的关键时期。在现代科学技术的推动下，人类正在迈向"万物互联、万物感知、万物智能"的时代。当前，人工智能已成为新一轮产业变革的核心驱动力，是现代信息技术发展的方向。人工智能的迅速发展正在深刻地改变社会生活、改变世界，并成为带动人类社会产业升级和经济转型的主要动力，因此我国和主要发达国家均将发展人工智能产业作为提升国家竞争力、维护国家安全的重大科技战略。人工智能在智能制造、智能医疗、智慧城市、智能农业、国防建设等领域得到了广泛应用，各类应用场景均需要依托不同类型的传感器，因此传感器是人工智能技术发展的硬件基础，也是人工智能技术应用中大数据的源头。由此可见，传感器产业是信息化和工业化深度融合的结合点，不但能够促进新兴产业的发展，助力国家工业转型升级，更能够保障和提高人民生活水平，属于国民经济和国家安全的基础性和战略性产业。传感器技术的发展水平现已成为衡量一个国家科技水平高低和是否达到国际战略竞争制高点的重要依据。

　　党的二十大报告中提到"教育、科技、人才是全面建设社会主义现代化国家的基础性、战略性支撑"。本书面向人工智能时代传感器技术发展与应用的新特点和新需求，力求通过系统化和前沿性的知识构建、先进性和实践性的内容呈现、明确具体的目标导向、启发引导式的问题牵引、多维度立体化的数字资源，助力工科大学生和硕士研究生系统掌握基础知识，开阔工科视野，提升工程素养，提高创新思维，为我国"科教兴国战略、人才强国战略、创新驱动发展战略"的成功实施和全面落地积尺寸之功。

　　传感器技术的特点主要包括：多学科交叉，多课程融合；理论与工程实践紧密联系，与新材料、新工艺、新技术紧密结合。本书依据现代传感器技术的发展演进历程，紧密结合专业前沿领域的文献资讯，遵循知识的内在逻辑关系，搭建起包含传统传感器和新型传感器的特点、基本构成、工作原理、应用特性及其数据误差分析处理的系统化知识架构。本书重要的知识点视频可以通过扫描书中的二维码观看。本课程已获得国家级线上线下混合式一流本科课程认证。

　　本书共10章，第1章主要明确了传感器的基本概念、结构构成、类型划分以及动静态特性等基本知识；第2章主要明确了测量与计量的基本概念、数据误差的表示方法与类型划分以及数据处理方法；第3～10章依次阐述了热电式传感器、电阻式传感器、电容式传感器、电感式传感器、压电式传感器（含超声波传感器）、光电式传感器、磁敏式传感器、化学传感器与生物传感器等传统传感器与新型传感器的结构构成、工作原理及其应用特性。

　　本书立足于"新工科"人才培养目标和工程教育专业认证课程建设的要求，以提升高等工程教育人才培养质量为目标，在国家级线上线下混合式一流本科课程建设经验和多年教学改革经验的基础上，对整体架构、章节内容及其呈现形式均进行了教学优化设计。本书的特色具体体现在以下几个方面。

1 知识架构完整

本书按照传感器测量系统的完整知识架构优化章节布局。

2 目标明确，问题牵引

本书的编写遵循成果导向教育理念，章节中的知识目标、能力目标清晰，重点与难点明确。书中适时插入问题"思考"提示框，牵引读者拓展思维、深度思考，助力教学或自学。

3 紧跟学科新技术发展

本书介绍了MEMS传感器、智能传感器、柔性生物传感器等多种新型传感器，列举的传统类型传感器的应用案例也紧密结合专业应用的前沿技术。

4 理论与实践紧密结合

本书注重理论知识与工程实践的紧密结合，在阐述理论知识的同时无缝融入应用实例，并提供了典型传感器的实践项目指导。本书突出传感器技术的工程应用，强调学以致用。

5 数字化资源丰富，支持线上线下混合式教学

本书与中国大学MOOC平台的在线开放课程进行一体化建设，包含教学视频、专题研讨、单元作业、单元测验、慕课堂习题库、专业期刊文献推荐等丰富的数字化资源；还可以依托中国大学MOOC平台的在线开放课程和慕课堂，实现线上线下混合式的教学。

本书编者均是国家级线上线下混合式一流本科课程建设团队的负责人和主要成员。本书内容的选择和呈现均基于多年来一线的课程教学经验与教学改革实践经验，并经过长期的思考、探索与实践，历经多次研讨、专家指导方编写完成。本书由王晓燕执笔编写，胡福年审核统稿、定稿，栾声扬校稿。

在本书资料整理过程中，李家园、李春雷、彭永琪、伍含、王鑫元五位同学完成了部分工作；在本书编写过程中，白春艳、丁启胜、杜星瀚、孔祥勇四位老师给予了大力支持与帮助；编者参阅了大量国内外相关的书籍、论文、专利、专业网站；本书还获得了教育部产学研协同育人项目的支持。在此向为本书提供帮助的老师、同学、专家学者、教育部以及产学研协同育人单位表示衷心的感谢！

限于编者水平和学识，书中难免存在疏漏，敬请广大读者朋友和专家学者不吝赐教，并提出宝贵的修改建议和意见。编者电子邮箱：wxysally@jsnu.edu.cn。

编　者

2024年6月

目 录

第8章
光电式传感器

第9章
磁敏式传感器

第10章
化学传感器与生物传感器

第 1 章

传感器技术概述

　　传感器技术是物联网、人工智能、大数据应用的重要基础技术，是多学科交叉融合的技术密集型高技术产业。本章基于传感器技术专业知识的整体性与系统性，遵循传感器技术领域的国家标准，紧密结合实践应用，系统详细地介绍了传感器的定义、应用、构成、命名规则、分类、静态特性、动态特性、发展趋势以及传感器的标定、校准等技术操作。

知识目标

① 了解传统传感器与智能传感器的区别；
② 掌握传感器常规的分类依据和类型；
③ 了解传感器主要静态特性、动态特性指标的定义及其工程意义；
④ 掌握传统传感器、智能传感器的一般构成；
⑤ 了解传感器技术的发展趋势；
⑥ 了解传感器标定与校准的定义及其操作规范。

能力目标

① 能够模块化解析传感器的结构构成；
② 能够根据传感器的名称分析判断其命名依据，进而了解传感器的主要特性；
③ 掌握传感器主要静态特性、动态特性指标的检测方法；
④ 掌握传感器标定与校准的基本方法。

重点与难点

① 传感器的构成解析；
② 智能传感器的构成与特点；
③ 传感器主要的静态特性指标、动态特性指标；
④ 传感器的标定与校准。

1.1 传感器的定义与应用

传感器技术融合了材料学、电磁学、光学、声学、化学、生物学、仿生学等众多学科，属于技术密集型高技术产业，是物联网技术、人工智能技术、大数据技术重要的支撑技术。传感器的研究、制造和应用水平是衡量一个国家综合国力、科技水平、创新能力的重要指标。

传感器的定义与应用

我国现行标准《传感器通用术语》（GB/T 7665—2005）对传感器的定义为："能感受被测量并按照一定的规律转换成可用输出信号的器件或装置，通常由敏感元件和转换元件组成。"

传感器的作用是感知、获取、检测来自外界的各种信息，并将其转换成可用信号。因此传感器如同人的眼睛、耳朵、鼻子等感官，能够代替人类感触事物的特征，或者去获取人类无法感触的事物的特征，提高测量系统的效率与准确度。

思考

以软件代码形式存在的"网络爬虫"，能够在网络中获取需要的信息。"网络爬虫"能否归为传感器的范畴？与传感器当前国家标准中的定义是否契合？

在智能科技时代，物联网技术、人工智能技术、大数据技术等的高速发展，均依赖于传感器技术的强力支持。传感器技术已广泛融入智能手机、机器人、无人机、智能电网、无人驾驶汽车、轨道交通等国家重要产业领域。例如，当前主流品牌的智能手机配置的传感器类型至少有十几种，有声音传感器、图像传感器、指纹传感器、重力传感器、磁力传感器、加速度传感器、光照度传感器、距离传感器、温度传感器、角速度传感器等。随着智能手机功能的拓展与丰富，配置的传感器类型也会随之增加。某些品牌的智能手机内部还增加了气压传感器，可以测量手机所处的海拔，并且可以配合卫星定位系统进行导航、定位的误差修正。

思考

无人机是传感器的重要应用场景。请选择一款中国企业制造的无人机，了解并分析无人机配置的传感器类型与数量。

1.2 传感器的构成

如图1-1所示，传统传感器一般由敏感元件、转换元件、测量转换电路、信号调理电路4部分组成。有的还需要配置辅助电源，实现由非电量信号到标准电信号的转换。

传感器的构成

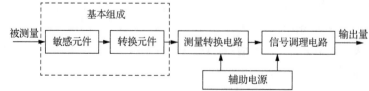

图1-1　传统传感器的硬件结构框图

（1）敏感元件

敏感元件的作用：能够直接感受被测量的变化，并将其转换为转换元件能够接收的信号。例如，悬臂梁称重系统示意图（见图1-2）中的悬臂梁是弹性敏感元件。当托盘上放置被称重物品时，悬臂梁能够感应到重力的变化，产生机械应变。

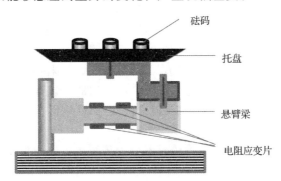

图1-2 悬臂梁称重系统示意图

（2）转换元件

转换元件的作用：将敏感元件感受到的被测量的变化转换成电阻、电容、电感等阻抗参量的变化。图1-2中，悬臂梁上方、下方粘贴的4个电阻应变片就是转换元件。当悬臂梁受到重力作用发生机械形变时，4个电阻应变片会受此机械形变的影响产生阻值变化。

（3）测量转换电路

测量转换电路的作用：将转换元件对应阻抗的变化转换为电压、电流、频率、脉宽调制信号等便于传输和测量的电信号的变化。图1-2所示的称重系统通常会配置直流电桥电路，作为测量转换电路，以将阻值的变化转换为电压信号的变化。

（4）信号调理电路

信号调理电路的作用：如果测量转换电路所输出的电压、电流信号不能满足对数据分析处理的进一步要求，可以根据需要配置放大、滤波、整形等信号预处理电路，具有这样功能的电路统称为信号调理电路。例如，对于由电阻应变片构成的称重系统，在其直流电桥测量转换电路后面可以增加一级差分比例放大电路，进行电压信号的放大，满足后续对测量数据进行A/D转换的要求。

对于能够将非电量直接转换成国际电工委员会（International Electro Technical Commission，IEC）统一规定的标准电信号的传感器装置，工业领域习惯称其为变送器。例如，图1-3所示的角位移变送器可将检测到的非电量直接转换为4～20mA的IEC标准模拟电信号。

需要注意的是，在实际的工程应用中，有些传感器的敏感元件和转换元件是合二为一的一个整体。例如，在电容式传感器的结构构成中，敏感元件属于转换元件的一部分。对于这样的情况，不需要细分敏感元件和转换元件。

图1-3 角位移变送器

有的转换元件不仅具备敏感元件感受被测量变化的功能，还具备将感受的变化量直接转换为电信号的能力，即相当于将敏感元件、转换元件、测量转换电路三者集成为一体，如温度传感器中的热电偶。

1.3 传感器的分类

传感器的分类

依靠弹性体感受被测量的变化并通过弹性体的弹性变形来实现对被测量的检测，这样的传感器被称为机械式传感器，如指针式的弹簧测力计以及用于实现温度测量的、热膨胀系数不同的双金属片等。机械式传感器不需要电子元件的支持，不容易受到电磁干扰，结构通常比较简单，易于维护保养，成本低，但是测量范围较小，不能满足大范围测量的要求，更不能实现高精度、数字化或智能化的测量需求。因此当前被广泛应用的是包含电子电路的电子式传感器。

电子式传感器属于多学科、多门类交叉融合的复杂传感器，类型繁多，划分依据多样化。

（1）根据是否具备智能化

根据传感器是否具备智能化，可将传感器分为传统传感器与智能传感器两种类型。

传统传感器主要实现信号的检测、转换、调理等功能，部分基于微处理器的传统传感器可以对采集到的传感数据进行 A/D 转换、计算、存储、显示和远程传输。

基于智能微处理器的智能传感器不仅可以对采集到的传感数据进行基本的数字化分析处理，更重要的是能够基于人工智能算法实现逻辑思维与判断功能，能够实现自补偿、自校准、自诊断、自修复、自决策，能够在无线传感器网络架构中自组网，并且可以很好地支持智能边缘计算，提升整个智能系统的算力。

思考

根据对智能传感器功能特点的了解，请挖掘一个或多个智能传感器的实际应用案例，并结合实际应用场景，分析思考案例中智能传感器的"智能化"特征。

（2）根据输入量的不同

根据输入量的不同（即被测量的不同），可将传感器分为温度传感器、流量传感器、位移传感器、压力传感器、速度传感器等。

（3）根据输出量的不同

根据输出量的不同，可将传感器分为模拟传感器、数字传感器两大类。模拟传感器输出连续变化的模拟电信号，如电流型集成温度传感器 AD590、电压型集成温度传感器 LM35。数字传感器直接输出高低电平的开关量或者数字脉冲信号，如集成逻辑温度传感器 LM56、集成数字温度传感器 DS18B20 等。

（4）根据工作原理的不同

根据工作原理的不同，可将传感器分为压电式传感器、磁敏式传感器、热电式传感器、光电式传感器等。

（5）根据转换参数性质的不同

根据被测量参数性质的不同，可将传感器分为物理型传感器、化学型传感器、生物型传感器 3 种类型。

① 物理型传感器。物理型传感器是利用被测对象的某些物理性质会发生明显变化的特性制成的，如可见光传感器、红外光传感器、紫外光传感器等。

② 化学型传感器。化学型传感器是利用被测对象的化学物质成分或浓度等会发生明显变化的特性制成的，如气体传感器、湿敏传感器、离子传感器等。

③ 生物型传感器。生物型传感器是利用被测对象的生物特性会发生明显变化的特性制成的，如酶传感器、免疫传感器、DNA（Deoxyribonucleic Acid，脱氧核糖核酸）传感器等。

（6）根据工作机理的不同

根据传感器检测信号时依据的物理、化学、生物等学科的原理、规律、效应的不同，可将传感器分为结构型传感器、物性型传感器、复合型传感器 3 种类型。

① 结构型传感器。结构型传感器主要利用物理学运动定律或电磁定律，其敏感元件的长度、厚度、位置、角度等几何特征参数会随着被测量的变化而发生变化，进而通过转换元件将此变化转换成电阻、电容、电感等物理量的变化。如变间隙型电感式传感器、变面积型电容式传感器等。

② 物性型传感器。物性型传感器是利用传感器结构中敏感元件与转换元件（通常合二为一）材料本身的物理特性、化学特性或生物特性随着被测量的变化而变化的特性制成的，如金属热电阻、压电式传感器等。

③ 复合型传感器。复合型传感器由结构型传感器和物性型传感器组合而成，兼顾两者的特征，如光电式传感器等。

（7）根据能量关系的不同

根据能量关系的不同，可将传感器分为有源传感器和无源传感器 2 种类型。

① 有源传感器。有源传感器也称为能量变换型传感器，它不需要配置辅助电源就能直接将非电量转换为电信号，如热电偶、压电式传感器等。

② 无源传感器。无源传感器也称为能量控制型传感器，只有配置辅助电源才能将非电量转换为电量，如金属热电阻、热敏电阻、光电三极管等。

（8）根据敏感元件与被测对象的空间关系

根据传感器的敏感元件与被测对象是否接触，可将传感器分为接触式传感器与非接触式传感器 2 种类型。

① 接触式传感器。接触式传感器的敏感元件需要与被测对象直接接触。例如，热敏电阻温度传感器需要直接接触被测对象才能实现温度的检测。

② 非接触式传感器。非接触式传感器的敏感元件不需要与被测对象直接接触，而是通过光电效应、电涡流效应、热辐射效应或者超声波等间接感受被测量的变化，如红外线测温枪、电涡流传感器、超声波传感器等。

随着新材料、新工艺、新技术的不断融入，传感器的类型、功能将更加丰富。

思考

在实际的生产、生活、科研等领域，哪些应用场景选用非接触式传感器更加科学合理呢？

1.4　传感器的命名规则与代码

（1）传感器的命名规则

传感器的命名要遵循相应的规则。我国现行标准《传感器命名法及代码》（GB/T 7666—2005）明确规定了传感器的命名规则：一种传感器产品的名称由主题词加四级修饰语构成。

① 主题词为"传感器"。

② 第一级修饰语为"被测量"，包括修饰被测量的定语。

③ 第二级修饰语为"转换原理"，一般可在后面加"式"字。

④ 第三级修饰语为"特征描述"，指必须强调的传感器的结构、性能、材料特征、敏感元件以及其他必要的性能特征，一般可以在后面加"型"字。

⑤ 第四级修饰语为"主要技术指标"，如量程、测量范围、精度等。

"主题词+四级修饰语"的命名法主要用于有关传感器的统计表格、图书索引、检索以及计算机汉字处理等特殊场合。例如：传感器、加速度、压电式、智能型、±20g。

但是在技术文件、产品样本、学术论文、教材及书刊中，传感器的产品命名要按照相反的顺序表达，如±20g智能型压电式加速度传感器。

需要注意的是，在对传感器进行命名时，除了第一级修饰语，其他各级修饰语可以根据具体情况任意选择或者省略。

（2）传感器代码的标记方法

我国现行标准《传感器命名法及代码》（GB/T 7666—2005）中规定了传感器的代码编写规则。一种传感器完整的代码构成包括4部分：主称代码、被测量代码、转换原理代码、序号，如图1-4所示。

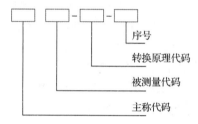

图1-4 传感器代码的标记格式

① 主称代码：用字母C表示，即传感器拼音的第一个大写字母。

② 被测量代码：用一个或两个汉语拼音的第一个大写字母表示，或用指定字母表示。

③ 转换原理代码：用一个或两个汉语拼音的第一个大写字母表示，或用指定字母表示。

④ 序号：用阿拉伯数字表示，由厂家自定，用于表征产品的设计特性、性能参数、产品系列等信息。如果产品的性能参数不变，仅局部有改变，其序号可在原序号的基础上顺序添加大写字母A、B、C等（注意不用字母表中的I、Q这2个字母）。

依据上述传感器的代码命名规则，电涡流式位移传感器的代码是CWY-DO-10；压阻式压力传感器的代码是CY-YZ-2A，压电式加速度传感器的代码是CA-YD-5。

我国国家标准《传感器命名法及代码》中提供了常用的被测量代码表、转换原理代码表。

1.5 传感器的基本特性

传感器的基本特性是指由传感器内部结构参数所决定的传感器外部的输入-输出关系特性，是在设计、制造、选择、应用传感器的各个环节都需要密切关注的特性。根据输入信号的两种状态：静态和动态，可将传感器的基本特性分为静态特性和动态特性两类。静态也被称为稳态，是指传感器所测信号不随时间的变化而变化或者变化非常缓慢时对应的状态。动态是指传感器所测信号呈周期性变化或者是无规律变化的瞬态状态，具有随着时间的变化而变化的显著特征。

1.5.1　传感器的静态特性

传感器的静态特性在现行的国家标准《传感器主要静态性能指标计算方法》（GB/T 18459—2001）中定义："被测量处于不变或缓变情况下，输出与输入之间的关系。"即传感器的静态特性是指传感器测量系统在静态信号作用下对应的输入-输出关系。此时，传感器的输入量 x 与输出量 y 不随时间发生变化；或者随着时间的变化，输出量 y 发生的变化很缓慢，可以忽略不考虑。工程实践证明，传感器的输出量 y 与输入量 x 之间的函数关系可以用多项式来表征，即

传感器的静态
特性

$$y = f(x) = \sum_{i}^{n} a_i x^i = a_0 + a_1 x + a_2 x^2 + \cdots + a_n x^n \tag{1-1}$$

式中，y 表示传感器的输出量；x 表示传感器的输入量；a_0 表示零点输出；a_1 表示线性项系数；$a_2, a_3, \cdots, a_n$ 表示非线性项系数。

实际的传感器测量系统的静态特性可以用一条曲线来表征，称为静态特性曲线。理想传感器测量系统的静态特性是一条斜率确定的斜直线。也就是说，式（1-1）只对应 a_0、a_1 两个系数，即

$$y = a_0 + a_1 x \tag{1-2}$$

实际工程应用中，传感器测量系统的静态特性都会存在一定的非线性，输入量与输出量的函数关系不会是理想的线性比例关系，并且也不会是完全理想化的几次多项式，一般需要借助拟合法或插值法获得近似的特性曲线，对实际数据进行标定。

传感器对应的静态性能指标有很多，如测量范围、量程、分辨力、分辨率、阈值、灵敏度、线性度、迟滞、重复性、漂移、准确度、可靠性、稳定性等。借助这些静态性能指标的量化值，可以较好地了解传感器测量系统的静态特性。在设计和选择传感器时应根据应用场景的需要，重点关注某些静态性能指标。

（1）测量范围

测量范围是在选择传感器时首先要关注的性能指标之一。

传感器的测量范围是指"在保证性能指标的前提下，用最大被测量（测量上限）和最小被测量（测量下限）表示的区间"。

例如，集成数字式温度传感器 DS18B20 的测温范围为 -55 ℃～+125 ℃，铂热电阻 Pt100 的测温范围为 -250 ℃～+850 ℃，K 型热电偶的测温范围为 -200 ℃～+1200 ℃。

（2）量程

传感器的量程又称为满量程（Full Span，FS）输入，定义为"测量上限 X_{max} 与测量下限 X_{min} 的代数差。"通常用 X_{FS} 表示，即

$$X_{FS} = X_{max} - X_{min} \tag{1-3}$$

式中，X_{FS} 表示量程（满量程输入）；X_{max} 表示测量上限；X_{min} 表示测量下限。

例如，集成温度传感器 DS18B20 的测温范围是 -55 ℃～+125 ℃，对应的量程是 180 ℃。

需要注意的是，若传感器的测量下限值为 0，则其测量的上限值就等于其量程。例如，某个微位移传感器的测量范围为 0～10 mm，则对应量程为 10 mm。

与传感器的"满量程输入"相对应的是"满量程输出"，又称为"校准满量程输出"，是指传感器最大输出值与最小输出值的代数差。通常用 Y_{FS} 表示，即

$$Y_{FS} = Y_{max} - Y_{min} \tag{1-4}$$

式中，Y_{FS} 表示传感器的满量程输出；Y_{max} 表示工作特性所决定的最大输出值；Y_{min} 表示工作

特性所决定的最小输出值。

"满量程输入"与"满量程输出"两个参数的定义及其区别如图1-5所示。

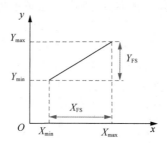

图1-5　满量程输入与满量程输出的定义及区别

（3）分辨力

分辨力是指传感器"在整个输入量程内都能产生可观测的输出量变化的最小输入变化量"，用于衡量传感器对输入量变化的响应能力、分辨能力。即当传感器输入量的变化量小于分辨力参数时，传感器的输出量不会发生变化，对当前输入量的变化无响应。

例如，某液位传感器的分辨力为0.5 cm。当被测液位变化量低于0.5 cm时，传感器输出端无任何反应。只有液位的变化等于或高于0.5 cm时，传感器输出端才有响应。

需要注意的是，分辨力是有量纲的性能参数，与被测量的量纲保持一致。

（4）分辨率

分辨率也称为相对分辨力，是分辨力与传感器量程的百分比。即分辨率是以不同的方式来衡量传感器的分辨能力。由定义可知，分辨率无量纲。

例如，某温度传感器的分辨力为0.1 ℃，量程为500 ℃，其分辨率为多少呢？根据分辨率的定义可求解得到其分辨率为0.02 %。

（5）阈值

阈值是指能令传感器的输出端产生可测变化量的最小被测量的值。阈值也被称为灵敏度界限、门槛灵敏度、死区、失灵区。阈值表明了传感器最小可测量的输入量。

（6）灵敏度

传感器的灵敏度是指"输出变化量与相应的输入变化量之比"，衡量的是传感器对输入量变化的反应能力，通常用字母k或K来表示。对于线性传感器来说，其静态输出-输入特性曲线如图1-6（a）所示，灵敏度为特性曲线的斜率，是常数，与输入量的变化无关，即

$$k = \frac{\Delta y}{\Delta x} = \frac{Y_{max} - Y_{min}}{X_{max} - X_{min}} \tag{1-5}$$

需要注意的是，在实际工程应用中，不同类型传感器的灵敏度不只局限于此种形式的定义式，表达丰富且具体化。采用较多的定义是：单位输入的变化量导致的输出量的相对变化，即$k = \left(\Delta y / y_0 \right) \big/ \Delta x$，其中$y_0$表示输出量的初始状态值。

非线性传感器的静态输出-输入特性曲线如图1-6（b）所示，灵敏度随输入信号的改变而改变，是变量，为特性曲线上对应瞬时工作点切线的斜率，即

$$k = \frac{dy}{dx} \tag{1-6}$$

传感器灵敏度的量纲由输出量和输入量的量纲共同决定。例如，压力传感器输入量的量纲为力的单位N，输出量的量纲为电压的单位mV，则灵敏度的单位为mV/N。

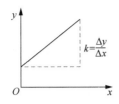 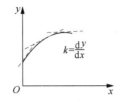

（a）线性传感器的灵敏度　　　　　（b）非线性传感器的灵敏度

图 1-6　传感器灵敏度

通常，传感器需要有足够高的灵敏度，但是灵敏度太高时，传感器也容易受外界干扰的影响，稳定性将变差。

（7）线性度

传感器的线性度衡量的是传感器正行程（输入信号逐渐增大的过程）和反行程（输入信号逐渐减小的过程）对应的一组测量值的算术平均值的连接曲线（实际静态特性曲线）偏离理论拟合直线（参比直线）的程度，又称为非线性误差。

线性度的表示字母不统一，常用 γ_L、δ_L、e_L 等字母表示，定义为实际静态特性曲线与理论拟合直线之间的最大偏差与传感器满量程的百分比，即

$$\gamma_L = \frac{\Delta Y_{Lmax}}{Y_{FS}} \times 100\% \tag{1-7}$$

式中，ΔY_{Lmax} 表示传感器实际静态特性曲线对参比直线的最大偏差，也称为最大非线性误差，如图 1-7 所示。ΔY_{Lmax} 的计算公式为

$$\Delta Y_{Lmax} = \max\left(\left\{\left|\bar{y}_i - Y_i\right|\middle| i = 1, \cdots, n\right\}\right) \tag{1-8}$$

式中，$\bar{y}_i$ 表示传感器在第 i 个校准点处的总平均特性值；Y_i 表示传感器在第 i 个校准点处的参比特性值。

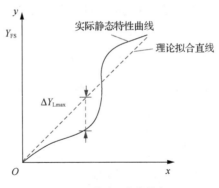

图 1-7　传感器的线性度

由线性度的定义可知线性度没有量纲。线性度的绝对值越小，传感器的线性特性越好。

需要注意的是，对于同一传感器的同一组测量数据，选用的求取拟合直线的方法不同，求解得到的线性度值也会存在一定的差别。

（8）迟滞

迟滞也称为回差、滞环、滞后量，是指传感器"在输入量作满量程变化时，对于同一输入量，传感器的正、反行程输出量之差"。迟滞反映的是传感器对于同一输入信号，正、反行程的输入-输出特性曲线不重合的现象。迟滞误差通常用最大迟滞误差与传感器满量程输出的百分比表示，是个无量纲参数，计算公式为

$$\gamma_{\mathrm{H}} = \frac{\Delta Y_{\mathrm{Hmax}}}{Y_{\mathrm{FS}}} \times 100\% \qquad (1-9)$$

式中，ΔY_{Hmax} 表示传感器在同一输入信号下的正、反行程对应的输出量的最大差值，也称为最大迟滞误差，取值如图 1-8 所示。ΔY_{Hmax} 的计算公式为

$$\Delta Y_{\mathrm{Hmax}} = \max\left(\left\{\left|\bar{y}_{\mathrm{R}i} - \bar{y}_{\mathrm{F}i}\right| \middle| i = 1, \cdots, n\right\}\right) \qquad (1-10)$$

式中，$\bar{y}_{\mathrm{R}i}$ 表示传感器反行程的实际平均特性值；$\bar{y}_{\mathrm{F}i}$ 表示传感器正行程的实际平均特性值。

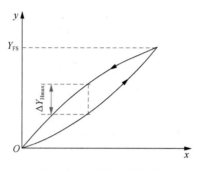

图 1-8　传感器的迟滞特性

产生迟滞的主要原因在于传感器内部敏感元件材料的物理属性和机械传动机构存在性能缺陷，如机械部分存在间隙、摩擦、松动、积尘等问题。

（9）重复性

传感器的重复性是指"在一段短的时间间隔内，在相同的工作条件下，输入量从同一方向作满量程变化，多次趋近并到达同一校准点时所测量的一组输出量之间的分散程度"。重复性衡量的是传感器测量数据的离散程度，是反映传感器测量系统精密度的性能指标。重复性指标的测量方法属于等精度测量。

需要注意的是，相同的工作条件是指相同的测量仪器、操作人员、测量环境、测量方法等。

传感器的重复性定义为输出的最大不重复误差 ΔY_{Rmax} 与传感器满量程输出的百分比，即

$$\gamma_{\mathrm{R}} = \frac{\Delta Y_{\mathrm{Rmax}}}{Y_{\mathrm{FS}}} \times 100\% \qquad (1-11)$$

式中，ΔY_{Rmax} 表示最大不重复误差，取值如图 1-9 所示，为正、反行程多次测量中的最大不重复误差。

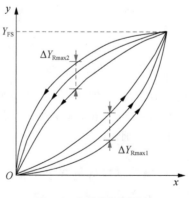

图 1-9　传感器的重复性

重复性误差属于随机误差的范畴。在实际工程应用中，通常取传感器正、反行程输出

值标准偏差的2～3倍，并以其满量程输出的百分比来表示，即

$$\gamma_{\mathrm{R}} = \frac{(2\sim3)\,\sigma_{\max}}{Y_{\mathrm{FS}}} \times 100\% \qquad (1\text{--}12)$$

式中，$\sigma_{\max}$表示全部校准点正、反行程输出值标准偏差中的最大值。

标准偏差通常用贝塞尔公式进行求解，即

$$\sigma = \sqrt{\frac{1}{n-1}\sum_{i}^{n}\left(x_i - \bar{x}\right)^2} \qquad (1\text{--}13)$$

式中，x_i表示第i次测量值；$\bar{x}$表示i次测量值的算术平均值；n表示测量次数。

与产生迟滞的原因类似，产生重复性的主要原因是传感器测量系统内部机构部件间的摩擦、松动、积尘等问题。

（10）漂移

漂移是指传感器在输入量不变的情况下，输出量随时间或温度等因素的变化而发生变化的现象。传感器产生漂移的原因主要有以下两个方面。

① 传感器内部结构等参数随着时间的变化而发生变化，从而产生漂移现象。此种漂移称为时间漂移，与传感器内部器件的老化、使用过程中的机械损坏等因素相关。

② 温度、湿度、磁场、机械震动、电源变化等环境因素发生变化，也会造成漂移现象。在实际工程应用中，比较常见的是受环境温度变化导致的温度漂移现象。

传感器在无任何输入量作用时存在的漂移现象称为零点漂移。

需要注意的是，传感器的漂移问题不只有零点漂移，还包括量程漂移、灵敏度漂移、线性度漂移、分辨率漂移等。

传感器漂移现象是由多种因素引起的，在实际工程应用中需要针对不同的漂移问题采取不同的软、硬件补偿方法，从而有效提高传感器测量系统的准确度与稳定性。

（11）准确度

传感器的准确度与绝对误差（测量值与真值之间的代数差）密切相关。我国的传感器准确度等级是指符合一定计量要求，使绝对误差保持在规定限值以内的测量级别。

例如，国家标准《工业铂热电阻及铂感温元件》（GB/T30121—2013）中规定铂热电阻Pt100（测量范围为−200 ℃～+850 ℃）的准确度对应A、B两个级别。这两个准确度等级对传感器测量数据的绝对误差限定值要求不同：A级为±(0.15+0.002|t|) ℃，B级为±(0.30+0.005|t|) ℃。通过允许误差范围可知，A级准确度高于B级。

（12）稳定性

传感器的稳定性是指在规定工作条件下和规定时间内，传感器的性能参数保持不变的能力。稳定性高的传感器能够提供可靠的测量数据，减少不确定性。

传感器的稳定性可以用稳定性误差来表示。稳定性误差有两种表示形式：绝对误差和相对误差。稳定性绝对误差是指在给定温度条件下，经过规定时间后，传感器当前输出量与之前标定的输出量的代数差。稳定性相对误差是指在给定温度条件下，经过规定时间后，传感器测量值对应的绝对误差与真值的百分比。由于真值是定义的理想化的概念，在客观世界可以被测量趋近，但不能被确切测量获得，因此在实际工程应用中，根据具体需要，一般求解的是实际值相对误差、示值相对误差、满度相对误差或最大满度相对误差。

（13）可靠性

传感器的可靠性是指在规定时间内和规定工作条件下，在运行指标不超限值的前提下，传感器无故障完成规定功能的能力。

传感器的可靠性评价指标一般是平均无故障时间、平均修复时间、故障率（失效率）。

1.5.2　传感器的动态特性

传感器的动态特性反映的是传感器输出量对随时间变化的输入量的响应特性。在实际工程应用中，许多传感器检测的物理量均随时间发生变化。对于理想传感器，其输出量随时间变化的曲线应该与输入量随时间变化的曲线规律相一致。

传感器的动态特性

1．动态模型

为了研究传感器的动态特性，需要建立其动态模型。但传感器的结构与性能很复杂，很难建立精确的动态模型。由工程实践经验可知，大多数传感器的动态输入量 $x(t)$ 与输出量 $y(t)$ 之间的关系可以用高阶常系数线性微分方程近似表示，即

$$a_n\frac{\mathrm{d}^n y(t)}{\mathrm{d}t^n}+a_{n-1}\frac{\mathrm{d}^{n-1}y(t)}{\mathrm{d}t^{n-1}}+\cdots+a_1\frac{\mathrm{d}y(t)}{\mathrm{d}t}+a_0y(t)=b_m\frac{\mathrm{d}^m x(t)}{\mathrm{d}t^m}+b_{m-1}\frac{\mathrm{d}^{m-1}x(t)}{\mathrm{d}t^{m-1}}+\cdots+b_1\frac{\mathrm{d}x(t)}{\mathrm{d}t}+b_0x(t)$$

$$(1\text{-}14)$$

式中，t 表示时间；$x(t)$ 表示被测量；$y(t)$ 表示输出量；$a_0,a_1,\cdots,a_n$ 与 $b_0,b_1,\cdots,b_m$ 是由传感器内部结构参数所决定的常数系数；n 与 m 是微分方程阶数。

在实际工程应用中，许多传感器的数学模型可以用零阶系统、一阶系统、二阶系统来表示。

（1）零阶系统

零阶系统输出量与输入量之间函数表达式为

$$a_0y(t)=b_0x(t) \tag{1-15}$$

也可以表示为

$$y(t)=kx(t) \tag{1-16}$$

式中，$k=b_0/a_0$，表示传感器的静态灵敏度，也称为放大系数。

因此零阶系统也称为比例系统。零阶系统的输出量与输入量有较好的线性度，如变面积的电容式传感器可以视为零阶系统。在实际工程应用中，在输入量变化缓慢的情况下，许多传感器系统可以视为零阶系统。

（2）一阶系统

一阶系统的微分方程式为

$$a_1\frac{\mathrm{d}y(t)}{\mathrm{d}t}+a_0y(t)=b_0x(t) \tag{1-17}$$

也可以表示为

$$\tau\frac{\mathrm{d}y(t)}{\mathrm{d}t}+y(t)=kx(t) \tag{1-18}$$

式中，$\tau=a_1/a_0$，表示传感器的时间常数。

时间常数 τ 反映了传感器的惯性大小，因此一阶系统又被称为惯性系统。例如，不带保护套管的热电偶温度检测系统可以视为一阶系统。

（3）二阶系统

二阶系统的微分方程式为

$$a_2\frac{\mathrm{d}^2 y(t)}{\mathrm{d}t^2}+a_1\frac{\mathrm{d}y(t)}{\mathrm{d}t}+a_0y(t)=b_0x(t) \tag{1-19}$$

也可以表示为

$$\frac{\mathrm{d}^2 y(t)}{\mathrm{d}t^2} + 2\zeta\omega_n\frac{\mathrm{d}y(t)}{\mathrm{d}t} + \omega_n^2 y(t) = \omega_n^2 k x(t) \tag{1-20}$$

式中，$\zeta = a_1 \big/ \left(2\sqrt{a_0 a_2}\right)$ 是传感器的阻尼比系数；$\omega_n = \sqrt{a_0/a_2}$ 是传感器的固有角频率。

例如，带保护套管的热电偶温度检测系统可以视为二阶系统。

2．传递函数

在工程应用中，对于高阶常系数线性微分方程的分析求解，一般通过拉普拉斯变换来简化计算过程。

（1）一阶传感器系统的传递函数

一阶传感器系统的传递函数表达式为

$$H(s) = \frac{Y(s)}{X(s)} = \frac{k}{\tau s + 1} \tag{1-21}$$

式中，k 表示传感器的静态灵敏度；τ 表示传感器的时间常数；s 表示复变量。

用 $\mathrm{j}\omega$ 代替式（1-21）中的 s，可以得到一阶系统的频率响应特性表达式为

$$H(\mathrm{j}\omega) = \frac{Y(\mathrm{j}\omega)}{X(\mathrm{j}\omega)} = \frac{k}{\mathrm{j}\omega\tau + 1} \tag{1-22}$$

对应的幅频特性表达式为

$$A(\omega) = \left|H(\mathrm{j}\omega)\right| = \frac{k}{\sqrt{1 + (\omega\tau)^2}} \tag{1-23}$$

对应的相频特性表达式为

$$\varphi(\omega) = \arctan(-\omega\tau) \tag{1-24}$$

一阶传感器系统的频率响应特性曲线如图1-10所示。由图1-10可知，当 $\omega\tau \ll 1$ 时，$A(\omega) \approx 1$，$\varphi(\omega) \approx 0$，说明传感器的输出量与输入量呈现较好的线性关系，输出量可以较好地反映输入量的变化规律。

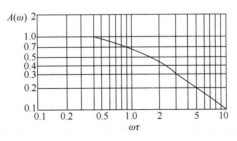

（a）幅频特性曲线

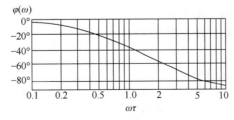

（b）相频特性曲线

图1-10 一阶传感器系统的频率响应特性曲线

（2）二阶传感器系统的传递函数

二阶传感器系统的传递函数表达式为

$$H(s) = \frac{Y(s)}{X(s)} = \frac{k}{1 + \dfrac{s^2}{\omega_n^2} + \dfrac{2\zeta s}{\omega_n}} \tag{1-25}$$

同样用 $j\omega$ 代替式（1-25）中的 s，可以得到二阶系统的频率响应特性表达式为

$$H(j\omega) = \frac{Y(j\omega)}{X(j\omega)} = \frac{k}{1 - \left(\dfrac{\omega}{\omega_n}\right)^2 + 2j\zeta\left(\dfrac{\omega}{\omega_n}\right)} \tag{1-26}$$

对应的幅频特性表达式为

$$A(\omega) = \left| H(j\omega) \right| = \frac{k}{\sqrt{\left[1 - \left(\dfrac{\omega}{\omega_n}\right)^2\right]^2 + \left[2\zeta\left(\dfrac{\omega}{\omega_n}\right)\right]^2}} \tag{1-27}$$

对应的相频特性表达式为

$$\varphi(\omega) = -\arctan\left[\frac{2\zeta\left(\dfrac{\omega}{\omega_n}\right)}{1 - \left(\dfrac{\omega}{\omega_n}\right)^2}\right] \tag{1-28}$$

典型的二阶传感器系统对应的频率响应特性曲线如图1-11所示。

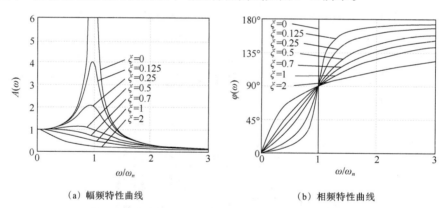

（a）幅频特性曲线　　　　　　　　　　（b）相频特性曲线

图1-11　典型的二阶传感器系统对应的频率响应特性曲线

由图1-11可知，二阶传感器系统频率响应特性的优劣主要取决于传感器的固有角频率 ω_n 和阻尼比系数 ξ。由自动控制理论可知。

① 当 $\xi > 1$ 时，系统为过阻尼状态；

② 当 $\xi = 1$ 时，系统为临界阻尼状态；

③ 当 $0 < \xi < 1$ 时，系统为欠阻尼状态；

④ 当 $\xi = 0$ 时，系统为无阻尼状态。

欠阻尼状态是二阶传感器系统正常工作时对应的状态。当 $0 < \xi < 1$、$\omega_n \gg \omega$ 时，$A(\omega) \approx 1$，传感器的输出量与输入量呈现较好的线性关系。由于此状态对应的 $\varphi(\omega)$ 很小，$\tan\varphi \approx \varphi$，即相位差 φ 与角频率 ω 也为近似线性关系，因此可以保证二阶传感器系统检测信

号的失真度小，输出量可以较真实地反映输入量的变化规律。

因此阻尼比系数 ζ 是设计与选择传感器时要考虑的一个重要参数。一般 ζ 取值范围为 0.6～0.8，可以兼顾传感器系统的稳定性和响应的灵敏性。

ω_n 是传感器的固有角频率，是由传感器内部结构构成决定的参数。ω_n 越大，二阶传感器系统响应达到稳定状态的速度就越快，传感器工作信号的角频率也可以得到相应的提高。因此，在设计传感器时，一般要求 ω_n 至少为被测信号谐波中最高角频率 ω_{max} 的 3～5 倍，即 $\omega_n \geqslant (3\text{~}5)\,\omega_{max}$。

工程实践证明，如果传感器检测信号的波形与正弦波波形接近，则被测信号谐波的最高角频率可以取为被测信号基波角频率 ω 的 2～3 倍。在此种情况下，只要保证 $\omega_n \geqslant 10\omega$ 就可以了。此时，ω 表示被测信号的基波角频率。

一般情况下，传感器系统固有角频率 ω_n 的提高可通过减小传感器结构构成中的运动机构的质量和提高弹性敏感元件的刚度来实现，但是弹性敏感元件刚度的提高会导致传感器系统的灵敏度降低，因此在实际设计和应用二阶传感器系统时，需要根据实际工程需要，合理选择固有角频率 ω_n 的值。

3．动态特性的分析与测试

对传感器动态特性的分析与测试通常有两种方法：瞬态响应法与频率响应法。

（1）瞬态响应法

瞬态响应法属于时域研究法，提供给传感器输入端的典型激励信号有阶跃函数、脉冲函数、斜坡函数等。在瞬态响应法中，以阶跃响应法最为常用，其重点关注的主要动态性能指标有时间常数 τ、延迟时间 t_d、上升时间 t_r、峰值时间 t_p、响应时间 t_s、超调量 σ 等，如图 1-12 所示。

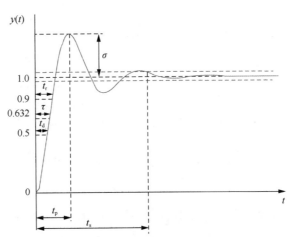

图 1-12　二阶传感器系统的单位阶跃响应特性曲线

图 1-12 中的主要动态性能指标含义如下。

时间常数 τ：传感器输出值由 0 上升至稳态输出值的 63.2% 所需要的时间。

延迟时间 t_d：传感器输出值上升至稳态输出值的 50% 所需要的时间。

上升时间 t_r：传感器输出值上升至稳态输出值的 90% 所需要的时间。

峰值时间 t_p：传感器输出值达到第一个峰值所需要的时间。

调节时间 t_s：传感器输出值升至稳态输出值某一百分比范围内所需要的最短时间。

超调量 σ：传感器最大输出值和稳态输出值的差值与稳态输出值的百分比，即

$$\sigma = \frac{y(t_\mathrm{p}) - y(\infty)}{y(\infty)} \times 100\% \tag{1-29}$$

式中，$y(t_\mathrm{p})$ 表示传感器第一个输出峰值；$y(\infty)$ 表示传感器的稳态输出值。

超调量用来表示传感器系统的相对稳定性，其值越小越好。

（2）频率响应法

频率响应法属于频域研究法，提供给传感器测量系统的是正弦输入信号。频率响应法主要结合幅频特性曲线、相频特性曲线进行分析研究，主要动态性能指标包括通频带 f_{BW}、时间常数 τ、上限截止频率 f_H、下限截止频率 f_L、相位误差 φ、固有频率 f_n、阻尼比 ξ 等。

1.6 传感器的标定与校准

新研制或刚生产的传感器需要进行技术标定，使用中的传感器需要进行定期校准，有的传感器每次使用前均需要校准。

1．标定

传感器的标定是指使用标准的计量仪器对即将投入生产应用的传感器的主要动、静态性能指标进行检测，确保传感器的各项性能指标达到行业领域标准规定的设计、制造、性能要求，同时也为后续的校准提供校准数据依据。只有标定完成且参数符合行业领域标准的传感器才能颁发产品合格证。

传感器的标定分为静态标定和动态标定两种。静态标定用于确定传感器的主要静态性能指标参数，如线性度、灵敏度、分辨率、迟滞、重复性等。动态标定是为了确定传感器的主要动态特性参数，如时间常数、频率响应、固有频率、阻尼比等。

2．校准

传感器的校准是指考虑传感器在使用过程中会因元器件老化、环境改变、机械性能变化等原因，导致性能参数与出厂前或安装使用时的标定参数有差异，需要使用测量准确度等级高的仪器（有时需要配合性能参数刚标定过的同类型传感器），对使用中的传感器进行主要性能参数的检测。

在传感器使用过程中，可以定期或不定期（甚至每次使用前）地对传感器进行校准，对应的技术文件称为"校准证书"或"校准报告"。

1.7 传感器技术的发展趋势

传感器技术、计算机技术、通信技术是公认的现代信息技术的三大基础。传感器是现代物联网技术、虚拟现实技术、人工智能技术、大数据技术等新一代信息技术产业感知层的基础核心器件，在国家的工业生产、医学诊断、环境保护、海洋探测、深空探测、农业生产、国防军事等领域的应用深度与广度不断地扩展与丰富。随着新技术、新材料、新工艺在传感器技术领域的不断融合推进，传感器已成为国内外公认的最具发展前景的高技术产业。在市场需求的牵引和新的科学技术的推动下，传感器技术发展的主流趋势是集成化、模块化、微型化、智能化、无线化、网络化、多功能化。

（1）集成化、模块化与微型化

随着微电子机械系统（Micro Electro-Mechanical System，MEMS）技术的快速发展，传感器加速向模块化、微型化和集成化方向发展。MEMS基于半导体制造技术中的微纳米加工技术，融合了微加工技术、微电子学、机械学、材料学、物理学、化学、生物学、医学、声学等多门学科与技术，构建成微纳米量级尺度的微电子机械装置。

由MEMS技术实现的传感器称为MEMS传感器，是一种将传感器、执行器、机械结构、信号处理与控制电路、通信接口电路等集成于一体的新型传感器，具有体积小、质量小、功耗低、成本低、精度高、可靠性高、一致性好、适用于批量化生产和模块化应用等优点。MEMS传感器的内部结构尺度、厚度一般在微米量级或纳米量级。例如，意法半导体有限公司的MEMS数字式三轴线性加速度与温度传感器LIS2DTW12，使用LGA-12进行封装，体积为2mm×2mm×0.7mm，外形如图1-13所示。

图1-13　MEMS数字式三轴线性加速度与温度传感器LIS2DTW12

MEMS传感器最早的应用案例是1991年，美国亚德诺半导体技术有限公司（Analog Devices，Inc.，ADI）将其公司发明的MEMS加速度传感器应用于汽车安全气囊。后来随着MEMS传感器技术的迅速发展，各种类型的MEMS传感器不断被研发并投入汽车电子、医疗诊断、航空航天、智能手机、智能手表、智能家居、无人机等领域。目前，MEMS传感器占传感器总市场的份额正在逐步提升。例如，智能手机是MEMS技术的重要应用领域，手机中的麦克风、陀螺仪、加速度传感器、磁力计等十几种类型的传感器均为MEMS传感器；汽车电子也是MEMS传感器的重要应用领域，如压力传感器、加速度传感器、角速率传感器和流量传感器等。

（2）智能化、无线化、网络化与多功能化

随着人工智能技术的迅猛发展，智能传感器作为智能系统、物联网感知层的核心部件，已成为传感器中的主导类型。目前，智能传感器在智能制造、智能家居、智能手机、智能穿戴、智能机器人、智慧医疗、智能驾驶等领域发挥着重要作用，并且未来应用场景会不断扩展与丰富。例如，当前由智能传感器构建的智慧医疗监测系统，可以对患者进行生理数据监测采集，可以对住院人员或医务人员进行跟踪定位，可以对药品进行追踪管理，有效提升了医院的精细化与智能化管理水平。

在人工智能算法的发展驱动下，在MEMS技术和人工智能（Artificial Intelligence，AI）芯片技术的发展推动下，智能传感器向着多功能化、无线化和网络化方向发展，能够自主学习、自主分析决策，实现自组网、自补偿、自校准和自诊断，并具有复合感知和灵活通信能力。

无线化是指传感器借助蓝牙、Wi-Fi、ZigBee等无线通信技术进行数据的传输，提高系统部署的便捷性。

网络化是指传感器并非测量系统中单一的设备，而是物联网系统架构中的一个网络终端。在实际工程应用中，比较典型的物联网传感器架构是由无线传感器网络（Wireless Sensor Network，WSN）构建的一种分布式传感器网络。每个WSN中包含的无线传感器数量从个位数到千位数不等，适合多参数、大面积应用场景的数据监测，被广泛用于环境监测、灾难救援、智慧农业、智慧城市、智能家居等领域。

多功能化是指智能传感器可以对被测对象的多维度参数进行测量，拓展检测功能，并且可以借助多传感器数据融合技术，对系统状态实现更加准确的分析，提高测量的准确度和系统的可靠性。典型智能传感器的硬件结构框图如图1-14所示。

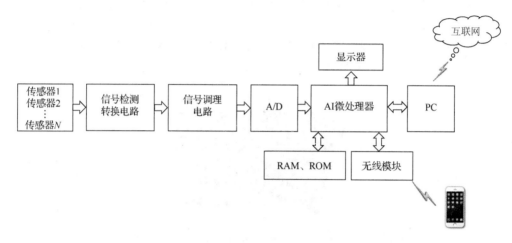

图1-14 典型智能传感器的硬件结构框图

✎ 本章小结

本章内容为传感器技术基础知识，涉及传感器的定义、结构构成、类型划分、命名规则与代码表示方法、静态特性、动态特性、传感器的标定与校准等技术操作以及传感器技术的发展趋势。在学习过程中，需要重点关注以下几方面。

① 传统传感器的结构构成一般包含敏感元件、转换元件、测量转换电路、信号调理电路4部分。需要注意的是，有些传感器的敏感元件与转换元件是一体的，有些传感器的敏感元件、转换元件、测量转换电路是一体的，有些传感器不需要信号调理电路。在实际分析、设计传感器时需要结合专业知识灵活分析理解。

② 按照不同分类依据对传感器进行了8种类型的分类说明。通过对每种类型传感器特点的了解，可以从多个角度加强对传感器测量技术的理解。

③ 了解传感器的命名规则与代码表示方法。

④ 准确理解传感器主要静态性能指标的定义与工程意义，严格遵循我国现行标准《传感器主要静态性能指标计算方法》（GB/T 18459—2001）中静态性能指标的专业定义和计算方法，以便规范进行传感器静态性能的分析量化。

⑤ 对零阶、一阶、二阶传感器系统的动态性能分析方法、动态模型进行了详细的介绍说明，为传感器动态性能的分析奠定了理论基础。

⑥ 传感器的标定和校准是传感器技术中的重要技术操作，是为了确保传感器测量数据的准确，是在传感器商品化环节和实践应用中必须要进行的技术操作。

⑦ 在 MEMS 技术、人工智能技术以及新材料、新原理的推动下，传感器主流发展趋势是集成化、模块化、微型化、智能化、无线化、网络化、多功能化。本章结合技术相互之间的关联性进行了介绍说明，其中较为详细地介绍了 MEMS 传感器与智能传感器两种新型传感器的构成与特点。

通过本章内容的学习，可以对传感器的定义、功能、类型划分、结构构成、动静态性能指标等专业知识建立起较完整、系统的认知，为后续章节的学习奠定扎实的理论基础。

📝 本章习题

1. 结合实际生产、生活中的传感器应用案例，论述传感器在现代信息技术中的作用。

2. 找寻一个具体的传感器应用案例，分析解读其结构构成。需要明确其敏感元件、转换元件、测量转换电路、信号调理电路对应的电路类型和在此应用案例中发挥的具体作用。

3. 阐述传感器静态特性指标中分辨力与阈值的联系与区别。

4. 阐述传感器静态特性中重复性与迟滞的区别。

5. 阐述传感器静态特性中稳定性与可靠性的区别。

6. 阐述传感器标定与校准的联系与区别。

7. 阐述 MEMS 传感器与智能传感器之间的联系与区别。

8. 有一个温度变速器，实际测量获得的静态特性曲线与理论拟合直线之间最大偏差 ΔY_{Lmax} 为 0.5 mA，输出电流范围为 4～20 mA，求该温度变送器的线性度 γ_L。

9. 已知一个 K 型热电偶测量温度与输出热电势的实测数据，见表 1-1，请用最小二乘法获得当前测量数据的理论拟合直线，并求热电偶的灵敏度 k 和线性度 P_L。

提示：本习题的输出量程确定为理论拟合直线 7 个输出量的最大值与最小值的差值。

表 1-1 热电偶的实测数据

$t/°C$	20	30	40	50	60	70	80
U_o/mV	1.01	1.51	2.03	2.52	3.05	3.40	3.82

10. 某一阶传感器测量系统的动态特性微分方程为 $2\dfrac{dy(t)}{dt} + 5y(t) = 0.12x(t)$，请求解该传感器的时间常数 τ 与灵敏度 k。（注意：此传感器测量系统的输出量单位为 mm，输入量单位为 °C。）

11. 要求设计一个二阶传感器测量系统，其工作测试信号中最高谐波频率 f 为 10kHz，请根据工程实践经验确定此传感器的固有频率 f_n 的取值范围。

第 2 章

传感器测量系统的数据处理

传感器是现代测量系统重要的前置部件，是传感器测量系统数据的源头。对传感器测量数据分析、处理的科学性与准确度将影响系统整体性能。本章遵循测量误差理论和国家计量技术规范，紧密结合实践应用，详细介绍了测量、计量、误差的定义与特点，测量方法、误差类型及其数据处理方法、误差的合成与分配；重点介绍了测量误差的表达方法及对应参数的定义与求解；系统介绍了多传感器数据融合系统的技术特点、结构构成、类型划分，并提供了典型应用案例解析。

知识目标

① 了解测量、计量的基本概念；

② 了解计量的主要特点；

③ 了解测量方法的分类依据及各类型的特点；

④ 掌握测量误差的表示方法；

⑤ 掌握误差分析、误差表示方法中重要的专业术语及重要参数；

⑥ 掌握测量误差的类型划分及对应的特点；

⑦ 掌握误差的合成与分配；

⑧ 掌握多传感器数据融合技术的概念。

能力目标

① 了解测量与计量的关联性；

② 了解对传感器进行检定的科学技术意义和社会意义；

③ 明确传感器标定、校准、检定的区别；

④ 掌握不同测量误差表示方法的意义、关键参数的分析求解思路；

⑤ 掌握不同类型测量误差的数据分析处理方法；

⑥ 掌握误差合成与分配过程中的数据分析处理思路；

⑦ 能够结合实际工程应用案例深入理解多传感器数据融合技术。

重点与难点

① 传感器标定、校准、检定的区别；

② 测量误差的表示方法及其相关重要参数的分析求解。

③ 多传感器数据融合技术功能模型与结构模型的构成与特点。

2.1　测量的基本概念

2.1.1　测量的定义

测量的定义

科学家门捷列夫曾说："科学是从测量开始的，没有测量就没有科学。"现代热力学之父、英国数学物理学家威廉·汤姆森（即开尔文勋爵）曾言："只有测量出来，才能制造出来。"我国著名科学家钱学森讲过："发展高新技术，信息技术是关键，信息技术包括测量技术、计算机技术和通信技术，而测量技术是关键和基础。"测量是人类认识世界、改造世界的重要手段，是突破科学前沿、解决经济社会发展重大问题的技术基础。一个国家的测量能力和水平在很大程度上反映着本国科技、经济、社会发展的实际状况和能力，是国家核心竞争力的重要标志，也是国家战略科技力量的重要支撑。

《通用计量术语及定义》（JJF 1001—2011）对测量进行了定义："通过实验获得并可合理赋予某量一个或多个量值的过程。"测量结果是用数值和单位共同表示的量。例如，测量高度为1m，测量电流为1.5A。

伴随着现代信息技术的高速发展，测量的内涵也在不断地丰富和扩展。在现有的各类实际应用中，测量的范畴不再局限于对被测的物理量进行定量的测量，还包括对被测对象进行更广泛的定性或定位的量化。当前许多领域中的测量包含信息感知和信息识别两个环节。换而言之，测量结果不仅是由量值来表征的一维信息，还可以是由二维图像或多维数据来表示的被测对象的属性特征、空间分布、拓扑结构等。例如，故障诊断、卫星定位等都属于广义测量的范畴。

2.1.2　测量的方法

测量的方法

测量的目的是让信息需求者获得被测对象的属性、特征等信息。测量时，一般选用科学可行的测量方法，借助测量工具、测量仪器，将测量对象的属性、特征等信息以适合的形式表达出来。其中，测量方法的选择非常关键，会直接影响测量结果的有效性和可靠性。《通用计量术语及定义》（JJF1001—2011）对测量方法也进行了定义："对测量过程中使用的操作所给出的逻辑性安排的一般性描述。"测量方法类型众多，主要的类型划分依据可以归纳为以下5种。

1．根据测量结果的获得方式进行划分

根据测量结果获得方式的不同，测量方法可以分为直接测量法、间接测量法和组合测量法。

（1）直接测量法

直接测量法是指测量仪表直接指示或显示数据，没有经过任何函数运算和标度变换，直接获得的就是被测量的值。

例如，利用弹簧管压力表测量锅炉的压力属于直接测量法。如图2-1所示，弹簧压力表的工作原理为：在被测压力的作用下，弹簧管的自由端发生形变，进而产生位移，带动传动连杆并启动传动机构，最终通过转动力矩驱动指针发生转动。由于指针转动角度与弹簧管所受压力成比例关系，因此能直接从表盘刻度上读取所测的压力值。与之相似，利用磁电式电流表测量电路中的电流也属于直接测量法的应用。

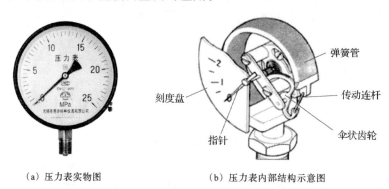

（a）压力表实物图　　　　　　　（b）压力表内部结构示意图

图2-1　弹簧管压力表

（2）间接测量法

间接测量法的步骤为：首先确定被测量与中间量之间的函数关系，然后对中间量进行直接测量，最后将中间量的测量值代入上述函数中，从而确定被测量的值。

例如，可通过指针式万用表或数字式万用表测量电阻阻值。万用表的工作原理为：已知某一含电阻的待测电路两端的电压，根据欧姆定律，可利用直接测量的电流值计算得到待测量电路的电阻阻值。由此可见，借助欧姆定律公式对仪表盘的标度进行变换，就可实现对电阻阻值的测量，因此属于间接测量法。

（3）组合测量法

组合测量法所涉及的步骤较多，首先通过直接测量法或间接测量法获得中间量，然后通过中间量与被测量之间的函数关系确定被测量的值。

例如，在0～850℃温度范围内，铂热电阻Pt100的阻值与环境温度的函数关系为

$$R_t = R_0(1 + At + Bt^2) \tag{2-1}$$

式中，R_0和R_t分别表示环境温度t为0℃和t℃时，Pt100所对应的电阻值；A、B为常数系数。

测量两个系数A、B的具体步骤为：首先通过间接测量法测量Pt100在t_1、t_2两种温度环境下对应的阻值R_{t1}和R_{t2}；然后将这两个阻值分别代入式（2-1），并联立方程组；最后通过求解方程组，计算A、B的值。由于上述测量方法首先通过间接测量法确定了不同的阻值，然后利用函数关系计算了A、B两个系数，因此属于组合测量法。

2．根据测量数据的读取方式进行划分

根据测量数据读取方式的不同，测量方法可以分为直读法和比较法。

（1）直读法

直读法是指直接读取测量仪表的示值，该示值即测量数据，如数字式万用表显示的电阻值。

（2）比较法

比较法是指将被测量与同类标准量进行比较，从而得到被测量量值的测量方法。

在具体测量过程中，根据所采用的比较方式的不同，比较法又可以细分为零值法、偏差法、微差法等多种类型。

① 零值法。零值法也被称为零位式或平衡式测量法。在测量过程中，将被测量与已知标准量直接进行比较，用指零仪表来指示。若两者不等，存在差值，则需要调整标准量，令差值减小；直至指零仪表指针处于零位，说明此时被测量等于标准量。天平与利用电桥平衡状态测量电阻的惠斯通电桥直流电阻测量仪都是零值法的典型应用。

② 偏差法。偏差法是指在测量过程中，以仪表指针的位移量（即偏差大小）表示被测量大小的测量方法。指针式电流表、电压表都属于此类测量法。

③ 微差法。微差法也称为较差法，是指将被测量与已知的标准量进行比较得到差值，不需要调整标准量。微差法适用于对在线系统参量进行实时监测，如电阻应变片式传感器的电桥测量转换电路。具体而言，在被测量力的作用下，电阻应变片传感器的实际阻值与标准电阻阻值之间存在差值，电桥处于非平衡状态。可利用该转换电路将压力这一非电量信号转换为电压信号，并将其输出，因此属于微差法的典型应用。

3．根据被测量的变化情况进行划分

根据被测量是否随时间改变，测量方法可以分为静态测量法和动态测量法。

（1）静态测量法

静态测量又称为稳态测量，是指被测量不随时间变化或者变化非常缓慢的测量过程。即测量过程中不需要考虑时间因素对被测量的影响。例如，用激光干涉仪对非运行状态下的数控机床导轨的平行度、平面度等几何参量进行测量，就属于静态测量。通常情况下，若被测量的变化非常缓慢或者与时间变化无关，都属于静态测量的范畴，如对自然环境温度或人体温度的测量。

（2）动态测量法

动态测量法是指在测量过程中，被测量随时间的变化而变化。若要准确、及时地捕捉被测量的属性特征，则对测量仪表的动态响应性能具有较高的要求。例如，对伺服电机运行状态下的位置跟踪误差、转速变化时间响应等特性参数的监测，均属于动态测量。

4．根据测量仪器与被测对象的接触情况进行划分

根据测量仪器与被测对象是否接触，测量方法可以分为接触式测量和非接触式测量。

（1）接触式测量

接触式测量指测量仪器的敏感元件直接与被测对象接触。例如，借助热敏电阻测量人体体温时，要与被测者的皮肤直接接触。

（2）非接触式测量

非接触式测量指测量仪器的敏感元件不与被测对象接触。例如，在利用电涡流传感器对金属构件进行无损探伤检测时，传感器不需要与被测对象直接接触。

5．根据测量条件的变化情况进行划分

根据测量条件是否改变，测量方法可以分为等精度测量和不等精度测量。

（1）等精度测量

等精度测量是指在测量条件（包括测量仪器、测量人员、测量方法、环境条件等）不变的情况下，对同一被测量进行多次重复测量。例如，由同一个测量者，用同一台数字兆欧表及同样的接线测量方法，在相同的环境条件下，对同一根电力电缆的绝缘电阻阻值进行 5

次重复测量。等精度测量是为了减少由于测量条件不同造成的测量误差，提高测量值的准确度，一般应用于要求高准确度的测量场合。

需要注意的是，在实际工程应用中，很难保证影响测量误差大小的全部测量条件始终保持恒定不变。因此一般情况下，各个测量条件近似不变，就可以认为是等精度测量。

（2）不等精度测量

不等精度测量是在不同的测量条件下所实现的重复测量，即测量仪器、测量人员、测量方法、环境条件等测量条件要素只要有一项发生了改变，就为不等精度测量。在工程实验、科学研究过程中，有时根据研究需要，会选用不同的测量方法、不同的测量次数进行测量，以期发现测量数据中误差的特点与规律，或者是不同测量方法对测量结果产生的影响。

思考

结合 2.1.2 小节中提到的测量方法的几种分类依据，使用数字式万用表测量电阻阻值时对应哪些类型的测量方法？

2.1.3　计量的定义和特点

1．计量的定义

《通用计量术语及定义》（JJF1001—2011）对计量进行了定义："实现单位统一，量值准确可靠的活动。"

从家庭用的水表、电能表、燃气表到市场的电子秤、医院的各种检查仪器，再到国防、航空航天等高精尖科技领域，只要涉及贸易结算、安全防护、医疗卫生、环境监测等方面的测量装置都属于计量的范畴。计量被誉为"民生之盾"和"强国之基"。

计量萌芽于原始社会末期，贯穿于整个人类文明发展史。刻木记事、结绳记事是计量最早的表现形式。之后随着农牧业的发展，人与人之间、部落之间出现"以物易物"的交换形式，这一现象进一步推动了人类在物品长短、容积、质量等方面的计量需求。在我国古代，计量被称为"度量衡"。史料记载的"黄帝设五量"具体包括权衡、斗斛、尺丈、里步、十百，分别对应衡、量、度、亩、数。由此可知，计量是人类社会发展进步的重要基石。因为计量不仅可获取被测对象的量值信息，具有自然科学属性，也能够辅助法制和行政管理，所以还具有社会科学属性。

计量的特点

2．计量的特点

计量具有准确性、统一性、溯源性、法制性的特点。

（1）准确性

准确性是指测量结果与被测量真值之间的数据误差在技术允许的范围内。

（2）统一性

统一性是指在国际上或一个国家内部，对于同一种计量，计量单位统一，单位量值统一。

（3）溯源性

溯源性是指所有的同种量值测量都可以溯源到同一个计量基准。

（4）法制性

法制性是指通过立法和行政手段来保障计量行为的准确性、统一性和溯源性。世界上绝大部分国家都以一定的法律形式来确定计量制度。例如，1999年，经国际计量大会投票表决，规定自2000年起，将米制公约签署日即5月20日作为"世界计量日"。1985年9月6日，我国颁布了《中华人民共和国计量法》，并于2022年完成了第四次修订。其中第二条明确规定："在中华人民共和国境内，建立计量基准器具、计量标准器具，进行计量检定，制造、修理、销售、使用计量器具，必须遵守本法。"

2.1.4　计量器具

我国古代人民在经过一段时期的"布手知尺、掬手成升、迈步定亩"的原始计量方式后，开始借助于度量衡标准器，即实物计量器具，来实现更加准确、公正、公平的计量活动。

典型的考古实物例证包括商代骨尺、商鞅方升、新莽嘉量、新莽铜卡尺等。其中，商鞅方升［见图2-2（a）］是世界上现存最早的"以度审容"的计量标准器具，新莽铜卡尺［见图2-2（b）］比1631年法国人发明游标卡尺的时间早1600多年，因此是游标卡尺的鼻祖。

（a）商鞅方升　　　　　　　　　　　　（b）新莽铜卡尺

图2-2　商鞅方升和新莽铜卡尺实物图

《中华人民共和国计量法》明确规定了现代计量器具的定义，即"计量器具是指能用以直接或间接测出被测对象量值的装置、仪器仪表、量具和用于统一量值的标准物质。"由定义可知，计量器具是计量活动实现单位统一、量值准确可靠的技术关键。根据计量器具地位、性质和用途的不同，通常可分为工作基准、副基准、国家基准、国际基准四种计量器具级别。

商鞅方升

（1）计量基准器具

计量基准器具简称为计量基准，是作为统一量值最高依据的计量器具。计量基准器具是量值从上到下传递的起点，也是量值从下到上溯源的终点。

典型的计量基准实物包括国际千克原器、国际米原器等。2019年5月20日（国际计量日），国际单位制（SI）发生了根本性的变革：以量子物理为基础对基本物理常数进行定义，取代之前的实物基准，实现了国际计量基准器的去实物化，计量也随之迈入了量子化时代。例如，1kg定义为"普朗克常数为$6.62607015×10^{-34}$J·s时的质量单位"，1m定义为"光在真空中于1/299792458 s内行进的距离"。

世界上许多国家都有本国的国家计量基准。计量基准是国家量值传递的起点和量值溯源的终点，能够反映一个国家科技创新的综合能力与水平，是国家核心竞争力的重要标志之一。

思考

当前我国在多个国际领域已成为计量标准的制定者与引领者，主要是在哪些领域呢？

（2）计量标准器具

计量标准器具简称为计量标准，其准确度等级低于计量基准器具，在量值传递中主要起到承上启下的作用。计量标准器具主要负责对低准确度等级的计量标准器具或工作计量器具进行检定计量。

我国各级社会公用的计量标准器具为各行业高质量的发展提供了强有力的技术标准支持。例如，由浙江省计量科学研究院自主研发的静重式力标准机标准装置（见图2-3）被应用于杭州湾跨海大桥、港珠澳大桥、航空航天、高铁建设等世界瞩目的大型工程项目中。

（3）工作计量器具

工作计量器具简称为工作基准，指应用于现场测量的计量器具，如工业现场或家庭使用的水表、电能表、燃气表、医院中的各类医学检测仪器，加油站的加油机，出租车的计价器等。

图2-3　静重式力标准机标准装置

2.1.5　检定

检定是对测量装置进行的法律强制性技术性能检测评定，目的是确保社会生产、商业经营过程的规范性，保证广大公民的合法利益不被侵害。检定是自上而下的量值传递过程。检定时，应选用高级别的计量仪表对由传感器构成的测量系统或测量仪表的主要性能参数进行检测，确定合格与否，并出具有法律效力的检定证书，以保证单位的统一和量值的准确可靠。

《中华人民共和国计量法》第九条明确指出："县级以上人民政府计量行政部门对社会公用计量标准器具，部门和企业、事业单位使用的最高计量标准器具，以及用于贸易结算、安全防护、医疗卫生、环境监测方面的列入强制检定目录的工作计量器具，实行强制检定。未按照规定申请检定或者检定不合格的，不得使用。"与此项法律条文配套的《中华人民共和国强制检定的工作计量器具目录》也明确了59种强制检定计量器具，如燃油加油机、食用油售油器、出租汽车里程计价表、医用超声源、验光仪等。

✖　思考

请分析对比传感器的标定、检定、校准3种技术的异同点。

2.2　测量误差及处理

✖　思考

通过传感器测量系统测量得到的数据，是反映客观事物最真实的数据吗？等于客观事物的真值吗？

2.2.1　测量误差的基本概念

1．真值

真值是指在一定时间和空间（位置、状态）条件下，被测量所体现的真实数值，也称为真实值。

测量误差的基本
概念

需要注意的是，真值客观存在，但不能被最终确定。由误差公理可知，一切测量都具有误差，误差自始至终存在于所有科学试验的过程中。在实际应用中，通过传感器测量系统或仪器、设备进行测量时，由于传感器存在非线性特性、元器件制作工艺与装配工艺精度有限、测量方法不完善、周围环境因素不稳定、测量操作人员技术不熟练或者人为疏忽等原因，测量结果与被测量真值之间通常存在一定的偏差，这种偏差被称为测量误差。

随着科学技术的不断进步，测量数据会更加趋近真值，却无法达到真值。研究误差理论的目的是要根据误差产生的原因和呈现的规律特点改进测量条件，优化测量方法，尽量减小误差，或将误差调控到允许的范围内。对测量误差的分析与研究在航空航天、医疗器械、电子元器件等精密加工制造领域尤为重要。

真值是一个理想的定义，客观存在却不可测量。在实际应用中，真值可以由三种与其近似的替代值来代替，分别是理论真值、约定真值和相对真值。

（1）理论真值

理论真值也称为绝对真值，是指在严格的条件下，根据一定的理论，按照定义或公式确定的数值。例如，三角形的内角之和等于180°即理论真值。理论真值在理论计算中存在，在实际测量中无法获得。

（2）约定真值

约定真值也称为规定真值。它是国际公认的，是利用科学技术发展的最高水平复现的最高单位基准，被认为充分接近真值。如，"光在真空中于1/299792458 s内行进的距离"即1m的约定真值。

由于不是所有的被测量都有国际公认的单位基准，因此当测量次数足够多时，可以用修正过系统误差（见2.2.3小节）的测量数据的算术平均值作为约定真值。

（3）相对真值

相对真值也称为实际值。计量器具按测量准确度的不同划分为不同的等级，准确度等级高的计量器具的测量值可以作为准确度等级低的计量器具的相对真值。例如，用准确度等级为二级的标准测力计校准准确度等级为三级的标准测力计，得到的测量值可以作为准确度等级为三级的标准测力计的相对真值。

2．标称值

标称值是指标注在计量器具或测量器件上的量值，如标准砝码上标出的数值或电容器上标注的容值。标称值既不接近真值，也不是实际值。一般在给定标称值的同时会提供标称值的误差范围，或明确器件对应的准确度等级。例如，电阻器色环标注法呈现标称值的同时也提供了允许偏差。

3．示值

示值是指由测量仪器、仪表提供的被测量的量值，也称为测量值。需要注意的是，对于指针式仪表，其示值与测量仪表表盘上的读数一般存在区别。

利用指针式万用表的直流电压挡测量一节干电池的端电压，量程选择为2.5V。当指针指在刻度盘上的"150"处时，请问读数是多少？测量的示值是多少？

2.2.2 测量误差的表示方法

测量误差的表示方法有两种：绝对误差和相对误差。相对误差又具体分为5种类型：真值相对误差、实际值相对误差、示值相对误差、引用误差和最大引用误差。

测量误差的表示方法

1．绝对误差

绝对误差是指测量值与被测量真值之差，即

$$\Delta x = x - A_0 \tag{2-2}$$

式中，Δx表示绝对误差；x表示测量值；A_0表示真值。

在实际计算时，真值可用理论真值、约定真值或相对真值来代替，用字母A表示。在实际工程应用中，为了对系统误差（见2.2.3小节）进行补偿，还需要引入修正值（或称作补值），通常用字母C来表示。修正值是一个与绝对误差大小相等、符号相反的量，即

$$C = -\Delta x \tag{2-3}$$

由式（2-2）和式（2-3）可得

$$A = C + x \tag{2-4}$$

由式（2-4）可以较好地理解修正值C的工程意义，即测量值加上修正值后近似等于真值，可以在较大程度上消除误差的影响。

绝对误差在实际的生产、生活应用中是否存在一定的局限性？如何避免？

可以采取以下两种方式提高测量数据信息的完整性。

方式一：用测量值与绝对误差一起表示，如37℃±1℃、1400℃±1℃。但是此种表示方式不能够直观表达数据误差的偏离程度。

方式二：采用相对误差来表示。

2．相对误差

（1）真值相对误差

真值相对误差是指绝对误差与真值的百分比，即

$$\gamma_{A_0} = \frac{\Delta x}{A_0} \times 100\% \tag{2-5}$$

式中，γ_{A_0}表示真值相对误差。

在实际工程应用中，真值相对误差多以实际值相对误差来替代。

（2）实际值相对误差

实际值相对误差是指绝对误差与实际值的百分比，即

$$\gamma_A = \frac{\Delta x}{A} \times 100\% \tag{2-6}$$

式中，γ_A 表示实际值相对误差。

例题 2-1　电压表甲测量实际值为 100V 的电压时，实测值为 101V；电压表乙测量实际值为 1000V 的电压时，实测值为 998V。请分析甲、乙表哪一个测量的准确度高。

解　由已知条件可知实际值分别为

$$U_{A甲} = 100 \text{ V}, U_{A乙} = 1000 \text{ V}$$

测量值分别为

$$U_{x甲} = 101 \text{ V}, U_{x乙} = 998 \text{ V}$$

由此可知

$$\Delta U_甲 = U_{x甲} - U_{A甲} = 101 \text{ V} - 100 \text{ V} = +1 \text{ V}$$
$$\Delta U_乙 = U_{x乙} - U_{A乙} = 998 \text{ V} - 1000 \text{ V} = -2 \text{ V}$$

故

$$\gamma_{A甲} = \frac{\Delta U_甲}{U_{A甲}} \times 100\% = \frac{1}{100} \times 100\% = 1\%$$

$$\gamma_{A乙} = \frac{\Delta U_乙}{U_{A乙}} \times 100\% = \frac{-2}{1000} \times 100\% = -0.2\%$$

结论：由两块电压表的实际值相对误差对比分析可知，电压表乙比电压表甲的测量准确度高。

（3）示值相对误差

示值相对误差也称为测量值相对误差，是指绝对误差与示值的百分比，即

$$\gamma_x = \frac{\Delta x}{x} \times 100\% \tag{2-7}$$

式中，γ_x 表示示值相对误差。

需要注意的是，由于一般测量仪表刻度标尺的各个刻度点的绝对误差值相近，因此测量值越趋近测量下限值，实际值相对误差和示值相对误差就越大。因此实际值相对误差或者示值相对误差都不能客观、正确地衡量仪器、仪表测量的准确度。

（4）引用误差

引用误差也称为满度相对误差，是指绝对误差与测量仪表量程的百分比，即

$$\gamma_m = \frac{\Delta x}{x_m} \times 100\% \tag{2-8}$$

式中，γ_m 表示引用误差；x_m 表示测量仪表的量程。

（5）最大引用误差

最大引用误差也称为最大满度相对误差（以下统一表达为"最大引用误差"），是指最大绝对误差与测量仪表量程的百分比，即

$$\gamma_{mm} = \frac{\Delta x_m}{x_m} \times 100\% \tag{2-9}$$

式中，γ_{mm} 表示最大引用误差；Δx_m 表示最大绝对误差，是指绝对值最大的绝对误差。

由式（2-9）可以推导出最大绝对误差为最大引用误差与测量仪表量程的乘积，即

$$\Delta x_m = \gamma_{mm} \cdot x_m \tag{2-10}$$

3．准确度等级

为了便于量值传递，我国以测量仪表的最大引用误差作为划分测量仪表准确度等级的依据。例如，我国工业测量仪表的准确度分为 7 个等级，通常标注在仪表的表盘、铭牌或合格证上，习惯上以字母"δ"或"s"表示。工业测量仪表的准确度等级与最大引用误差的对

应关系见表2-1。对应的数字越小，说明仪表的测量准确度越高。

表2-1 我国工业测量仪表的准确度等级与最大引用误差的对应关系

准确度等级	0.1级	0.2级	0.5级	1.0级	1.5级	2.5级	5.0级
最大引用误差	±0.1%	±0.2%	±0.5%	±1.0%	±1.5%	±2.5%	±5.0%

对于某些常用的工业测量仪表，国家标准中有细化的准确度等级划分。例如：国家标准《一般压力表》（GB/T 1226—2017）中规定一般压力表的准确度等级分为1.0级、1.6级、2.5级、4.0级；国家标准《精密压力表》（GB/T 1227—2017）中规定精密压力表的准确度等级分为0.1级、0.16级、0.25级、0.4级。

在标定一个测量仪表的准确度等级时，需要先求解此测量仪表的最大引用误差，然后去除最大引用误差的"±"号和"%"号，将得到的最大引用误差的绝对数值对标国家标准中的准确度等级，选择比此数据略大的准确度等级即可。

思考

一台测温仪表的最大引用误差为±1.3%，请分析判断该仪表符合我国工业测量仪表准确度等级中的哪一级。

例题 2-2 用两块直流电压表分别测量40V的直流电压。直流电压表1的量程为50V，准确度等级为1.5级；直流电压表2的量程为100V，准确度等级为1.0级。请分析判断：选用哪一块直流电压表测量40V的直流电压，测量准确度更高？

解 由题意可知

直流电压表1的量程为 $x_{m1} = 50$ V，准确度等级为 $\delta_1 = 1.5$ 级，所以 $\gamma_{mm1} = \pm 1.5\%$；

直流电压表2的量程为 $x_{m2} = 100$ V，准确度等级为 $\delta_2 = 1.0$ 级，所以 $\gamma_{mm2} = \pm 1.0\%$。

由此可得

$$\Delta U_1 \leqslant \Delta U_{m1} = \gamma_{mm1} \cdot x_{m1} = \gamma_{mm1} \cdot U_{m1} = (\pm 1.5\%) \times 50 \text{ V} = \pm 0.75 \text{ V}$$

$$\Delta U_2 \leqslant \Delta U_{m2} = \gamma_{mm2} \cdot x_{m2} = \gamma_{mm2} \cdot U_{m2} = (\pm 1.0\%) \times 100 \text{ V} = \pm 1.0 \text{ V}$$

结论：要测量40V的直流电压，选用量程为50V、准确度等级为1.5级的直流电压表1，测量数据更准确。

2.2.3 测量误差的类型

测量误差的类型

根据测量误差产生的原因和呈现特点的不同，可将测量误差分为系统误差、随机误差和粗大误差3种类型。

1. 系统误差

由《通用计量术语及定义》（JJF1001—2011）可知，系统误差是指"在重复测量中保持不变或按可预见方式变化的测量误差的分量"。

（1）产生系统误差的主要原因

① 测量仪器。测量仪器本身的结构构成、装配工艺、材料属性、放置方式等方面存在的问题会造成系统误差，如测量仪表刻度盘存在刻度误差。

② 测量环境。测量环境不符合测量仪器规定的工作条件，恒定的高温、高湿或者一直有稳定的电磁干扰源的存在等也会造成系统误差。

③ 测量方法。测量方法或算法模型的不完善、近似性会导致系统误差。

④ 测量人员。测量人员在操作时的个人反应速度、固有操作习惯的差异也会造成系统误差。

（2）系统误差的主要特点

① 可以预测。通过对可能产生系统误差的因素进行分析，可以实现对系统误差的预测。

② 难以消除。客观世界不能完全消除系统误差。

③ 可以修正。能够采取有效措施与方法对系统误差进行修正，减少系统误差造成的影响。

④ 固定性与稳定性。系统误差在相同的测量条件下会一直存在且稳定。

⑤ 规律性与重复性。在相同的测量条件下，系统误差会重复性出现。有的系统误差为恒定值，有的系统误差会随着测量条件的变化呈现规律性变化。

⑥ 累积性。有的系统误差是恒定值，有的系统误差会随着测量次数的增加发生累积。

⑦ 单向性。系统误差导致的测量结果会向一个方向偏离。

（3）系统误差的分类

根据呈现特点的不同，可将系统误差分为恒定系统误差、变值系统误差两种类型。恒定系统误差也称为已定系统误差，误差的大小与符号始终保持恒定不变；变值系统误差也称为未定系统误差，误差的大小与符号会按某种规律变化。

（4）减少系统误差的方法

减少系统误差的方法有很多，可以根据测量仪器仪表和被测量的不同，采用特定的测量方法，如正负误差补偿法、等值替代法、换位消除法等。其中正负误差补偿法的步骤为：考虑测量数据会受到地磁场干扰，存在系统误差，可通过采用同一个电流表测量同一支路电流两次的方式进行补偿。在进行第 2 次测量时，需要调整电流表的放置角度，将电流表的放置角度旋转 180°后再进行测量。取这两次测量数据的算术平均值作为最终的测量结果，就可以达到减小系统误差的目的。

减少系统误差还有一种比较常用的方法，即修正法。对于恒定系统误差，可以用修正值对测量结果进行修正；对于变值系统误差，一般通过修正曲线的方式对测量结果进行修正。常用的获取修正曲线的方法有插值法和拟合法。

① 插值法：首先给定原函数的一些样点值，然后要求某一函数通过所有已知样点，由此确定此函数为原函数的近似数学模型。插值法包括线性插值法、抛物线插值法、分段插值法等。

② 拟合法：不要求选定的近似函数通过原函数的全部已知样点，只要求在已知样点的总偏差最小。实现拟合法的常用数学算法是最小二乘法。

2．随机误差

随机误差也称为偶然误差、不定误差。根据《通用计量术语及定义》（JJF1001—2011），随机误差是指"在重复测量中按不可预见方式变化的测量误差的分量"。

（1）产生随机误差的主要原因

产生随机误差的主要原因是测量条件的微小变化，如测量环境温湿度的微小变化、噪声干扰、电磁场微变、电源电压的随机起伏、地面震动或者测量人员每次测量的微小差异等。

（2）随机误差的主要特点

① 不能预测，不能避免，无规律性。由于产生随机误差的因素具有随机、偶然、无规律的特点，因此随机误差也无规律，方向与大小都具有随机性、偶然性。

② 不能完全消除。客观世界不能完全消除随机误差。

③ 多次测量，服从统计规律。测量次数较少的随机误差总体无规律，测量次数较多的随机误差总体服从统计规律。一般随机误差服从正态分布，呈现出有界性、对称性、单峰性、抵偿性特点。也有部分随机误差服从均匀分布、指数分布、卡方分布等。

因此可以通过统计学方法减小随机误差的影响。

（3）减少随机误差的方法

减少随机误差的常用方法是滤波。根据实现方式的不同，可将滤波分为硬件滤波和软件滤波。硬件滤波是由不同的滤波电路来实现的，包括无源滤波电路和有源滤波电路。软件滤波也称为数字滤波，是由不同的滤波算法程序来实现的，包括限幅滤波法、中值滤波法、算术平均值滤波法、加权平均滤波法、滑动平均滤波法、卡尔曼滤波算法等。

3．粗大误差

粗大误差也称为疏忽误差，简称粗差，是指明显偏离真实值的异常值，应予以剔除。

（1）产生粗大误差的主要原因

① 测量人员的主观原因。测量人员工作责任心不强、过于疲劳、缺乏经验、操作不当等原因造成数据记录出错、数据读错、计算出错、测量方式错等。

② 客观外界条件的显著改变。例如，测量装置突然受到外界的强烈机械冲击或突然受到高强度的电磁干扰。

（2）粗大误差的主要特点

粗大误差产生的原因具有特殊性，是指在测量过程中，偶然发生的某些反常事件造成测量数据偏离真实值的小概率误差。粗大误差的存在会对测量数据的正确分析造成干扰甚至歪曲，对测量数据影响最强、最显著，务必要及时发现，予以剔除。

（3）剔除粗大误差的准则

虽然粗大误差是异常值，但难以借助人工发现、剔除，需要基于统计学原理分析判断测量数据中是否存在粗大误差，然后予以剔除。具体分析判断粗大误差的准则很多，如拉依达准则、格拉布斯准则、肖维勒准则和 t 检验准则等。

① 拉依达准则。拉依达准则又称为 3σ 准则，准则内容为：若有一组等精度独立检测数据，在求解得到此组数据算术平均值和标准偏差的前提下，若某次测量值所对应的离差绝对值大于 3σ，则认为此测量值含有粗大误差，为异常值，应予以剔除。上述过程可以表示为

$$|v_i| = |x_i - \bar{x}| > 3\sigma \tag{2-11}$$

式中，v_i 表示离差，也称为差量，指在多次测量中，各次测量数据与其算术平均值之差；x_i 表示第 i 次测量数据；$\bar{x}$ 表示算术平均值并作为约定真值；σ 表示标准偏差，可用贝塞尔公式法进行计算。

拉依达准则应用简单方便，但应用前提是重复测量次数 n 需要足够大。当 n 取值较小时，选用此准则判断不可靠。

② 格拉布斯准则。格拉布斯准则的判断依据是：若某次测量值的离差绝对值大于格拉布斯系数的标准偏差，则判断此测量值含有粗大误差，为异常值，应予以剔除。可表示为

$$|v_i| = |x_i - \bar{x}| > \left[g(n,\alpha)\right]\sigma \tag{2-12}$$

式中，n 为测量次数；α 表示危险概率；$g(n,\alpha)$ 表示格拉布斯系数，可以通过表2-2（格拉布斯系数表）进行查取。

表2-2 格拉布斯系数表

n	a		n	a		n	a	
	0.05	0.01		0.05	0.01		0.05	0.01
3	1.153	1.155	12	2.285	2.550	21	2.580	2.912
4	1.463	1.492	13	2.331	2.607	22	2.603	2.939
5	1.672	1.749	14	2.371	2.659	23	2.624	2.963
6	1.822	1.944	15	2.409	2.705	24	2.644	2.987
7	1.938	2.097	16	2.443	2.747	25	2.663	3.009
8	2.032	2.221	17	2.475	2.785	30	2.745	3.103
9	2.110	2.323	18	2.504	2.821	35	2.811	3.178
10	2.176	2.410	19	2.532	2.854	40	2.866	3.240
11	2.234	2.485	20	2.557	2.884	45	2.914	3.292

需要注意的是，用格拉布斯准则逐一检查各个测量值时，在剔除完含有粗大误差的异常值后，需要对现有的测量值再次应用格拉布斯准则进行粗大误差判断，直至不再发现新的粗大误差。

思考

系统误差、随机误差、粗大误差产生的原因和特点都不相同，但在实际的工程应用中，这3种类型的误差有无相互转换的可能性？

2.2.4 误差的合成与分配

1．误差合成

通过直接测量获得的数据均会存在误差，用这种数据经过计算得到的间接测量数据也必然会存在误差。间接测量数据误差是各个直接测量数据误差的函数，因此间接测量误差也被称为函数误差。研究函数误差问题就是研究测量误差的传递问题。根据函数关系由分项误差求解总误差，称为误差合成。

误差的合成与分配

误差合成主要包括函数系统误差合成和函数随机误差合成。

（1）函数系统误差合成

注意

以下公式的推导以恒定系统误差为研究对象。

已知间接测量值与各个直接测量值之间的多元函数关系式为

$$y = f(x_1, x_2, \cdots, x_n) \tag{2-13}$$

式中，y 表示间接测量值；$x_1, x_2, \cdots, x_n$ 表示各个直接测量值。

多元函数的增量可以采用全微分形式表示，即

$$\mathrm{d}y = \frac{\partial f}{\partial x_1}\mathrm{d}x_1 + \frac{\partial f}{\partial x_2}\mathrm{d}x_2 + \cdots + \frac{\partial f}{\partial x_n}\mathrm{d}x_n \tag{2-14}$$

将各个直接测量值的系统误差 $\Delta x_1, \Delta x_2, \cdots, \Delta x_n$ 对应替代式（2-14）中的微分量，可以近似得到间接测量值的函数系统误差表达式，即

$$\Delta y = \frac{\partial f}{\partial x_1} \Delta x_1 + \frac{\partial f}{\partial x_2} \Delta x_2 + \cdots + \frac{\partial f}{\partial x_n} \Delta x_n \tag{2-15}$$

式中，$\frac{\partial f}{\partial x_n}$ 是第 n 个测量值的系统误差传递系数。

因此式（2-15）也称为函数系统误差的传递公式。依据此公式可以求解间接测量值的总误差。

例题 2-3 如图 2-4 所示，采用"弓高弦长法"间接测量圆形大工件的直径，其中 D 为工件直径，l 为弦长，h 为工高。已知弦长 l 的测量值为 600 mm，弓高 h 的测量值为 50 mm，两个参数各自对应的实际值分别为 598 mm 和 50.2 mm。

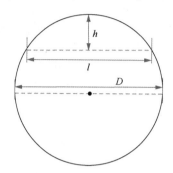

图 2-4 "弓高弦长法"间接测量示意图

解 "弓高弦长法"各个参数关系的函数式如下所示

$$D = \frac{l^2}{4h} + h \tag{2-16}$$

将弦长 l 的测量值、弓高 h 的测量值代入式（2-16）中，在不考虑系统误差的情况下求解工件直径 D_0 为

$$D_0 = \frac{l^2}{4h} + h = \frac{600^2}{4 \times 50} + 50 = 1850 \text{ mm}$$

由式（2-16）可得到此应用中的函数系统误差表达式，即

$$\Delta D = \frac{\partial f}{\partial l} \Delta l + \frac{\partial f}{\partial h} \Delta h \tag{2-17}$$

下面分别求解弦长 l 和弓高 h 的系统误差传递系数。

首先计算弦长 l 的系统误差传递系数

$$\frac{\partial f}{\partial l} = \frac{l}{2h} = \frac{600}{2 \times 50} = 6$$

然后计算弓高 h 的系统误差传递系数

$$\frac{\partial f}{\partial h} = -\left(\frac{l^2}{4h^2} - 1\right) = -\left(\frac{600^2}{4 \times 50^2} - 1\right) = -35$$

最后计算弦长 l 和弓高 h 此次测量数据的绝对误差

$$\Delta l = l_x - l_A = 600 - 598 = 2 \text{ mm}$$

$$\Delta h = h_x - h_A = 50 - 50.2 = -0.2 \text{ mm}$$

将两个参数的传递系数和绝对误差代入式（2-17），得到直径的函数系统误差

$$\Delta D = \frac{\partial f}{\partial l} \Delta l + \frac{\partial f}{\partial h} \Delta h = 6 \times 2 + (-35) \times (-0.2) = 19 \text{ mm}$$

对未考虑系统误差的工件直径 D_0 进行系统误差数据修正

$$C = -\Delta D$$
$$A = x + C$$

可以进一步计算修正后的工件直径

$$D = D_0 - \Delta D = 1850 - 19 = 1831 \text{ mm}$$

即修正后的工件直径为1831mm。

（2）函数随机误差合成

已知间接测量值与各个直接测量值之间的多元函数关系式

$$y = f(x_1, x_2, \cdots, x_n)$$

对应的增量微分表达式为

$$\mathrm{d}y = \frac{\partial f}{\partial x_1}\mathrm{d}x_1 + \frac{\partial f}{\partial x_2}\mathrm{d}x_2 + \cdots + \frac{\partial f}{\partial x_n}\mathrm{d}x_n$$

假设各个直接测量值只存在随机误差，用各个测量值的随机误差 δx_1，δx_2，$\cdots$，δx_n 代替微分表达式中的各个微分 $\mathrm{d}x_1$，$\mathrm{d}x_2$，$\cdots$，$\mathrm{d}x_n$，得到间接测量值的函数的随机误差 δy 为

$$\delta y = \frac{\partial f}{\partial x_1}\delta x_1 + \frac{\partial f}{\partial x_2}\delta x_2 + \cdots + \frac{\partial f}{\partial x_n}\delta x_n \tag{2-18}$$

由于随机误差一般用表征其取值分散程度的标准差进行评定，因此函数随机误差也选用标准差进行评定。为了实现这一目标，需要对各个直接测量值均进行 N 次等精度测量，得到每次的随机误差为

$$x_1 : \delta x_{11}, \delta x_{12}, \cdots, \delta x_{1N}$$
$$x_2 : \delta x_{21}, \delta x_{22}, \cdots, \delta x_{2N}$$
$$\vdots$$
$$x_n : \delta x_{n1}, \delta x_{n2}, \cdots, \delta x_{nN}$$

然后根据式（2-18），可以得到间接测量值 y 的随机函数求解方程组

$$\begin{cases} \delta y_1 = \dfrac{\partial f}{\partial x_1}\delta x_{11} + \dfrac{\partial f}{\partial x_2}\delta x_{21} + \cdots + \dfrac{\partial f}{\partial x_n}\delta x_{n1} \\[2mm] \delta y_2 = \dfrac{\partial f}{\partial x_1}\delta x_{12} + \dfrac{\partial f}{\partial x_2}\delta x_{22} + \cdots + \dfrac{\partial f}{\partial x_n}\delta x_{n2} \\[2mm] \vdots \\[2mm] \delta y_N = \dfrac{\partial f}{\partial x_1}\delta x_{1N} + \dfrac{\partial f}{\partial x_2}\delta x_{2N} + \cdots + \dfrac{\partial f}{\partial x_n}\delta x_{nN} \end{cases} \tag{2-19}$$

对式（2-19）中的每个方程两边分别求平方，即

$$\begin{cases} \delta y_1^2 = \left(\dfrac{\partial f}{\partial x_1}\right)^2\delta x_{11}^2 + \left(\dfrac{\partial f}{\partial x_2}\right)^2\delta x_{21}^2 + \cdots + \left(\dfrac{\partial f}{\partial x_n}\right)^2\delta x_{n1} + 2\sum\limits_{j=2}^{n}\sum\limits_{i=1}^{j-1}\dfrac{\partial f}{\partial x_i}\dfrac{\partial f}{\partial x_j}\delta x_{i1}\delta x_{j1} \\[2mm] \delta y_2^2 = \left(\dfrac{\partial f}{\partial x_1}\right)^2\delta x_{12}^2 + \left(\dfrac{\partial f}{\partial x_2}\right)^2\delta x_{22}^2 + \cdots + \left(\dfrac{\partial f}{\partial x_n}\right)^2\delta x_{n2} + 2\sum\limits_{j=2}^{n}\sum\limits_{i=1}^{j-1}\dfrac{\partial f}{\partial x_i}\dfrac{\partial f}{\partial x_j}\delta x_{i2}\delta x_{j2} \\[2mm] \vdots \\[2mm] \delta y_N^2 = \left(\dfrac{\partial f}{\partial x_1}\right)^2\delta x_{1N}^2 + \left(\dfrac{\partial f}{\partial x_2}\right)^2\delta x_{2N}^2 + \cdots + \left(\dfrac{\partial f}{\partial x_n}\right)^2\delta x_{nN} + 2\sum\limits_{j=2}^{n}\sum\limits_{i=1}^{j-1}\dfrac{\partial f}{\partial x_i}\dfrac{\partial f}{\partial x_j}\delta x_{iN}\delta x_{jN} \end{cases} \tag{2-20}$$

将式（2-20）中的各个方程相加，可得

$$\sum_{m=1}^{N}\delta y_m^2 = \sum_{i=1}^{n}\left[\left(\frac{\partial f}{\partial x_i}\right)^2\sum_{m=1}^{N}\delta x_{im}^2\right] + 2\sum_{m=1}^{N}\sum_{j=2}^{n}\sum_{i=1}^{j-1}\frac{\partial f}{\partial x_i}\frac{\partial f}{\partial x_j}\delta x_{im}\delta x_{jm} \tag{2-21}$$

标准差计算公式为

$$\sigma = \sqrt{\frac{\delta_1^2 + \delta_2^2 + \cdots + \delta_n^2}{n}} = \sqrt{\frac{\sum\limits_{i=1}^{n} \delta_i^2}{n}} \tag{2-22}$$

式中，σ 表示标准偏差（简称标准差）；n 表示测量次数；δ_i 表示第 i 次测量值的随机误差。

由式（2-21）和式（2-22），可以进一步计算间接测量值的函数随机误差，即

$$\begin{aligned}
\sigma_y^2 &= \frac{1}{N} \sum_{m=1}^{N} \delta y_m^2 = \sum_{i=1}^{n} \left[\left(\frac{\partial f}{\partial x_i} \right)^2 \frac{1}{N} \sum_{m=1}^{N} \delta x_{im}^2 \right] + \frac{2}{N} \sum_{j=2}^{n} \sum_{i=1}^{j-1} \sum_{m=1}^{N} \frac{\partial f}{\partial x_i} \frac{\partial f}{\partial x_j} \delta x_{im} \delta x_{jm} \\
&= \sum_{i=1}^{n} \left[\left(\frac{\partial f}{\partial x_i} \right)^2 \sigma_{xi}^2 \right] + 2 \sum_{j=2}^{n} \sum_{i=1}^{j-1} \frac{\partial f}{\partial x_i} \frac{\partial f}{\partial x_j} \frac{1}{N} \sum_{m=1}^{N} \delta x_{im} \delta x_{jm} \\
&= \sum_{i=1}^{n} \left[\left(\frac{\partial f}{\partial x_i} \right)^2 \sigma_{xi}^2 \right] + 2 \sum_{j=2}^{n} \sum_{i=1}^{j-1} \frac{\partial f}{\partial x_i} \frac{\partial f}{\partial x_j} K_{ij}
\end{aligned} \tag{2-23}$$

式中，K_{ij} 表示协方差，计算公式为

$$K_{ij} = \frac{1}{N} \sum_{m=1}^{N} \delta x_{im} \delta x_{jm} \tag{2-24}$$

当测量值随机误差的期望为 0 时，可以定义相关系数 ρ_{ij}，其计算公式为

$$\rho_{ij} = \frac{K_{ij}}{\sigma_{xi} \sigma_{xj}} \tag{2-25}$$

将式（2-24）和式（2-25）代入式（2-23），则式（2-23）可以进一步化简为

$$\sigma_y^2 = \sum_{i=1}^{n} \left[\left(\frac{\partial f}{\partial x_i} \right)^2 \sigma_{xi}^2 \right] + 2 \sum_{j=2}^{n} \sum_{i=1}^{j-1} \frac{\partial f}{\partial x_i} \frac{\partial f}{\partial x_j} \rho_{ij} \sigma_{xi} \sigma_{xj} \tag{2-26}$$

若各直接测量值的随机误差相互独立，且 N 取值较大，则 K_{ij} 和 ρ_{ij} 可近似取值为 0，式（2-26）可以进一步化简为

$$\sigma_y = \sqrt{\sum_{i=1}^{n} \left[\left(\frac{\partial f}{\partial x_i} \right)^2 \sigma_{xi}^2 \right]} = \sqrt{\sum_{i=1}^{n} a_i^2 \sigma_{xi}^2} \tag{2-27}$$

式中，$a_i = \partial f / \partial x_i$。

在实际应用中，通常需要根据已知条件选择合适公式计算函数随机误差。

2. 误差分配

误差分配是指在给定测量结果允许的总误差的前提下，合理确定各个分项误差。

例如在"弓高弦长法"应用案例中，如果首先明确工件直径的允许误差，然后确定弓高和弦长的允许误差，此类问题就属于误差分配问题。

误差分配有助于在进行测量工作前根据给定的允许总误差选择适合的测量方案，合理确定各分项的误差，以确保整体的测量准确度。从这个角度看，误差分配是误差合成的反过程。

（1）误差分配原则

在实际的工程测量中，误差分配的方法非常多，但需要遵循统一的原则。

① 可能性原则：即从各个元器件的实际情况出发，根据元器件的技术、性能参数，制定能够达到的误差标准。

② 经济性原则：在测量误差允许范围内尽可能降低在测量仪器设备配置、测量条件控制、测量人员培训等方面投入的经济成本。

③ 最坏打算原则：当对测量系统部分元器件的测量误差不能清楚掌握时，取其最大的允许误差。

（2）误差分配步骤

第一步：根据不同假设对误差进行预分配。

第二步：按照实际条件对预分配方案进行调整。

第三步：按照误差合成理论对制定的误差分配方案进行校核。

若计算得到的总误差大于给定的允许误差，则对可以缩小的误差项进行缩小；若计算得到的总误差比给定的允许误差小，则可以适当增大难以测量的误差项的误差范围，降低测量难度。

由于恒定系统误差可以通过修正法进行校正，在进行误差分配时，不需要考虑恒定系统误差的影响，只需要关注变值系统误差和随机误差的影响，而经过公式推导验证得知：对于变值系统误差和随机误差，无论按哪一种类型分析处理，两种类型误差合成与分配的结果均相同，因此在进行误差的合成与分配时，可以都视为随机误差进行处理。

误差预分配中比较常用的一种分配方法称为等作用分配法。该方法视各个分项误差对总函数误差的影响相等，由式（2-27）推导可得分项误差为

$$D_1 = D_2 = \cdots = D_n = \frac{1}{\sqrt{n}} \sigma_y \tag{2-28}$$

式中，D_n 表示第 n 项分项误差；n 表示误差分配项数。

> **ⓘ 注意**

预分配之后，要根据误差合成理论对其进行校核，对存在的明显不合理的分配误差要进行调整。

2.3　多传感器数据融合技术

2.3.1　多传感器数据融合技术概述

多传感器数据融合（Multi-Sensor Information Fusion，MSIF）技术也称为多传感器信息融合技术，简称数据融合技术或信息融合技术。

面对复杂的研究对象，如果仅借助单一功能的传感器去监测某一个性能参数，获取的信息通常单一、片面。若用具有多种不同功能、类型的传感器去监测研究对象的多项性能参数，就可以同时获得研究对象的多项数据信息，实现信息互补。借助科学的融合算法对获得的多源数据与信息进行综合分析与处理，就可以对研究对象实现更客观、更本质的特性认知与把握，有效提高系统的可靠性、容错性和健壮性。

1．多传感器数据融合技术的定义

多传感器数据融合技术没有统一、严格的专业定义。学者爱德华·华尔兹（Edward Waltz）

和詹姆斯·利纳斯（James Llinas）给出了具有代表性的定义，即数据融合是一种多层次的、多方面的处理过程，对多源数据进行检测、结合、相关、估计和组合，以实现精确的状态估计和身份估计，以及完整且及时的态势评估和威胁估计。

多传感器数据融合技术的早期研究与应用主要围绕军事领域，以实现对舰艇、导弹等军事目标的跟踪和识别，后来被广泛应用于民用领域。近年来，多传感器数据融合技术在智能制造、智能医疗、智能遥感、智慧交通、智慧刑侦、智能机器人、环境监测和智能家居等领域发挥了重要作用，成为一门多学科交叉融合的新兴技术，涉及系统论、信息论、控制论、计算机通信和人工智能等众多学科领域。

2．多传感器数据融合技术的优势

（1）获取多维度信息，提高系统总体性能

多传感器数据融合技术对不同类型与功能的传感器所获得的数据进行滤波、关联、组合，从时间、空间等角度实现信息冗余、互补，提高信息利用率，增强系统决策的科学性与正确性。

例如，在目标跟踪系统中，同时配置毫米波雷达传感器、激光雷达传感器和红外传感器，可以提高系统在不同环境下的适应性和目标检测的准确性，从而提升整个系统目标跟踪性能。

🔗 思考

挖掘找寻在实际生产、生活或者军事领域中需要两个及以上不同类型、功能、数量的传感器结合，以实现更全面、更优化性能监测的应用场景。

（2）提高系统检测的可靠性、容错性

在单一传感器检测系统中，一旦传感器出现技术故障，将严重影响整个检测系统的正常运行。而在多传感器数据融合系统中，由于配置了多数量、多类型、多功能的传感器，因此对某一个传感器的依赖度较低，容错性较好。

3．多传感器数据融合技术的原理

与人类大脑分析处理复杂信息并做出判断与决策的过程相似，多传感器数据融合技术具有相近的原理。例如，我国中医诊断疾病讲究"望闻问切"，即医生通过眼睛望、鼻子闻、嘴巴问、手摸脉象4种方式，获得较为全面的病症信息，为诊断与治疗提供较为可靠和全面的分析判断依据。

多传感器数据融合系统对具有不同类型、功能、工作空间或时段的传感器所采集的数据进行预处理、数据关联、特征提取、融合计算，以实现精确的位置估计和身份识别，获得对研究对象最佳的一致性估计，做出正确的分析决策。

多传感器数据融合系统的结构如图2-5所示。

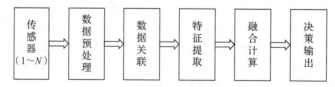

图2-5 多传感器数据融合系统的结构框图

2.3.2　多传感器数据融合系统的功能模型

多传感器数据融合系统的功能模型描述的是系统包含的主要功能模块以及各个功能模块之间的结合方法，是多传感器数据融合系统进行结构设计的依据。

自 20 世纪 80 年代以来，国内外学者提出了非常多的数据融合功能模型。其中，以 1984 年美国国防部数据融合联合指挥实验室提出的 JDL（Joint Directors of Laboratories，实验室理事联合会）模型应用最为广泛，属于军事领域数据融合系统的经典功能模型。随着多传感器数据融合技术的不断发展以及应用领域的逐步拓宽，JDL 功能模型被不断地修正、改进、完善，学者们对功能模型提出了很多修正思路。新模型不但实现了多种功能的融合，还具有适用领域广泛的优点，其系统结构如图 2-6 所示。

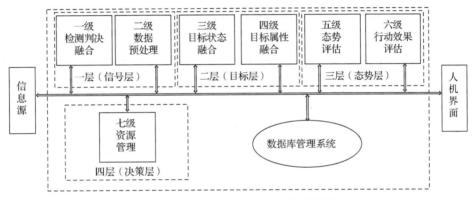

图 2-6　多传感器数据融合系统的功能模型

图 2-6 中，信息源面向具体的应用场景，通过配置部署不同类型、不同位置、不同功能和不同数量的传感器获取多维度数据；人机界面是指用户通过按键、触摸屏、语音等方式提供命令，获取系统文字、图表、视频等形式的信息，可以借助虚拟现实（Virtual Reality，VR）技术或增强现实（Augmented Reality，AR）技术获得更加丰富的人机交互体验；数据库管理系统为多源异构特性的数据提供存储、查询、备份、分析等管理服务。

除了信息源、人机界面、数据库管理系统之外，功能模型的其余构成部分分为四层七级，是进行数据融合处理的核心模块。各个构成单元的作用如下。

（1）信号层

一层为信号层融合，包括第一级"检测判决融合"和第二级"数据预处理"。

第一级"检测判决融合"属于数据层，主要完成信号检测和特征提取，通常根据给定的检测准则设定最优检测门限，方便及时准确地发现目标点。

第二级"数据预处理"对各个传感器采集的原始数据进行初步的过滤、分选、归并等处理，或设置某些数据处理的优先级，提高整个系统的数据融合效率。

（2）目标层

二层为目标层融合，包括第三级"目标状态融合"和第四级"目标属性融合"。

第三级"目标状态融合"，是指获取目标的运动状态，如经纬度、速度、方位等参数，并进行数据融合。该级属于特征层融合，数据融合过程包括数据校准、目标互联、跟踪处理等操作。

第四级"目标属性融合"是指获取目标类型、身份等的离散状态参数，可以数据层、特征层或决策层的方式融合。

（3）态势层

三层为态势层融合，包括第五级"态势评估"和第六级"行动效果评估"。

第五级"态势评估"挖掘目标间的关联关系，初步预测发展趋势，主要包括态势要素提取、态势理解、态势预测等功能。

第六级"行动效果评估"根据已掌握的态势预测发展趋势。

（4）决策层

四层为决策层融合，对应第七级"资源管理"。该层是计划与执行的过程，包括传感器管理、性能评估、有效性度量、过程自适应、计划拟定与实施等。

2.3.3 多传感器数据融合系统的结构模型

多传感器数据融合系统的结构模型当前有两种主要的划分依据。

1．以目标状态融合为基准进行分类

以第三级"目标状态融合"为分类基准，根据系统对各个传感器测量数据是否进行初步预判，可将多传感器数据融合系统分为3种：集中式融合结构、分布式融合结构和混合式融合结构，如图2-7所示。

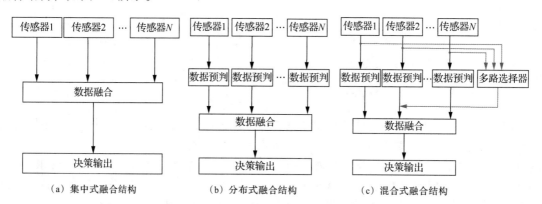

图2-7 集中式、分布式、混合式融合结构框图

（1）集中式融合结构

由图2-7（a）可知，在集中式融合结构中，各个传感器测量的数据均直接送至数据融合中心进行统一的判断决策。此种结构具有信息损失率低的优点，但是需要较宽的通信带宽进行数据传输，并且要求数据融合中心具有高算力。

（2）分布式融合结构

由图2-7（b）可知，在分布式融合结构中，先对各个传感器测量的数据分别进行初步预判，然后再送至数据融合中心进行最终的融合决策。此种结构在较大程度上降低了系统的数据传输压力和数据融合中心的算力压力，运行可靠性高。

（3）混合式融合结构

由图2-7（c）可知，混合式融合结构同时具有集中式融合结构和分布式融合结构，能够根据实际需要灵活选择融合结构，适应性广，但是对系统结构设计的要求高，成本高。

2．以目标属性融合为基准进行分类

以第四级"目标属性融合"为分类基准，根据数据关联、特征提取、数据融合、属性判别的先后顺序，可将多传感器数据融合系统分为数据层融合、特征层融合、决策层融合三种结构形式，如图2-8所示。

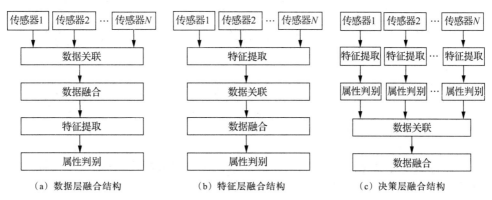

图2-8　数据层、特征层、决策层融合结构框图

（1）数据层融合

数据层融合又称为像素层融合、信息层融合。由图2-8（a）可知，数据层融合直接将各个传感器测量的原始数据进行关联后送入数据融合中心，然后提取特征向量进行判断识别。此种融合方式保留了尽可能多的原始信号信息，但是融合处理的数据量大，实时性差，占用内存多，并且由于原始数据本身具有较大的不稳定性，因此要求数据融合系统具备较好的容错能力。

数据层融合适用于对图像配准要求较高的医学图像融合处理。

（2）特征层融合

由图2-8（b）可知，特征层融合从传感器测量的原始数据中提取特征，进行数据关联和归一化等处理后，送入数据融合中心进行分析、综合，为后续决策提供数据支持。此种融合方式既能够保留一定数量的原始信息，又实现了一定程度的数据压缩，因此对通信宽带要求较低。

特征层融合适用于图像识别、语音识别和自然语言处理等。

（3）决策层融合

由图2-8（c）可知，决策层融合直接对各个传感器数据的决策目标进行综合分析判决，得出最终决策。决策层融合灵活性高，实时性好，容错性好且抗干扰能力强，可以处理非同步信息，有效融合了不同类型的传感器信息。决策层融合会压缩数据，对通信宽带和算力要求均低。

决策层融合适用于军事、医疗、金融、交通等领域。

需要注意的是，选择哪一种层级的融合结构，需要结合具体的应用场景，综合考虑信源特点、通信带宽、微处理器算力等因素。此外，同一个多传感器数据融合系统可能同时包括数据层、特征层、决策层两种或三种层级融合方式。

2.3.4　多传感器数据融合算法

多传感器数据融合系统的根本任务是利用多传感器获取被测对象全面、完整的信息，因此，多传感器数据融合系统的核心问题是选择合适的数据融合算法。各类常用的融合算法及其在数据层、特征层、决策层的应用见表2-3。

表2-3 常用融合算法及其在不同融合层级的应用

数据层融合算法	特征层融合算法	决策层融合算法
小波变换法	神经网络	神经网络
PCA变换法	D-S证据理论法	多贝叶斯估计法
加权平均法	聚类分析法	模糊理论
卡尔曼滤波法	多贝叶斯估计法	专家系统
...	...	...

下面介绍几种典型融合算法的融合原理。

（1）卡尔曼滤波法

卡尔曼滤波法是一种基于状态空间模型的最优化递归数据处理算法，它利用前一时刻的预测值和当前时刻的观测值获得对系统状态的最优估计。卡尔曼滤波法对应两个关键环节："预测"和"更新"。在预测阶段，利用系统模型和先验知识，预测下一时刻的状态值和协方差矩阵；在更新阶段，利用预测值和传感器采集的数据计算卡尔曼增益，更新状态值和协方差矩阵，评估估计误差的大小。每运行一轮卡尔曼滤波，都可以获得更准确的估计值。

卡尔曼滤波法的优点是可以有效地滤除传感器测量数据的误差和系统噪声，提高数据测量的准确性与稳定性，被广泛应用于自动驾驶、无人机控制、机器人导航等领域的数据层融合，能够准确地获得研究对象的位置和姿态信息。

（2）多贝叶斯估计法

贝叶斯估计法的基本思想是通过先验概率和观测数据来计算后验概率。多贝叶斯估计法是将每一个传感器作为一个贝叶斯估计，然后将各个独立对象的关联概率分布联合成一个后验概率分布函数；令此联合概率分布函数的似然函数最小，从而得到多传感器数据的融合值。

多贝叶斯估计法可以有效地对具有多源不确定性、不一致性的数据进行融合。

（3）神经网络

人工智能领域的神经网络，如多层感知器（Multi-Layer Perceptron，MLP）、卷积神经网络（Convolutional Neural Network，CNN）、循环神经网络（Recurrent Neural Network，RNN）、生成对抗网络（Generative Adversarial Network，GAN）等，均具有很强的容错性以及自学习、自组织、自适应能力，能够模拟复杂的非线性映射。这些特性正符合多传感器数据融合技术的数据处理要求。在多传感器数据融合系统中，各个传感器提供的原始数据具有一定的不确定性。对不确定的数据信息进行融合的过程实质上属于不确定推理过程。通过各类神经网络算法，多传感数据融合系统具有了自学习、自组织、自适应的自动推理功能，可以实现对多传感器的数据融合。

多传感器数据融合技术是智能测控系统的重要技术之一，人工智能算法会不断地应用于多传感器数据融合技术领域。

2.3.5 自动驾驶多传感器数据融合系统解析

近年来，随着人工智能技术、传感器技术、通信技术的迅速发展，自动驾驶技术和无人驾驶汽车技术也不断进步。自动驾驶系统一般分为3个子系统：感知、决策、控制，其典型功能框图如图2-9所示。其中感知系统是自动驾驶系统能够感知周围环境的决定性因素，也是自动驾驶系统能够实现准确定位的前提。

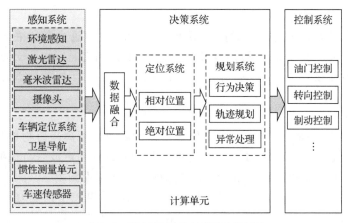

图2-9 自动驾驶汽车的典型功能框图

1. 多传感器配置的必要性分析

自动驾驶系统需要借助环境感知系统高效、准确地感知周围的交通状况。例如，对静态障碍物进行检测、识别、轮廓测绘，对移动障碍物进行检测、识别、轨迹跟踪，对交通信号标志进行检测、识别等。这是自动驾驶功能实现的前提，也是自动驾驶安全性的重要保障。在当前的国内外市场中，具备自动驾驶或无人驾驶功能的汽车都需要配置能够实现环境感知的传感器，而且传感器的类型比较统一，主要包括摄像头、激光雷达、毫米波雷达，此外有些还包含超声波传感器。不同类型的传感器所具有的功能和性能优势各不相同，同时也存在各自的不足。

（1）摄像头的功能与特点

摄像头在自动驾驶系统中的主要功能是实现对障碍物、车道线、交通标志牌、地面标志或者驾驶员状态等目标的检测与识别。目前配置较多的为单目摄像头或双目摄像头，部分选用三目摄像头。单目摄像头能够采集目标的二维图片信息，并能够实现目标属性的识别与距离估计；双目摄像头可以采集深度信息，并能够实现目标检测、分类、测距、多目标跟踪等功能；三目摄像头除了能够采集上述三维信息，还能够获取目标的位置和姿态等信息。

摄像头具有探测角度广、获取信息丰富的优点，不足之处包括：检测距离相对较短，最远测量距离已达300 m以上，一般低于100 m；实时性差，易受雨、雪、大雾等天气以及环境光线等因素的影响；由于检测信息丰富，因此计算量大，因此对系统硬件要求高。

（2）激光雷达的功能与特点

激光雷达是一种对外发射、接收激光的传感器，根据发射和接收遇到障碍物后返回激光的间隔时间实现测量。激光雷达在自动驾驶中的主要功能是构建高精度的三维地图，实现对目标的检测和跟踪。激光雷达分为单线束和多线束两大类。单线束激光雷达扫描一次只产生一条扫描线，获得的是二维信息；多线束（4线、8线、16线、32线、64线、128线、192线）激光雷达获取的是三维信息点图，也称为点云图。

激光雷达探测距离远，最远探测距离可达500 m；可以测宽、测高，支持三维建模；抗有源干扰的能力很强。但是价格较高，且易受雨、雪、大雾、烟尘、光线等因素影响；能够识别交通标志物及其颜色，但识别能力比较弱。

（3）毫米波雷达的功能与特点

毫米波雷达是利用高频电路产生特定调制频率的电磁波，通过天线发送电磁波并接收从目标物反射回来的电磁波实现测量。毫米波雷达可以同时对多个目标的多个维度的参数进行测量。

毫米波雷达探测距离较远，最远探测距离可达300 m；穿透大雾、浓烟、灰尘的能力也较强。但是会受雨天、湿雪等高潮湿环境的影响；不能识别交通标志、交通信号灯、道路标志线；当周围环境存在较强电磁干扰时会出现虚报警问题；由于探测覆盖区域呈扇形，存在探测盲点区。

（4）超声波传感器

超声波传感器在自动驾驶中的主要功能是泊车测距、近距离障碍物检测、辅助刹车等。其基本检测原理是通过超声波发射器发射频率高于20 kHz的超声波（机械波），由超声波接收器接收遇到障碍物后反射回来的超声波，根据时间差来实现测距。

超声波传感器适用于10 m以内的短距离测距，抗环境电磁干扰能力强；对雨、雪、雾的穿透力强；对光照和色彩不敏感，可以识别透明以及反射性差的物体；价格低。但是散射角大，方向性较差，发射信号和余振信号会对回波信号造成覆盖或者干扰，检测距离必须大于30 cm；环境温度、湿度的变化对其检测性能影响较大。

★ 思考

在实际应用中，人们习惯将汽车上配置的超声波传感器称为"超声波雷达"，请思考此种表达是否科学、严谨。

由于摄像头、激光雷达、毫米波雷达、超声波传感器等不同类型传感器的功能与性能各有优缺点，因此只配置其中一种类型的传感器难以满足自动驾驶汽车的环境感知要求。鉴于此，在感知外部环境时，当前大部分自动驾驶车辆选用"摄像头+激光雷达+毫米波雷达"这一组合方案。此外，还有选用"摄像头+激光雷达+毫米波雷达+超声波传感器"这一组合方案，通过对多种类型和数量冗余的传感器检测数据的有效融合，提高自动驾驶系统的安全性与稳健性。例如，百度第6代自动驾驶量产车Apollo RT6配备了38个车外传感器，包含8个激光雷达、6个毫米波雷达、12个摄像头和12个超声波传感器；谷歌Waymo Driver第5代自动驾驶系统代表车型捷豹I-Pace配置了1个激光雷达、6个毫米波雷达和29个摄像头。

★ 思考

了解更多品牌的自动驾驶系统（汽车）环境感知系统所配置的传感器类型和数量，从专业角度分析其传感器配置的合理性、科学性。

2. 传感器标定

自动驾驶系统在整车运行前，需要对新安装的传感器进行标定，其目的是消除安装导致的误差，确保传感器测量数据的准确度，为多传感器的数据融合奠定基础。

自动驾驶系统中对于单个传感器的标定分为内参标定和外参标定。内参标定是对传感器的一些主要性能参数进行标定，如对摄像头的焦距、偏心、畸变参数等进行标定，常采用的方法为张正友标定方法。外参标定是进行传感器自身坐标系和外部某个坐标系的转换关系。例如，对于车载摄像头而言，摄像头需要以一定的角度和位置安装在车辆上，才能够将摄像头采集到的环境数据与车辆行驶环境中的真实物体相对应，即需要找到车载摄像头所生成的图像像素坐标系中的点坐标与摄像机环境坐标系中的点坐标之间的转换关系。

自动驾驶系统对多传感器进行联合标定的目的是将不同传感器的坐标系变换为统一的车体坐标系。以激光雷达和摄像头的空间坐标标定为例,在自动驾驶车辆上,激光雷达、摄像头与车体均是刚性连接,两者与车体的相对姿态和位移固定不变,因此,激光雷达和摄像头在车体坐标系中都有唯一的位置坐标与之对应。也就是说,激光雷达与摄像头之间是固定的坐标系转换。

传感器坐标系之间的转换关系有多种表示方式,主要有旋转矩阵、旋转向量、四元数、欧拉角,如图 2-10 所示。

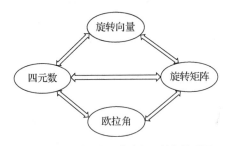

图 2-10　坐标系表示方式相互转换关系图

需要注意的是,自动驾驶系统中各个传感器之间不仅坐标系不同,采集数据的时间点和周期也会存在差异,因此多传感器的联合标定除了要进行空间坐标系的统一外,还需要注意时间上的同步。进行时间同步的方法很多,如网络时间协议(Network Time Protocol,NTP)、线程同步方法、局域网时间同步协议等。

3．数据融合策略

(1) 数据层融合

数据层融合是指将不同传感器的可分辨单元的数据直接融合,然后对融合后的数据进行进一步的分析、处理。例如,采用深度学习方法将激光雷达生成的点云图和摄像头图像直接进行融合,将非结构化的稀疏点云投影到摄像头的图像平面上,获得用于道路分离编码空间信息的一组密集二维图像。

(2) 特征层融合

特征层融合是指从各个传感器数据中提取多目标特征进行融合后,再进行分类和识别。例如,可以从激光雷达检测的点云图中提取目标的大小、距离、方向、速度和加速度等特征信息,可以从摄像头检测获得的图像信息中提取目标的轮廓、纹理和颜色分布等特征信息。当前多选用深度学习算法来实现特征融合后的目标分类和识别。

(3) 决策层融合

决策层融合是指先对各个传感器的数据分别进行特征提取、属性判断和类型识别,然后采用特定的融合策略对各个传感器的判别结论进行分析决策。融合策略通常为主观贝叶斯概率推理方法、D-S 证据理论不确定推理方法、模糊子集理论方法等。例如,可以选用基于 D-S 证据理论的证据融合框架,应对自动驾驶系统中传感器易受攻击性和目标运动的不确定性。

自动驾驶、无人驾驶系统属于多传感器数据融合技术和人工智能技术高度结合的应用场景,为近年来的热点研究领域。该领域的技术发展与推进也必将呈现日新月异的趋势。

思考

归纳总结多传感器数据融合技术与智能传感器技术之间的关联性。

✎ 本章小结

本章系统、详细地阐述了传感器测量系统中数据处理涉及的测量、计量的基本概念与特点，误差的表达、分类及处理方法，以及有关传感器数据分析处理的新兴学科技术——多传感器数据融合技术。

① 传感器测量、计量、数据误差表示方法等知识涉及的专业名词术语众多，容易混淆。本章严格遵循国家行业技术规范，辅助实际应用案例，厘清了实际应用中容易混淆的一些名词术语，如测量、计量、检定、真值、约定真值、理论真值、相对真值、实际值、标称值、示值等；并结合例题强化了对绝对误差、最大绝对误差、相对误差、示值相对误差、最大引用误差等误差表示方法的理解。

② 对系统误差、随机误差、粗大误差这三种测量误差产生的原因及数据处理方法进行了系统介绍。

③ 对传感器测量误差合成与分配的函数关系式进行了细致推导。

④ 对多传感器数据融合技术的目的、意义、功能模型、结构模型以及数据融合算法进行了系统说明，并对多传感器数据融合技术的典型、热点应用领域——自动驾驶系统的数据融合进行了较为详细的解析。

✐ 本章习题

1. 简述测量与计量的联系与区别。

2. 简述传感器标定、校准、检定的区别。

3. 简述系统误差、随机误差、粗大误差各自的特点。

4. 已知两并联电阻的测量值，R_1 为 100Ω，R_2 为 400Ω，两电阻阻值的绝对误差 ΔR_1 为 1Ω，ΔR_2 为 -2Ω。试求两并联电阻总等效阻值 R_{eq} 的绝对误差和测量值相对误差。

5. 用电子秤测量某物品质量 10 次，数据见表 2-4，试求此组数据的算术平均值、标准差，并应用拉伊达准则分析判断是否包含粗大误差；若存在粗大误差，请将异常值剔除。

表 2-4 物品质量测量数据

序号	1	2	3	4	5	6	7	8	9	10
测量值/g	20.15	20.21	19.82	20.11	20.05	19.88	19.90	20.14	20.83	20.31

6. 一台直流电压表实际测量数据的最大引用误差为 ±0.51%，则该电压表的准确度等级符合我国电测仪表的几级？请简要说明判断依据。（电压表的准确度等级见表 2-1。）

7. 某台 0.5 级电流表，量程为 10A，当电流测量值 I 为 4A 时，试求本次测量值对应的最大绝对误差和最大测量值的相对误差。

8. 使用测量准确度等级相对高的电压表对测量准确度等级相对低的万用表进行校准：用电压表测得的电压值是 9V，用万用表测得的电压值是 8.1V，试求万用表测量数据的绝对误差、修正值、实际值相对误差。

9. 有两支数字温度计，甲温度计的准确度等级为 1.0 级，测量范围为 0 ℃～100 ℃，乙温度计的准确度等级为 0.5 级，测量范围为 0 ℃～150 ℃。若用甲、乙温度计同时测量 50 ℃的水温，请分析判断哪一支温度计的测量数据更准确？

10. 结合一个具体应用场景，简述多传感器数据融合技术应用的重要性和必要性。

第 **3** 章

热电式传感器

  温度传感器被广泛应用于工业、农业、国防、科研、医疗等领域。热电式传感器作为温度传感器的重要分支，在实际工程应用中所占比例较大。本章重点介绍热电偶、热电阻、集成温度 3 种典型的热电式传感器的结构构成、工作原理、主要性能参数及其应用特性。

知识目标

① 掌握温度传感器的类型划分；
② 掌握热电偶的结构构成、类型划分、工作原理、分度表构成及冷端补偿；
③ 掌握金属热电阻的材料属性、类型划分、工作原理和分度表构成及其测量接线方式；
④ 掌握半导体电阻的类型划分、基本特性及其应用特点；
⑤ 掌握典型集成温度传感器的工作原理及其基本应用特性。

能力目标

① 能够正确使用热电偶和金属热电阻的分度表处理温度传感器的测量数据；
② 能够根据实际工程测温需要选择合适类型的温度传感器，并掌握其电路应用特性。

重点与难点

① 热电偶基本定律的理解与应用；
② 根据实际工程测温需要选择合适类型的温度传感器。

3.1 热电式传感器概述

热电式传感器是指利用转换元件的电磁参数随温度变化的特性对温度进行检测的装置。

温度是日常生活、工业生产、医疗诊断、农业种植、畜禽养殖、科学研究、航空航天、国防军事等众多领域中被重点检测、观察的物理参量之一。例如，在家庭生活领域，冰箱、空调、热水器、饮水机、电饭煲、烤箱等家用电器；在农业生产领域，温室大棚果蔬种植、家禽科学饲养繁殖、水产养殖等；在工业生产领域，食品加工生产过程、药品研发设备以及药品保存过程、钢铁冶炼过程；在航空航天、深海探测等高科技领域，各类航天器、探测器的发射、飞行、工作过程。

当前可以实现温度检测的传感器类型非常多，有热电式传感器、红外线温度传感器、超声波温度传感器、磁敏温度传感器、光纤温度传感器等。其中，热电式传感器因具有测温范围广、响应速度快、精度高、稳定性好、可靠性高、结构简单、抗干扰能力强等诸多性能优势，应用非常广泛。根据测温原理的不同，热电式传感器主要有热电偶、热电阻和集成温度传感器三种类型。

3.2 热电偶

热电偶

热电偶属于接触式的温度传感器和有源传感器，具有测温范围广、惯性小、输出信号便于远距离传输等优点，被广泛应用于家用电器、钢铁冶炼、火力发电、食品加工、卫星与航天器等领域。国际标准 IEC 60584-1:2013《热电偶 第1部分：电动势规范和公差》规定热电偶的一般测温范围是$-270\,°C \sim 1820\,°C$，有的热电偶可以测量$2000\,°C$以上的高温。

3.2.1 热电偶测温原理解析

1. 热电偶的测温原理

热电偶由两种不同的均质导体或半导体材料串接构成，如图3-1所示。

当构成热电偶的两种不同的均质材料A和B的两个接触端所处温度不同时（$T > T_0$），回路中将产生电动势，并形成电流。此种现象称为热电效应，也称为塞贝克效应。

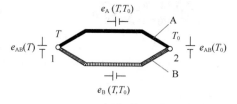

图3-1　热电偶结构构成示意图

与热电偶的构成、特性密切相关的名词术语如下。

① 热电偶回路产生的电动势称为热电动势，简称电动势；回路电流称为热电流。

② 构成热电偶的两种均质材料A、B称为热电极，热电极的两个接触端（1端、2端）一个称为工作端（或测量端、热端，以下统称为热端）。测量温度时，热端置于被测温度场中。一个称为参考端（或参比端、自由端、补偿端、冷端，以下统称为冷端）。测量温度时，冷端需要置于恒定的温度场中。

③ 热电偶的热电极分正极、负极。国家标准《热电偶第1部分：电动势规范和允差》（GB/T 16839.1—2018）中明确了正极的定义为"当测量端的温度高于参比端时，相对于另

一极具有正电势的热电极"。另一个热电极为负极。

2．热电动势分析

如图 3-1 所示，热电偶闭合回路产生的热电动势由两部分组成：两种不同材料热电极接触端的接触热电动势和每一个热电极两接触端之间的温差热电动势。

（1）接触热电动势

在热电偶中，两种不同材料的均质热电极内部的自由电子密度不相同，如图 3-1 所示。假设热电极 A 和 B 均为金属材料，在相同的温度下，A 的自由电子密度高于 B 的自由电子密度。则在 A 与 B 的两个接触界面处，A 中的自由电子会因浓度高向 B 扩散；失去自由电子的 A 的接触界面一侧将带正电，得到自由电子的 B 的接触界面一侧将带负电；因此 A、B 热电极的接触界面会形成一个内电场，具有电位差，产生电动势。此内电场的存在对自由电子的继续扩散具有阻碍作用。随着自由电子的继续扩散，内电场会进一步增强；当内电场增强到一定程度后，会反方向吸引自由电子，促成自由电子由密度低的 B 漂移到 A；最终 A、B 两个热电极接触界面的自由电子的扩散和漂移运动会达到动态平衡状态，产生稳定的接触热电动势。接触热电动势 $e_{AB}(T)$ 和 $e_{AB}(T_0)$ 的方向如图 3-1 中的电池图形符号示意。接触热电动势的大小与热电极材料的属性以及接触端的温度相关，用公式可表示为

$$e_{AB}(t) = \frac{kt}{e} \ln \frac{n_A(t)}{n_B(t)} \tag{3-1}$$

式中，t 表示温度变量；$e_{AB}(t)$ 为 A、B 热电极两个接触端的接触热电动势，是温度的函数；k 表示玻尔兹曼常数（1.38×10^{-23} J/K）；e 表示单位电子的电荷量（1.6×10^{-19}C）；$n_A(t)$ 和 $n_B(t)$ 是 A、B 热电极在接触端的自由电子密度，是温度的函数。

由式（3-1）可以得到 A、B 两个热电极的两个接触端在分别对应温度 T 和 T_0 时产生的接触热电动势

$$e_{AB}(T) = \frac{kT}{e} \ln \frac{n_A(T)}{n_B(T)} \tag{3-2}$$

$$e_{AB}(T_0) = \frac{kT_0}{e} \ln \frac{n_A(T_0)}{n_B(T_0)} \tag{3-3}$$

式中，T 和 T_0 表示两个接触端所处的温度场的温度；$e_{AB}(T)$ 和 $e_{AB}(T_0)$ 表示 A、B 两个热电极两个接触端的接触热电动势；$n_A(T)$ 和 $n_B(T)$ 表示 A、B 两个热电极在温度为 T 时接触端对应的自由电子密度；$n_A(T_0)$ 和 $n_B(T_0)$ 表示 A、B 两个热电极在温度为 T_0 时接触端对应的自由电子密度。

（2）温差热电动势

温差热电动势是指同一导体的两端因温度不同产生的电动势。当热电偶的热端和冷端分别置于不同的温度场时，会导致同一热电极的两端温度不同，高温度端的自由电子具有较大的动能，将由高温端向低温端移动。结果会导致热电极的高温端因失去自由电子而带正电，低温端因获得自由电子而带负电。因此同一个热电极的两端会形成一个内电场，存在电位差，产生电动势，称为温差热电动势。

温差热电动势的大小取决于热电极材料本身的属性和两个接触端的温度，数值远小于接触热电势。

A、B 热电极各自的温差热电动势 $e_A(T, T_0)$ 和 $e_B(T, T_0)$ 的方向如图 3-1 中的电池图形符号示意（$T > T_0$）。

由上述分析可以得到热电偶总的热电动势构成回路，如图 3-2 所示。

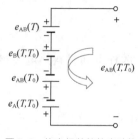

图 3-2 热电偶总的热电动势
构成回路（$T > T_0$）

根据基尔霍夫电压定律，列出图 3-2 热电偶总的热电动势表达式，即

$$e_{AB}(T,T_0) = e_{AB}(T) + e_B(T,T_0) - e_{AB}(T_0) - e_A(T,T_0) \quad (3-4)$$

式中，$e_{AB}(T,T_0)$ 为热电偶总的热电动势。

由于热电极的温差热电动势远小于接触热电动势，可以忽略不计，因此热电偶总的热电势表达式可以简化为

$$e_{AB}(T,T_0) = e_{AB}(T) - e_{AB}(T_0) \quad (3-5)$$

对于确定构成的热电偶，当参考端的温度 T_0 保持恒定时，参考端的接触热电势 $e_{AB}(T_0)$ 为常数，则总的热电动势只与工作端温度 T 成单值函数关系

$$e_{AB}(T,T_0) = e_{AB}(T) - C = f(T) \quad (3-6)$$

式中，常数 $C = e_{AB}(T_0)$。

3.2.2 热电偶的基本定律

热电偶有 4 条基本定律，与热电偶的结构构成和热电极的材料特性密切相关，在实际工程应用中具有重要的理论指导意义。

（1）均质导体定律

如果组成热电偶的两个热电极是同一种均质材料，则热电偶回路中总的热电动势为 0，与热电极的截面、长度，是否存在温差，温度如何分布均不相关。

在实际的热电偶检定工作中，依据均质导体定律，采用改变热电偶插入检定炉深度的方法来判断热电偶的不均匀性。

（2）中间导体定律

在热电偶的回路中接入第 3 种均质材料，只要此材料的两端温度相同，就对热电偶回路总的热电动势不产生影响。

热电偶接入第 3 种均质材料的连接示意图如图 3-3 所示。

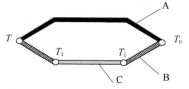

图 3-3 热电偶第 3 种材料接入连接示意图

思考

结合式（3-5），对图 3-3 所示结构的热电偶进行热电动势的分析求解，对中间导体定律进行验证。若加入第 4 种或更多种均质材料，中间导体定律是否依然成立？

依据中间导体定律，在热电偶实际的工程应用中，一般将两热电极的热端焊接在一起，而冷端呈开路状态，方便连接导线；将测量数据远传给显示仪表，即将连接导线和显示仪表视为串接的第 3 种材料。只要与热电偶两个热电极的连接端温度相近，就不会影响测量准确度。

依据中间导体定律，可以提高热电偶形态和测量方式的灵活性与便捷性。例如，在测量液态金属温度时，热电偶热端呈开路状态，只需要确保两个热电极插入位置的温度相同即可。

（3）中间温度定律

热端温度为 T、冷端温度为 T_0 的热电偶的热电动势等于热端、冷端温度分别为 T 和 T_C 热电偶的热电动势和热端、冷端温度分为 T_C、T_0 的热电偶的热电动势的代数和，其中 T_C 为 T 和 T_0 中间的温度，即

$$e_{AB}(T,T_0) = e_{AB}(T,T_C) + e_{AB}(T_C,T_0) \quad (3-7)$$

式中，T 表示热端温度；T_0 表示冷端温度；T_C 表示中间温度。

依据中间温度定律，可以对冷端温度不为 0 ℃的热电偶的热电动势进行数据修正，然后就可以使用冷端温度规定为 0 ℃的热电偶分度表确认温度值。

（4）参考电极定律（标准电极定律）

如果一个热电偶 A、B 两种热电极分别与第 3 种热电极 C 组成两个热电偶，则由 A、B 组成的热电偶的热电动势等于由 A、C 组成的热电偶的热电动势减去由 B、C 组成的热电偶的热电动势，如图 3-4 所示。

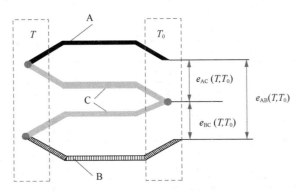

图 3-4　参考电极定律示意图

参考电极定律对应的热电动势关系表达式为

$$e_{AB}(T,T_0) = e_{AC}(T,T_0) - e_{BC}(T,T_0) \tag{3-8}$$

利用参考电极定律，可以在较大程度上简化热电偶热电极的选配工作。因为只要获得了某些热电极材料与参考电极配对得到的热电偶的热电动势值，则选取其中任何 2 种热电极材料组合构建热电偶，对应的热电动势依据参考电极定律进行计算就可以获得，而不需要通过实验逐一构建热电偶，进行烦琐的数据测定。

在实际工程应用中，由于铂的物理、化学性能稳定，通常选用高纯度的铂作为参考电极（标准电极）。

例题 3-1　当热端温度为 100 ℃、冷端温度为 0 ℃时，铬合金-铂热电偶的热电动势为 3.13 mV，铝合金-铂热电偶的热电动势为-1.02 mV。试求铬合金-铝合金热电偶的热电动势。

解　设铬合金热电极表示字母为 A，铝合金热电极表示字母为 B，参考电极铂表示字母为 C，根据式（3-8）可得

$$e_{AB}(100\,℃,0\,℃) = e_{AC}(100\,℃,0\,℃) - e_{BC}(100\,℃,0\,℃) = 3.13 - (-1.02) = 4.15\,mV$$

3.2.3　热电偶的类型

1．依据是否标准化进行分类

热电偶有标准热电偶和非标准热电偶两大类。标准热电偶是指在国际标准、国家标准中明确了热电动势-温度分度函数，给定了允许误差，并提供了统一标准分度表的热电偶。我国现行的热电偶标准为 GB/T 16839—2018，采用了国际标准化组织（International Organization for Standardization，ISO）、国际电工委员会（International Electrotechnical Commission，IEC）等标准。国家标准《热电偶第 1 部分：电动势规范和允差》（GB/T 16839.1—2018）中提供了 8 种标准化热电偶，型号（分度号）分别为 S、R、B、K、N、E、J、T，详细信息见表 3-1。

表3-1 8种标准化热电偶

名称	分度号	热电极材料			最高使用温度/°C		测量范围/°C	熔点/°C	20°C密度/(g/cm³)
		极性	识别	化学成分	长期	短期			
铂铑10-铂	S	正	较硬	Pt 90%，Rh 10%	1300	1600	0～1600	1850	19.97
		负	柔软	Pt 100%				1769	21.45
铂铑13-铂	R	正	较硬	Pt 87%，Rh 13%	1300	1600	0～1600	1860	19.61
		负	柔软	Pt 100%				1769	21.45
铂铑30-铂铑6	B	正	较硬	Pt 70%，Rh 30%	1600	1800	0～1800	1927	17.6
		负	稍软	Pt 94%，Rh 6%				1826	20.55
镍铬-镍硅	K	正	不亲磁	Cr 9%～10%，Ni 90%	1200	1300	−200～1300	1427	8.73
		负	稍亲磁	Si 2%～3%，Ni余量				1399	8.6
镍铬硅-镍硅镁	N	正	不亲磁	Ni 84.4%，Cr 14.2%，Si 1.4%	1200	1300	−200～1300	1420	—
		负	稍亲磁	Ni95.5%，Si4.4%，Mg0.1%				1330	—
镍铬-铜镍	E	正	暗绿	Ni 90%，Cr 10%	750	900	−200～900	1429	8.5
		负	亮黄	Ni 45%，Cu 55%				1222	8.6
铁-铜镍	J	正	亲磁	Fe100%	600	750	−40～750	1429	7.8
		负	不亲磁	Ni 45%，Cu 55%				1222	8.8
铜-铜镍	T	正	红色	Cu 100%	350	400	−200～400	1084.63	8.92
		负	银白色	Cu 55%，Ni 45%				1222	8.8

由表3-1可知，标准热电偶型号的划分依据是不同材料的热电极组合。

需要注意的是，对于K型热电偶，我国主要使用镍铬-镍硅热电极组合。国外部分K型热电偶使用镍铬-镍铝热电极组合。两种材料构成的K型热电偶热电特性相同，分度表相同。

非标准热电偶在使用范围与使用数量方面低于标准热电偶，主要应用于扩展的高温区、低温区的测量。非标准热电偶一般没有统一的分度表，使用前需标定。

2．依据结构形式进行分类

根据结构形式的不同，热电偶分为普通型、铠装型和薄膜型三种常见类型。

（1）普通型热电偶

普通型热电偶也称为装配式热电偶，在工业领域应用广泛。普通型热电偶的主体一般由热电极、绝缘管、保护管和接线盒4部分构成，如图3-5所示。在装配时，可以采用固定螺纹连接、固定法兰连接、活动法兰连接、无固定装置等多种安装形式。

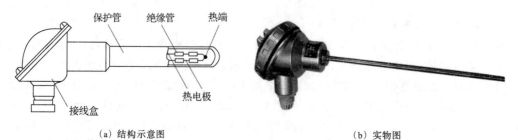

（a）结构示意图 　　　　　　　　　　　　（b）实物图

图3-5 普通型热电偶

> ⓘ **注意**

　　普通型热电偶的热电极通常加工成丝状（热电偶丝），将热端焊接。热电极的直径主要由热电极材料的价格、力学强度以及热电偶的用途和测温范围决定。价格高的金属热电极直径一般为 0.3～0.65 mm，价格低的金属热电极直径一般为 0.5～3.2 mm；热电极的长度通常为 300～2000 mm。

　　（2）铠装型热电偶

　　铠装型热电偶又称为套管热电偶或缆式热电偶，是将热电极、绝缘材料和金属保护管一起拉制加工成坚实的组合体。铠装型热电阻具有耐压、耐振、抗冲击的特性，并且反应速度快，形状可以根据安装需要灵活弯曲，长度可以截取，适用于狭窄或结构复杂的测温场景。

　　（3）薄膜型热电偶

　　薄膜型热电偶是将薄膜状的热电极材料通过真空蒸镀、化学涂层等加工工艺制作到绝缘板上。薄膜型热电偶的热端热电极接触端非常小，具有热容量小、反应速度快的特点，适用于微小面积的表面温度测量或快速变化的动态温度测量。

3.2.4　热电偶分度表

　　不同热电极材料组合构成的热电偶，温度与热电动势之间对应不同的函数关系。热电偶国际标准、国家标准中对标准热电偶给出了以多项式形式表达的温度-热电动势正函数、反函数关系式。不同型号的热电偶具体对应的温度-热电动势函数关系式，需要根据测温范围、选择的多项式阶数来确定对应的多项式系数。

　　在实际工程应用中，标准热电偶一般不需要借助温度-热电动势函数关系式进行计算，而是查阅国际标准、国家标准中提供的，通过实验方法统一编制的热电偶的热电动势与温度对照表，即分度表。不同类型的热电偶对应不同的分度表。K 型热电偶（镍铬-镍硅）的分度表（部分）内容如表 3-2 所示。

表 3-2　K 型热电偶(镍铬-镍硅)分度表(部分)

温度/℃	热电势/mV									
	0	1	2	3	4	5	6	7	8	9
−50	−1.889	−1.925	−1.961	−1.996	−2.032	−2.067	−2.102	−2.137	−2.173	−2.208
−40	−1.527	−1.563	−1.600	−1.636	−1.673	−1.709	−1.745	−1.781	−1.817	−1.853
−30	−1.156	−1.193	−1.231	−1.268	−1.305	−1.342	−1.379	−1.416	−1.453	−1.490
−20	−0.777	−0.816	−0.854	−0.892	−0.930	−0.968	−1.005	−1.043	−1.081	−1.118
−10	−0.392	−0.431	−0.469	−0.508	−0.547	−0.585	−0.624	−0.662	−0.701	−0.739
−0	0	−0.039	−0.079	0.118	−0.157	−0.197	0.236	−0.275	−0.314	−0.353
0	0	0.039	0.079	0.119	0.158	0.198	0.238	0.277	0.317	0.357
10	0.397	0.437	0.477	0.517	0.557	0.597	0.637	0.677	0.718	0.758
20	0.798	0.838	0.879	0.919	0.960	1.000	1.041	1.081	1.122	1.162
30	1.203	1.244	1.285	1.325	1.366	1.407	1.448	1.489	1.529	1.570
40	1.611	1.652	1.693	1.734	1.776	1.817	1.858	1.899	1.940	1.981

　　需要注意的是，分度表是按参考端为 0℃ 制定的。

思考

由于标准热电偶分度表的制定条件是参考端的温度为 0 ℃。但在实际的工程应用中，绝大多数热电偶的参考端温度都不能保证为 0 ℃。对于这样的情况，如何处理解决？

分度表对于由标准热电偶构成的测温仪表的标度变换以及仪表的定期校准意义重大。根据标准热电偶工作端实测的温度值，可以直接由分度表查得此温度值对应的总热电动势。

例如，对于 K 型热电偶，当其工作端测得的温度为 -10 ℃时，由表 3-2 可以直接查到对应的热电动势为 -0.392 mV；而当工作端测得的温度为 32 ℃时，由表 3.2 可查到对应的热电动势为 1.285 mV。

反之，也可以根据测量得到的热电动势值，由分度表查到对应的热端温度值。例如，K 型热电偶测量的热电动势值为 0.557 mV，通过分度表可以查得对应的热端温度为 14 ℃。

思考

请通过 K 型热电偶分度表查找 -25 ℃时热电偶对应的热电动势值。

3.2.5 热电偶冷端温度补偿

在实际的工程应用中，当标准热电偶的冷端温度不是 0℃时，就不能直接使用分度表查询。若冷端没有置于恒温环境中，会受到周围环境温度波动的影响，导致测量数据产生误差。因此在实际使用热电偶时，需要对其冷端进行温度补偿，称为冷端温度补偿。对热电偶冷端温度进行补偿的方法很多。

（1）0 ℃恒温法

0 ℃恒温法又称为冰浴法，是指将热电偶的冷端置于温度为 0 ℃的恒温器内。此方法主要适用于实验室或精密的温度测量，如图 3-6 所示。

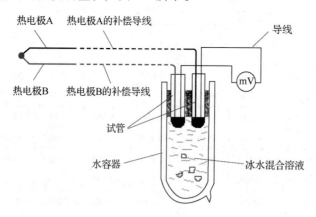

图 3-6　0 ℃恒温法冷端温度补偿示意图

（2）计算修正法

计算修正法依据热电偶的中间温度定律，对冷端处于非 0 ℃环境下的热电偶测量的热电动势数值进行修正处理。

例题 3-2　使用 K 型热电偶测量温度时，冷端实际温度为 15 ℃。实际测量的热电动势值为 1.343 mV，请确定热端的温度（利用分度表）。

解　根据中间温度定律，可知当前冷端实际温度值为中间温度。由式（3-7），即 $e_{AB}(T,T_0) = e_{AB}(T,T_C) + e_{AB}(T_C,T_0)$ 可得

$$e_{AB}(T,0\ ^\circ C) = e_{AB}(T,15\ ^\circ C) + e_{AB}(15\ ^\circ C,0\ ^\circ C)$$

查阅 K 型热电偶（镍铬-镍硅）分度表（见表 3-2）可知

$$e_{AB}(15\ ^\circ C,0\ ^\circ C) = 0.597\ mV$$

故

$$e_{AB}(T,0\ ^\circ C) = e_{AB}(T,15\ ^\circ C) + e_{AB}(15\ ^\circ C,0\ ^\circ C) = 1.343 + 0.597 = 1.940\ mV$$

查阅 K 型热电偶（镍铬-镍硅）分度表，可知当前热端温度值为 48 ℃。

（3）补偿导线法

一般热电偶热电极的长度有限。在实际测温时，可以借助特殊的导线将热电偶的冷端延伸，使其远离工作端，置于恒温环境或温度变化波动较小的环境中。热电极的延长导线由两种不同性质的材料制成，也分正极和负极。要求在 0 ℃～100 ℃的温度范围内，延长导线与热电偶热电极的热电特性相同。若热电极是贵金属，选择的补偿导线的材料价格以比热电极材料便宜为宜；若热电极是廉金属，则补偿导线可以直接选用热电极材料。根据热电偶的中间导体定律，只要热电偶和补偿导线的两个接触端温度保持一致，补偿导线的加入不会对热电动势的输出产生影响。

3.2.6　热电偶测温电路

在实际工程应用中，使用热电偶进行温度检测时，需要根据温度测量点是单点、两点还是多点，选择合理的电路连接方式。

（1）单点测温

使用热电偶进行单点测温时，可以直接将测量数据送至毫伏级电压表显示热电动势值。也可以将测量数据先送至温度变送器或信号调理电路，将热电动势转换为 0～5 V、0～10 V、−5～5 V、−10～10 V 等标准电压信号；再经 A/D 转换，送至单片机等微处理器系统，对数据进行数字滤波、标度变换、存储、显示、远程传输等操作，如图 3-7 所示。

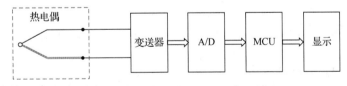

图 3-7　热电偶单点测温电路的结构框图

（2）两点间温差测量

使用热电偶测量两点间的温差时，可以采用将两个热电偶的热电极反极性串联的连接方式。设热电偶的 A 热电极为正极，B 热电极为负极，反极性串联示意图如图 3-8 所示。

根据图 3-8 所示的电路连接，结合式（3-5），可得到存在温差的两个接触端之间总的热电动势，即

$$e_{AB}(T_{1,2}) = e_{AB}(T_1) - e_{AB}(T_2) \tag{3-9}$$

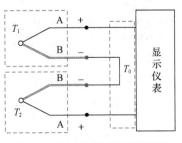

图 3-8　热电偶反极性串联示意图

（3）多测量点电路连接

对于复杂系统，有时需要设置多个温度测量点，同时使用多个同型号的热电偶，并根据实际的温度测量需要选择合理的连接方式。例如，将多个同型号的热电偶同极性正向串联或者同极性并联，如图3-9所示。

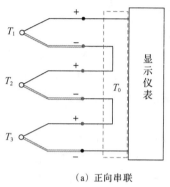
（a）正向串联

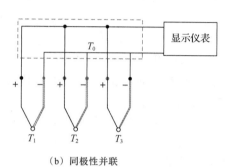
（b）同极性并联

图3-9　热电偶的串联与并联电路连接示意图

多个热电偶的正向串联电路可以测量多个测量点的温度平均值，或者对同一温度场进行测量，起到增强信号的作用。如图3-9（a）所示，测量仪表获得的热电动势为三个同型号热电偶的热电动势的总和。只要将测量数据除以3，即可得到三个测量点的平均温度对应的热电动势值。

图3-9（b）是多个热电偶的同极性并联电路，只要有一个热电偶能正常工作，测温系统就可以正常运行。实际上是通过多传感器的冗余，提升测温系统的可靠性。

3.3　热电阻

热电阻属于接触式温度传感器、无源传感器，测温原理是金属导体或半导体材料的电阻值随着温度的变化而发生变化。此种现象称为"热电阻效应"。根据热电阻元件材料的不同，热电阻温度传感器分为金属热电阻和半导体热电阻两种类型。

3.3.1　金属热电阻

1．金属热电阻概述

金属热电阻

金属热电阻简称热电阻，属于无源传感器，广泛应用于食品加工、冷库、钢铁冶炼、地质、石油、化工等领域的中、低温检测。金属热电阻的测温原理是金属导体的电阻值随着温度的变化而变化。

不是任何一种金属材料都可以用于制作热电阻元件，一般要满足以下几个特性要求。

① 电阻温度系数大且稳定，对温度变化敏感，便于准确测温；

② 电阻率高，热容量小，电阻值随温度变化呈现较好的线性度；

③ 在温度测量范围内具有稳定的化学、物理性能。

综合各项性能指标要求，当前在实际的工程应用中，用于制作热电阻元件的金属主要有铂、铜、镍、镍铜合金等，最常用的是铂。

2．金属热电阻的结构

金属热电阻一般由电阻体、绝缘管、保护套管、引线、接线盒5部分构成，包括普通型（装配式）和铠装型两种结构形式。普通型热电阻的结构示意图与实物图如图3-10所示。

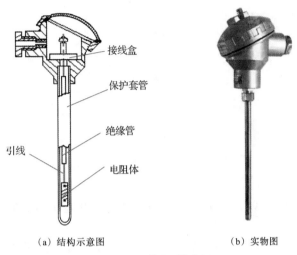

接线盒
保护套管
绝缘管
引线
电阻体

（a）结构示意图　　　　　　　　（b）实物图

图3-10　普通型热电阻

3．金属热电阻的测量电路

金属热电阻在实际工程应用中有3种接线方式：两线制、三线制和四线制，如图3-11所示。

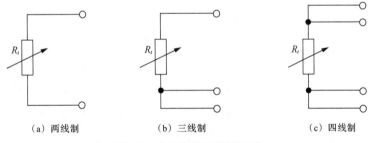

（a）两线制　　　　　　（b）三线制　　　　　　（c）四线制

图3-11　金属热电阻的接线方式

（1）两线制

金属热电阻的两线制接线方式如图3-11（a）所示，从金属热电阻的电阻体两端分别引出一条引线接入后续测量电路中。这种接线方式在接线较长的情况下，引线电阻会对测量结果产生一定的影响，造成测量数据误差较大。因此，两线制接线方式一般适用于对测量数据准确度要求不高的场合。

（2）三线制

金属热电阻的三线制接线方式如图3-11（b）所示，从金属热电阻的电阻体一端引出2条引线，另一端引出1条引线，总计3条引线接入后续测量电路中。如图3-12所示，金属热电阻以三线制方式接入后续的直流电桥测量转换电路中，电阻体两端各有1条引线接入电桥相邻的桥臂中，剩余的1条引线接入电桥的激励源支路。接入电桥相邻桥臂中的2条引线即使有一定的引线电阻存在，在电桥这种特殊的结构中也会被消除（理论依据见4.2.4小节）；而接入激励源支路的引线只有1条，对电桥激励源产生的影响很小。因此，三线制接线方式可以较好地消除长导线引线电阻的影响，提高数据测量的准确度。三线制是金属热电阻在工业测温中最常用的接线方式。

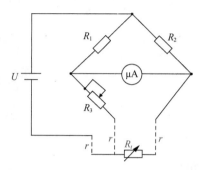

图3-12　金属热电阻的三线制接线方式示例原理图

（3）四线制

金属热电阻的四线制接线方式如图3-11（c）所示，从金属热电阻的电阻体两端分别引出2条引线，总计4条引线接入后续测量电路中。

图3-13是金属热电阻的四线制接线方式的直流平衡双臂电桥测量转换电路，也称为开尔文电桥。四线制的接线方式，可以很好地消除引线电阻的影响。

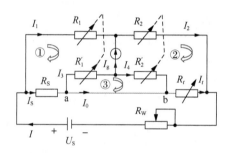

图3-13　金属热电阻的四线制接线方式示例原理图

图3-13中，R_t表示4条引线的金属热电阻，R_S表示4条引线的、阻值已知的标准电阻，R_1与R_1'、R_2与R_2'为同轴电位器。

需要注意的是，在直流双臂电桥电路中，金属热电阻与标准电阻之间ab段连接导线的直径较粗，电阻值很小。

当直流双臂电桥达到平衡状态时，检流计支路端电压为0，I_g电流为0。在$I_g \approx 0$的前提下，可以借助基尔霍夫电压定律对电路进行理论分析：金属热电阻的阻值只与R_1、R_2、R_S相关，不受引线电阻影响。

四线制接线方式主要适用于高精度的温度检测场景。

4．铂热电阻

（1）铂热电阻的电阻-温度特性关系

铂热电阻在测温范围内，电阻-温度函数关系线性度好，稳定性高，测量复现性好，温度测量范围宽（-200 ℃～1000 ℃），测量准确度高，适合高精度测量场景，被广泛应用于温度计量基准器、标准器的制作以及医疗、工业等领域的高精度温度测量应用场景中。我国现行标准《工业铂热电阻及铂感温元件》（GB/T 30121—2013）规定了适用于-200 ℃～850 ℃温度范围内的工业铂热电阻的主要性能指标、接口标准等内容。

根据在 0 ℃时呈现阻值的不同，铂热电阻对应多种分度号：Pt10、Pt50、Pt100、Pt1000等，其中以 Pt100 应用最广泛。

需要注意的是，Pt100 分度号的数字"100"代表在 0 ℃时，此种分度号的铂热电阻的阻值是 100 Ω。金属铂的纯度越高，稳定性、复现性、测量准确度就越高。铂的纯度通常用电阻比表示，定义为铂热电阻在 100 ℃时与在 0 ℃时的电阻值的比值，用 $W(100)$ 表示，即

$$W(100) = \frac{R_{100}}{R_0} \tag{3-10}$$

式中，$W(100)$ 为百度电阻比；R_{100} 为铂在 100 ℃时的电阻值；R_0 为铂在 0 ℃时的电阻值。

需要注意的是，$W(100)$ 值越高，说明铂的纯度越高。我国工业铂热电阻的 $W(100)$ 值的取值范围为 1.391～1.398。

铂热电阻在温度为-200 ℃～0 ℃时和 0 ℃～850 ℃时，对应的阻值-温度函数关系不同。

温度为-200 ℃～0 ℃时，阻值-温度函数关系式为

$$R_t = R_0[1 + At + Bt^2 + C(t - 100)t^3] \tag{3-11}$$

式中，t 表示温度；R_t 表示温度为 t 时铂热电阻的电阻值；R_0 表示 0 ℃时铂热电阻的电阻值；A、B、C 为常数。

需要注意的是，对于不同的电阻比和不同的铂电阻分度号，A、B、C 的取值不同。

例如，对于 Pt100，当 $W(100) = 1.391$ 时，$A = 3.96847 \times 10^{-3}/℃$，$B = -5.847 \times 10^{-7}/℃^2$，$C = -4.22 \times 10^{-12}/℃^4$。

温度为 0 ℃～850 ℃时，阻值-温度函数关系式为

$$R_t = R_0(1 + At + Bt^2) \tag{3-12}$$

（2）铂热电阻的分度表

铂热电阻分度表呈现的是温度与铂热电阻阻值之间的对应关系，不同分度号的铂热电阻对应不同的分度表。例如，Pt100 铂热电阻的分度表（部分）如表 3-3 所示。

表 3-3　Pt100 铂热电阻的分度表（部分）

温度/℃	电阻值/Ω									
	0	1	2	3	4	5	6	7	8	9
-30	88.22	87.83	87.43	87.04	86.64	86.25	85.85	85.46	85.06	84.67
-20	92.16	91.77	91.37	90.98	90.59	90.19	89.80	89.40	89.01	88.62
-10	96.09	95.69	95.30	94.91	94.52	94.12	93.73	93.34	92.95	92.55
-0	100.00	99.61	99.22	98.83	98.44	98.04	97.65	97.26	96.87	96.48
0	100.00	100.39	100.78	101.17	101.56	101.95	102.34	102.73	103.12	103.51
10	103.90	104.29	104.68	105.07	105.46	105.85	106.24	106.63	107.02	107.40
20	107.79	108.18	108.57	108.96	109.35	109.73	110.12	110.51	110.90	111.29
30	111.67	112.06	112.45	112.83	113.22	113.61	114.00	114.38	114.77	115.15
40	115.54	115.93	116.31	116.70	117.08	117.47	117.86	118.24	118.63	119.01
50	119.40	119.78	120.17	120.55	120.94	121.32	121.71	122.09	122.47	122.86
60	123.24	123.63	124.01	124.39	124.78	125.16	125.54	125.93	126.31	126.69
70	127.08	127.46	127.84	128.22	128.61	128.99	129.37	129.75	130.13	130.52

续表

温度/℃	电阻值/Ω									
	0	1	2	3	4	5	6	7	8	9
80	130.90	131.28	131.66	132.04	132.42	132.80	133.18	133.57	133.95	134.33
90	137.71	135.09	135.47	135.85	136.23	136.61	136.99	137.37	137.75	138.13
100	138.51	138.88	139.26	139.64	140.02	140.40	140.78	141.16	141.54	141.91
110	142.29	142.67	143.05	143.43	144.80	144.18	144.56	144.94	145.31	145.69
120	146.07	146.44	146.82	147.20	147.57	147.95	148.33	148.70	149.08	149.46
130	149.83	150.21	150.58	150.96	151.33	151.71	152.08	152.46	152.83	153.21
140	153.58	153.96	154.33	154.71	155.08	155.46	155.83	156.20	156.58	156.95

借助分度表，可以由测量的温度值得到Pt100铂热电阻对应的阻值。例如，当测量的温度为25 ℃时，Pt100铂热电阻的阻值为109.73 Ω；当Pt100铂热电阻的阻值为95.30 Ω时，对应的温度值为−12 ℃。

✕ 思考

请通过分度表查找−9℃对应的铂热电阻的阻值。

（3）薄膜型铂热电阻

工业用铂热电阻有普通型和铠装型两种传统结构形式。近年来，随着新工艺、新技术的持续推进，薄膜型铂热电阻发展迅速，制备方法有真空沉积法、阴极溅射法、激光喷镀法、平板印刷光刻法等，适用于表面、动态和微小空间等特殊应用场景的温度检测。

薄膜型铂热电阻体积小，响应快，一致性好，稳定性好，抗震等机械性能好，测量准确度高，测温范围宽（−196 ℃～1000 ℃），易于加工装配，成本低。薄膜型铂热电阻的实物图如图3-14所示。

图3-14　薄膜型铂热电阻的实物图

5．铜热电阻

（1）铜热电阻的基本特性

金属铂属于贵金属，价格高，使用成本偏高。在实际工程应用中，在对温度测量准确度要求不高且温度较低的场合，使用铜热电阻较多。

铜热电阻容易提纯，价格相对较低，在−50 ℃～+150 ℃的测温范围内，电阻与温度的近似线性度好。但是当温度高于100 ℃或在腐蚀性强的介质中使用时，铜热电阻容易氧化，稳定性差。与金属铂相比，电阻率较低，体积较大，热惯性较大。

（2）铜热电阻的分度表

铜热电阻的常用分度号为Cu50和Cu100，不同分度号对应不同的分度表。Cu50铜热电阻的分度表（部分）如表3-4所示。

表3-4　Cu50铜热电阻的分度表（部分）

温度/℃	电阻值/Ω									
	0	1	2	3	4	5	6	7	8	9
0	50.000	50.214	50.429	50.643	50.858	51.072	51.286	51.501	51.715	51.929
10	52.144	52.358	52.572	52.786	53.000	53.215	53.429	53.643	53.857	54.071
20	54.285	54.500	54.714	54.928	55.142	55.356	55.570	55.784	55.988	56.212
30	56.426	56.640	56.854	57.068	57.282	57.496	57.710	57.924	58.137	58.351
40	58.565	58.779	58.993	59.207	59.421	59.635	59.848	60.062	60.276	60.490
50	60.704	60.918	61.132	61.345	61.559	61.773	61.987	62.201	62.415	62.628
60	62.842	63.056	63.270	63.484	63.698	63.911	64.125	64.339	64.553	64.767
70	64.981	65.194	65.408	65.622	65.836	66.050	66.264	66.478	66.692	66.906
80	67.120	67.333	67.547	67.761	67.975	68.189	68.403	68.617	68.831	69.045
90	69.259	69.473	69.687	69.901	70.115	70.329	70.544	70.762	70.972	70.186

（3）铜热电阻的电阻-温度特性关系

铜热电阻在温度为50 ℃～+150 ℃时，电阻-温度特性关系式为

$$R_t = R_0(1 + a_1 t + a_2 t^2 + a_3 t^3)　　　　（3-13）$$

式中，R_t表示温度为t时铜热电阻的电阻值；R_0表示0 ℃时铜热电阻的电阻值；a_1、a_2、a_3是常数，$a_1 = 4.28899 × 10^{-3}/℃$，$a_2 = -2.133 × 10^{-7}/℃^2$，$a_3 = 1.233 × 10^{-9}/℃^3$。

由于a_2、a_3远小于a_1，因此式（3-13）可以简化为

$$R_t ≈ R_0(1 + a_1 t)　　　　（3-14）$$

3.3.2　半导体热电阻

半导体热电阻

半导体热电阻也称为"半导体热敏电阻"，简称"热敏电阻"（以下均简称"热敏电阻"）。热敏电阻的测温原理是半导体材料的电阻值随着温度的变化而变化。

1．热敏电阻的性能特点

热敏电阻具有一系列显著的性能优势。

① 灵敏度高：热敏电阻可以检测出10^{-6} ℃的温度变化，具有非常高的灵敏度。

② 热惯性小：热敏电阻测温响应速度快。

③ 工作温度范围宽：常温热敏电阻的适用温度范围为-55 ℃～315 ℃，当前测量的最高温度已达到2000 ℃；低温热敏电阻的适用温度范围为-273 ℃～-55 ℃。

④ 体积小巧，结构简单且坚固，便于数据远距离传输。

⑤ 易加工成复杂形状，工程适用性强。

⑥ 过载能力强。

热敏电阻当前较突出的性能不足是线性度差，特性参数分散性显著，产品互换性较差。

2．热敏电阻的结构、形态与电路图形符号

（1）热敏电阻的结构与形态

热敏电阻由金属氧化物采用不同比例经高温烧结制成。常用的金属氧化物材料有氧化镍（NiO）、氧化铜（CuO）、氧化钛（TiO_2）等。

热敏电阻的结构构成主要包括3部分：热敏元件、引线和壳体。热敏电阻的结构形态非常多，如圆片型、珠型、薄膜型、圆柱型等，实物图如图3-15所示。可以根据实际工程需要，灵活设计制作。

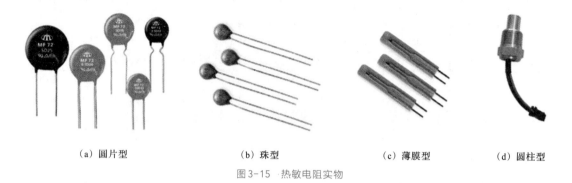

（a）圆片型　　　　　　　（b）珠型　　　　　（c）薄膜型　　　（d）圆柱型

图3-15　热敏电阻实物

（2）热敏电阻的电路图形符号

热敏电阻在电路原理图中的图形符号如图3-16所示。

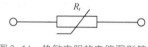

图3-16　热敏电阻的电路图形符号

3．热敏电阻的类型

热敏电阻划分依据多，对应类型多。其中最重要的一种类型划分依据是根据热敏电阻阻值-温度特性曲线的特征差异，将热敏电阻分为3大类：PTC（Positive Temperature Coefficient，正温度系数）热敏电阻、NTC（Negative Temperature Coefficient，负温度系数）热敏电阻、CTR（Critical Temperature Resistor，临界温度系数）热敏电阻，如图3-17所示。

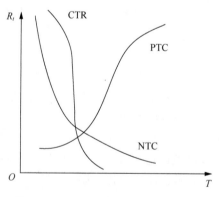

图3-17　热敏电阻的阻值-温度特性曲线

（1）PTC热敏电阻

由图3-17所示的PTC热敏电阻的阻值-温度特性曲线可以看出，PTC热敏电阻的阻值随温度的增加而增加，测量温度范围的中间区域具有较好的线性度。一般PTC热敏电阻的测温范围为-40 ℃～85 ℃。

PTC热敏电阻的阻值-温度特性关系式为

$$R_t = R_0 e^{B_P(t-t_0)}$$

（3-15）

式中，R_t 表示温度为 t（单位：K）时热敏电阻的阻值；R_0 表示 273.15 K（0 ℃）时热敏电阻的阻值；e 表示自然常数，近似数值为 2.71828183；B_p 表示 PTC 热敏电阻的热敏指数，由热敏电阻的材料、工艺、结构所决定。

⚠ 注意

式（3-15）温度的单位为绝对温度单位 K（开尔文）。

PTC 热敏电阻在实际生产、生活中应用非常广泛，主要用途如下。

① 检测温度。例如，PTC 热敏电阻可用于电热水器、高压锅、电热毯等家用电器中，实现对温度的检测。

② 在电路中起到过压、过流、过热、过载保护作用。例如，PTC 热敏电阻可以对手机电池或者平板电脑的电池进行短路、过流保护，对电动机进行过热保护。

③ 温度补偿。PTC 热敏电阻可以用于晶体管温度补偿电路中，拓宽晶体管电路的温度适用范围，提高晶体管电路的工作稳定性。

✦ 思考

PTC 热敏电阻能在电路中实现过压、过流、过热、过载保护的原理是什么？请结合一个具体的应用案例进行分析理解。例如，PTC 热敏电阻可以对电动机实现过热保护的工作原理是什么？

（2）NTC 热敏电阻

由图 3-17 所示的 NTC 热敏电阻的阻值-温度特性曲线可以看出，NTC 热敏电阻的阻值随着温度的升高而减小。NTC 热敏电阻的测温范围为 -55 ℃～300 ℃，具有过流保护、温度补偿和温度检测的作用，被广泛应用于工业设备、医疗仪器、汽车电子、家用电器和海洋探测等领域。

NTC 热敏电阻的阻值-温度特性关系式为

$$R_t = R_0 e^{B_N \left(\frac{1}{t} - \frac{1}{t_0} \right)} \tag{3-16}$$

式中，B_N 表示 NTC 热敏电阻的热敏指数，由热敏电阻的材料、工艺和结构决定，单位是绝对温度单位 K（开尔文）。

（3）CTR 热敏电阻

由图 3-17 所示的 CTR 热敏电阻的阻值-温度特性曲线可以看出，CTR 热敏电阻的阻值随着温度的升高而减小，也具有负的温度系数。但是 CTR 热敏电阻与 NTC 热敏电阻阻值-温度特性曲线的显著区别：对应某一特定温度值，CTR 热敏电阻阻值会急剧下降，特性曲线非常陡直，即具有负电阻突变特性，呈现出开关特性。因此 CTR 热敏电阻在实际工程应用中的主要用途是用作温度开关。

热敏电阻除了根据阻值-温度特性曲线进行类型划分外，还有几种常见的类型划分依据。

① 根据制作材料的不同，可将热敏电阻分为陶瓷热敏电阻、玻璃热敏电阻、塑料热敏电阻、金刚石热敏电阻和半导体单晶热敏电阻等。

② 根据结构与形状的不同，可将热敏电阻分为圆片型热敏电阻、珠型热敏电阻、薄膜型热敏电阻和圆柱型热敏电阻等。

③ 根据灵敏度的不同，可将热敏电阻分为高灵敏度型热敏电阻与低灵敏度型热敏电阻两种类型。

④ 根据受热方式的不同，可将热敏电阻分为直热式热敏电阻和旁热式热敏电阻两种类型。

3.4 集成温度传感器

随着集成电路技术的迅速发展，集成温度传感器发展迅猛，种类繁多，应用广泛。集成温度传感器基于半导体材料PN结的电压、电流与温度的关系实现温度测量，通过集成工艺将温敏元件（PN结）、偏置电路、放大电路、信号转换电路等功能电路集成在同一芯片上。集成温度传感器具有体积小、灵敏度高、功耗低、外围电路简单、线性度好、可靠性高、性价比高等优点，缺点是测温范围相对较窄，一般为-55～150 ℃。不同型号的集成温度传感器的具体测温范围会有一定差别。

集成温度传感器

集成温度传感器根据输出信号性质与特点的不同，分为模拟式、数字式、逻辑输出式3种类型。

3.4.1 模拟式集成温度传感器

根据输出信号的不同，可将模拟式集成温度传感器分为电流输出型和电压输出型两种类型。下面以电流输出型模拟式集成温度传感器AD590为例，介绍模拟式集成温度传感器的应用特点。

AD590为电流输出型的模拟式集成温度传感器，有多种集成封装形式。AD590只有2个有效引脚，分别对应正极、负极。AD590的电路图形符号、封装、引脚标记如图3-18所示。

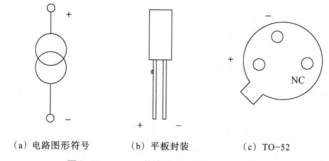

（a）电路图形符号　　　（b）平板封装　　　（c）TO-52

图3-18　AD590的电路图形符号、封装、引脚标记

AD590线性电流的输出灵敏度为1μA/K，测温范围为-55 ℃～150 ℃，测量精度为±0.3 ℃，电源电压范围是4～30 V。

AD590最基本的应用电路是配置直流激励电路，选用1 kΩ的高精度电阻作为取样电阻与其串联。为了提高取样电阻阻值的精度，通常取样电阻由固定电阻和可调电阻两部分构成，如图3-19所示。通过调节可调电阻的阻值，可获得更加精准的1 kΩ阻值。

当温度变化时，AD590串联支路的电流随温度的变化发生线性变化，同时取样电阻两端的电压降也随之产生线性变化，即实现了$\Delta T \to \Delta I \to \Delta U$，输出电压的灵敏度为1mV/K。

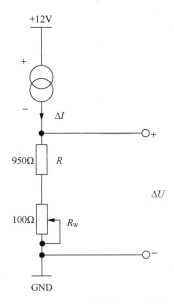

图 3-19 AD590 的基本应用电路

思考

若要对 AD590 的输出信号进行数字存储、显示，后续电路应该如何设计？

对于电压输出型的模拟式集成温度传感器，常见的有 LM45、LM3911、LM335、AD22103 等。例如，AD22103 的输出电压与摄氏温度成线性比例关系，测温范围为 0 ℃～100 ℃，温度系数为 28 mV/℃；采用 3.3V 单电源供电，内置信号调理功能；有 3 个引脚，如图 3-20 所示；电路连接简单，输出端可以直接连接 A/D 转换器。

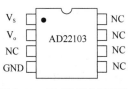

图 3-20 AD22103 的引脚图

3.4.2 数字式集成温度传感器

数字式集成温度传感器输出的二进制数字信号与测量的温度值存在函数关系，典型代表是 DS18B20。

DS18B20 测温范围为 -55 ℃～125℃，能够通过编程选择 9、10、11、12 位的温度测量分辨率，对应的温度测量分辨力分别为 0.5 ℃、0.25 ℃、0.125 ℃、0.0625 ℃。DS18B20 为单总线数据接口方式。

DS18B20 测量得到的温度数字信号以 16 位二进制补码形式存储在内部高速暂存存储器的第 0 字节和第 1 字节中，其中高 5 位代表正负。如果高 5 位全部为 0，代表测量的温度值为正值；将后面的 11 位二进制数据转换为十进制数值，再乘以 0.0625（12 位分辨率），即可获得测量的摄氏温度值。如果高 5 位全部为 1，代表测量的温度值为负值；需要将后面的 11 位二进制补码变为原码，即符号位不变，数值位二进制取反后加 1，然后再转换为十进制数值，乘以 0.0625（12 位分辨率），即可获得测量的摄氏温度值。

DS18B20 的常见封装形式有 3 种，有效引脚也有 3 个：接地端、数字信号输出端和电源端。DS18B20 的实物图与封装、引脚示意图，如图 3-21 所示。

（a）实物图　　　　　　　　　（b）图形符号

图 3-21　DS18B20实物图与封装、引脚示意图

DS18B20与单片机等微处理器之间采用单总线连接方式。根据实际温度测量的需要，可以将多个DS18B20并联实现温度的多点测量，电路连接简单，如图3-22所示。

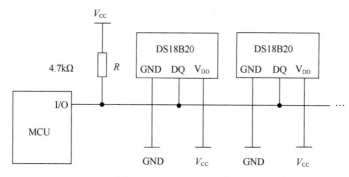

图 3-22　多点测温连接示意图

DS18B20数字式集成温度传感器的输出信号是与测量温度的摄氏温度正相关的数字信号。还有一种类型的数字式集成温度传感器，输出信号为方波，方波的周期或者频率与测量温度的绝对值成正比。例如，MAX6576输出方波的周期与测量温度的绝对值（K）成正比，MAX6577输出方波的频率与测量温度的绝对值（K）成正比。

3.4.3　逻辑输出式集成温度传感器

在实际的工程应用场景中，有些温度测控功能的实现并不需要严格监测温度的连续变化，只需关注当前的温度参数是否超出给定的限定值。只有温度越限时才发出报警信号，同步启动或关闭执行机构，如家用电器和办公设备的过热保护、风扇控制、饮水机温控等。这些限值温控功能的需求，促进了逻辑输出式集成温度传感器的研发与应用。

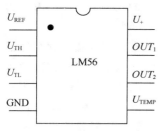

图 3-23　LM56的引脚示意图

逻辑输出式集成温度传感器也称为"温度监控开关"，输出信号只有高、低电平两种状态，相当于温控开关，常见的有LM56、MAX6501～MAX6504系列和MAX6509/MAX6510等。例如，LM56为双路输出的低压温控开关，电源电压范围为2.7～10 V，输出信号为开关量，引脚示意图如图3-23所示。

LM56的引脚功能与工作特性说明如下：由 U_{REF} 引脚提供1.25V参考电压输出，外接可以设定上限温度和下限温度的电阻分压器，分别提供 U_{TH}、U_{TL} 温度限值电压给定端引脚；OUT_1、OUT_2 为两个开关量输出端，集电极开路输出，低电平有效，使用时加上拉电阻，输出电平与互补金属氧化物半导体（Complementary Metal Oxide Semiconductor，CMOS）电平、晶体管-晶体管逻辑（Transistor Transistor Logic，TTL）电平兼容；U_{TEMP}为模拟电压信号输出端，输出与摄氏温度成比例关系的电压信号，温度系数为 6.20 mV/℃，U_+ 为工作电源端。

LM56 的工作时序关系图如图 3-24 所示，其中 T_{HYST} 为 LM56 内部设置的 5℃典型迟滞。

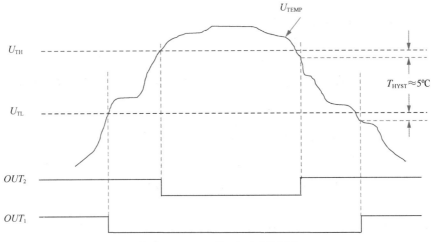

图 3-24　LM56 的工作时序关系图

由图 3-24 可以看出：当实测温度高于上限温度值 U_{TH} 时，OUT_2 输出低电平；当实测温度高于下限温度值 U_{TL} 时，OUT_1 输出低电平。

思考

请认真查阅 MAX6501～MAX6504 系列、MAX6509/MAX6510 等逻辑输出型集成温度传感器的器件手册，了解其应用特性与应用场景。

✎ 本章小结

本章对热电偶、热电阻、集成温度传感器 3 大类热电式传感器进行了系统的介绍说明，对传感器的材料、构成、工作原理、特性、应用进行了详细的解读。

热电偶为传统、经典的接触式有源温度传感器，测量原理为热电效应。读者需重点理解热电偶的热电势组成、4 个基本定律、分度表的构成和应用以及冷端温度补偿。

热电阻的测量原理为热电阻效应，属于无源传感器。根据构成材料的不同，可将热电阻分为金属热电阻和半导体热电阻两类，每一类又有具体类型与特性的划分。金属热电阻重点关注接线方式对应的测量精度的差异，半导体热电阻重点关注 3 种类型热电阻的特性差异。

集成温度传感器结合 3 种典型的应用芯片进行了特性与应用的介绍，希望读者能在此基础上做到触类旁通。

✐ 本章习题

1. 简述对热电偶进行冷端温度补偿的必要性，并说出至少 3 种补偿措施。

2．分析采用延长导线进行热电偶冷端温度补偿的理论依据。

3．简述热电偶的参考电极定律内容，分析此定律的工程实践指导意义。

4．简述热电偶为有源传感器的原因，并思考实际工程应用中的热电偶测温电路是否需要配置电源。

5．选用K型（镍铬-镍硅）热电偶测炉温时，冷端实际温度$T_0 = 25\ ℃$。请根据实际测量得到的热电势$0.940\ mV$，通过K型（镍铬-镍硅）热电偶的分度表查找对应炉温。

6．简述热电阻3种接线方式的特点。

7．请用Pt100铂热电阻的阻值-温度函数关系式和查阅分度表两种解题思路，求解以下2个问题：

（1）当温度为$73\ ℃$时，对应的热电阻阻值；

（2）当温度为$-16\ ℃$时，对应的热电阻阻值。

8．某一温度变送器的测温范围为$35\ ℃\sim 42\ ℃$，输出$4\sim 20\ mA$的标准电流信号。电流输出型线性变送器的输出电流为$I_{o} = (I_{max} - I_{min})(x - X_{min})\big/(X_{max} - X_{min}) + I_{min}$。

试求：

（1）当所测温度值为$36\ ℃$时，对应的输出电流值（精确到小数点后一位）。

（2）当输出电流是$10\ mA$时，对应的被测温度值（精确到小数点后一位）。

9．简述PTC、NTC、CTR 3种类型热敏电阻的电阻-温度特性区别。

10．请选用数字式集成温度传感器DS18B20，配合单片机实现3个测温点的室温检测系统设计，并绘制对应的原理图。

11．请选用逻辑输出型集成温度传感器LM56实现温室内部上、下限值越限控制方式下的排风扇自动控制。假设已知温度限值参数，请绘制测控电路原理图。

12．若需要测量$1000\ ℃$左右的高温，选用哪种类型的温度传感器测量合理？请提供分析依据。

第 **4** 章

电阻式传感器

电阻式传感器在力、形变、质量、位移、加速度等非电量测量领域的应用非常广泛，它先将被测非电量的变化转换为电阻值的变化，再通过测量转换电路将其转换成电压、电流、频率等电参量的变化。本章系统介绍了电阻应变式传感器和压阻式传感器的结构构成、工作原理、测量转换电路和应用特性等。

🐾 知识目标

① 掌握电阻应变式传感器的材料构成、类型划分与工作原理；
② 掌握压阻式传感器的材料构成、类型划分与工作原理；
③ 掌握电阻式传感器典型的电桥测量转换电路的结构构成特点。

🐾 能力目标

① 准确理解应变效应与压阻效应的区别；
② 掌握3种结构的直流电桥的工作原理及其特性分析方法，并且能够根据实际工程测量需要合理选择电桥结构；
③ 理解并掌握电阻应变式传感器进行温度补偿的必要性及其常用补偿方法。

🐾 重点与难点

① 应变效应与压阻效应的区别；
② 直流电桥测量转换电路特性分析。

4.1 电阻式传感器概述

电阻式传感器的基本测量原理：通过敏感元件感受被测非电量的变化，将被测量的变化先转换为电阻值的变化，进而通过测量转换电路转换成电压、电流、频率等电参量的变化。后续可根据需要配置信号调理电路，送至微处理器进行数据的进一步分析处理。电阻式传感器的结构框图如图4-1所示，其核心构成是敏感元件和转换元件。

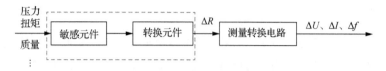

图4-1 电阻式传感器的结构框图

根据电阻式传感器的描述性定义，金属热电阻与热敏电阻也可归为电阻式传感器的范畴。此外，电阻式传感器还包括光敏电阻、磁敏电阻、湿敏电阻、压敏电阻等。本章重点介绍广泛应用于力、形变、扭矩、质量、位移、速度、加速度等非电量测量的两种电阻式传感器：电阻应变式传感器和压阻式传感器。

4.2 电阻应变式传感器

应变效应

4.2.1 应变效应

电阻应变式传感器的工作原理是"应变效应"，即导体在力的作用下产生机械形变，导致材料的电阻值发生变化。

1．相关术语

（1）应变

应变即变形，是一种物理现象，指物体在受到外力作用时产生的形状变化。应变包括拉伸应变、压缩应变、剪切应变和弹性应变等。

其中弹性应变是指当外力去除后，受力物体能完全恢复到原有形态的应变。

具有弹性应变特性的物体称为弹性元件。电阻应变式传感器中使用的敏感元件即弹性元件。

（2）应力

应力是指物体单位面积上所承受的附加内力。即物体由于外因（力、湿度、温度场变化等）发生变形时，在物体内各部分之间产生的相互作用的内力。

2．应变效应解析

金属导体应变效应的理论分析示意图如图4-2所示。

设一段金属电阻丝长度为l，横截面积为S，截面半径为r，阻值为R。在不受外力作用时，此金属电阻丝的电阻值为

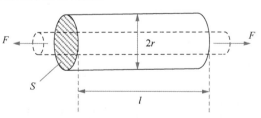

图4-2 金属导体应变效应的理论分析示意图

$$R = \rho \frac{l}{S} = \rho \frac{l}{\pi r^2} \qquad (4\text{-}1)$$

式中，ρ 表示金属电阻丝的电阻率；l 表示金属电阻丝的长度；S 表示金属电阻丝的截面积；r 为金属电阻丝的截面半径。

思考

请结合式（4-1）分析思考当金属电阻丝受到拉力作用时，其阻值是增大还是减小？

在外部拉力 F 的作用下，金属电阻丝产生机械形变，引起长度 l、横截面积 S，截面半径 r、电阻率 ρ 的变化，继而导致电阻 R 发生变化。对式（4-1）进行全微分，可以得到各个参量相对变化率的关系式

$$\mathrm{d}R = \frac{\rho}{\pi r^2}\mathrm{d}l - 2\frac{\rho l}{\pi r^3}\mathrm{d}r + \frac{l}{\pi r^2}\mathrm{d}\rho = R\left(\frac{\mathrm{d}l}{l} - 2\frac{\mathrm{d}r}{r} + \frac{\mathrm{d}\rho}{\rho}\right) \qquad (4\text{-}2)$$

对式（4-2）进行等效变换，可以得到各个参量相对变化量之间的关系

$$\frac{\mathrm{d}R}{R} = \frac{\mathrm{d}l}{l} - 2\frac{\mathrm{d}r}{r} + \frac{\mathrm{d}\rho}{\rho} \qquad (4\text{-}3)$$

式中，$\mathrm{d}l/l = \varepsilon_\mathrm{v}$ 表示金属电阻丝的纵向应变，也称为轴向应变；$\mathrm{d}r/r = \varepsilon_\mathrm{h}$ 表示金属电阻丝的横向应变，也称为径向应变；$\mathrm{d}\rho/\rho$ 表示金属电阻丝电阻率的相对变化率。

根据材料力学的知识，可知金属电阻丝的横向应变、纵向应变以及泊松比 μ 之间存在一定关系，即

$$\varepsilon_\mathrm{h} = -\mu\varepsilon_\mathrm{v} \qquad (4\text{-}4)$$

$\mathrm{d}\rho/\rho$ 与金属电阻丝的轴向所受正应力 σ 相关，而正应力又与金属电阻丝材料的弹性模量 E、纵向应变 ε_v 相关，即

$$\frac{\mathrm{d}\rho}{\rho} = \lambda\sigma = \lambda E \varepsilon_\mathrm{v} \qquad (4\text{-}5)$$

式中，λ 为压阻系数，与金属电阻丝的材质相关。

将式（4-4）、式（4-5）代入式（4-3），可得

$$\frac{\mathrm{d}R}{R} = (1 + 2\mu + \lambda E)\varepsilon_\mathrm{v} \qquad (4\text{-}6)$$

对于同一金属电阻材料而言，$\lambda E \ll (1 + 2\mu)$，因此式（4-6）可以简化为

$$\frac{\mathrm{d}R}{R} = (1 + 2\mu)\varepsilon_\mathrm{v} = K\varepsilon_\mathrm{v} \qquad (4\text{-}7)$$

式中，$K = 1 + 2\mu$ 为金属电阻丝的灵敏系数。

由式（4-7）可知，当金属材料受到外力作用时，其阻值的相对变化与其所受应力的大小成正比关系。这就是电阻应变式传感器的检测原理。

4.2.2　电阻应变片的材料、结构与类型

电阻应变式传感器的核心构成元件是电阻应变片。它是传感器的转换元件，用于将敏感元件感受的被测非电量的变化转换成电阻阻值的变化。

电阻应变片的材料、结构与类型

电阻应变片主要由金属材料制成，其优点是结构简单，操作方便，测量准确度高，在工

业、航空航天、汽车等领域应用广泛，如用于物品称重、机械结构形变测量、车轮负荷检测等。

1．电阻应变片的材料性能要求

可以用于制作电阻应变片的金属材料需要满足以下4项性能要求。

① 电阻率高；

② 电阻温度系数小；

③ 灵敏系数大；

④ 线膨胀系数高。

常用的金属应变片材料类型有康铜、镍铬合金、铁铬铝合金、铂和铂钨合金等。

2．电阻应变片的结构构成

电阻应变片不直接受力的作用，而是粘贴在弹性敏感元件的表面。当测量力等非电量时，弹性敏感元件感受力的作用产生应变，并通过黏合剂传递给电阻应变片。金属丝式电阻应变片的结构构成示意图如图4-3所示。

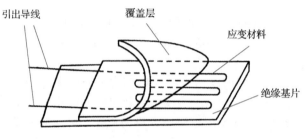

图4-3　金属丝式电阻应变片的结构示意图

3．电阻应变片的类型

根据制作工艺的不同，金属电阻应变片分为3种类型：丝式电阻应变片、箔式电阻应变片、薄膜式电阻应变片，实物图片如图4-4所示。3种制作工艺的金属应变片在灵敏度、横向效应以及蠕变性能等方面存在一定差异。

  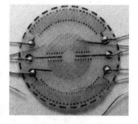

（a）丝式电阻应变片　　　　（b）箔式电阻应变片　　　　（c）薄膜式电阻应变片

图4-4　金属电阻应变片的形态类型

（1）丝式电阻应变片

丝式电阻应变片的实物图片如图4-4（a）所示，金属电阻丝被制作成栅状，粘贴在绝缘基片上。金属栅线的直径通常为0.015～0.05 mm，成本与测量精度相对较低。

（2）箔式电阻应变片

箔式电阻应变片的实物图片如图4-4（b）所示，采用光刻腐蚀等制作工艺将金属箔制作成各种形状的敏感栅（也称为应变花），厚度通常为0.003～0.01 mm。箔式电阻应变片具有尺寸准确、线条均匀、散热性能好、测量精度高、稳定性好、允许工作电流大、承受应变能力强、方便批量生产等优点，因此应用广泛。

（3）薄膜式电阻应变片

薄膜式电阻应变片的实物图片如图4-4（c）所示，采用真空蒸镀、沉积等方法在绝缘基片上制作一定形状、厚度小于0.1 μm的金属薄膜敏感栅。薄膜式电阻应变片具有灵敏系数高、允许工作电流大、工作温度范围宽等优点，但是温度稳定性略差。

我国现行标准《金属粘贴式电阻应变计》（GB/T 13992—2010）规定了金属电阻应变片在不受外力作用时对应的标称电阻阻值：60 Ω、120 Ω、200 Ω、350 Ω、500 Ω、1000 Ω，其中以120 Ω和350 Ω最常见。

4.2.3 弹性敏感元件

从功能结构分析，电阻应变式传感器至少由两部分构成：弹性敏感元件和电阻转换元件。在测量重力、压力等非电量时，弹性敏感元件感受到被测量的变化产生应变。粘贴在弹性敏感元件表面上的电阻应变片随之产生应变，导致电阻阻值变化，从而实现了对力等非电量的测量。因此，弹性敏感元件是电阻应变片传感器的重要构成部分，其材料的组织结构、几何尺寸都会对电阻应变片传感器整体的准确度、线性度、灵敏度以及稳定性等产生重要影响。弹性敏感元件在设计制作时既要满足机械强度和刚度要求，又要严格确保承受的应变与电阻应变片的应变之间的对应关系。

对弹性敏感元件的基本性能要求：能够准确传递受力信息，并保持在受力不变时的形变一致性好，复位性能好。在实际工程应用中，弹性敏感元件大部分选用铝合金、合金钢和不锈钢等材质。

弹性敏感元件的结构与外形要适应实际应用场景的安装需要，因此结构形状非常丰富繁多，常见的有梁式、轮辐式、膜片式、柱式、筒式和环形等。弹性敏感元件的部分实物图如图4-5所示。

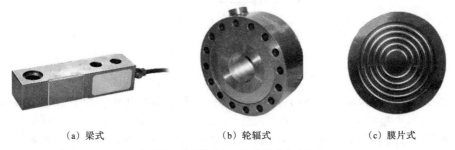

（a）梁式　　　　　　　　（b）轮辐式　　　　　　　　（c）膜片式

图4-5　常用弹性敏感元件的部分实物图

例如，以悬臂梁为弹性敏感元件的电阻应变式传感器的结构示意图如图4-6所示。

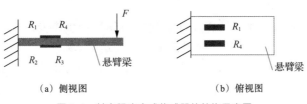

（a）侧视图　　　　　　　　　　　（b）俯视图

图4-6　某电阻应变式传感器的结构示意图

由图4-6可知，4个电阻应变片 R_1、R_2、R_3、R_4 分别粘贴在悬臂梁上、下两侧。当对悬臂梁的自由端施加向下的压力时，悬臂梁的自由端将产生向下弯曲的弹性变形，使粘贴在悬臂梁上方的 R_1、R_4 随着悬臂梁自由端的向下拉伸变形而产生拉伸应变，两个电阻应变片的阻值会随着压力的增大而变大；同时，粘贴在悬臂梁下方的 R_2、R_3 产生收缩应变，两个电阻应变片的阻值会随着压力的增大而变小，从而实现了 $\Delta F \rightarrow \Delta R$ 的转换。

电阻应变式传感器常用的测量转换电路为电桥电路。通过电桥电路，可实现 $\Delta F \rightarrow \Delta R \rightarrow \Delta U$ 等的转换。

4.2.4　测量转换电桥电路

测量转换电桥
电路

根据配置的交、直流激励源的不同，电桥电路分为直流电桥、交流电桥两类；根据电阻应变片接入电桥的个数和接入方式的不同，电桥电路分为单臂电桥、双臂电桥和全桥。

下面依次分析直流单臂电桥、直流双臂电桥、直流全桥的结构构成和工作原理。

1．直流单臂电桥

（1）结构构成

单臂电桥是将一个电阻应变片接入直流电桥的一个桥臂，作为电桥的一个桥臂电阻，如图4-7所示。

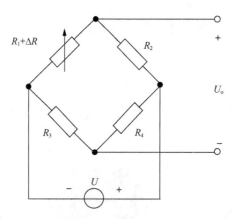

图4-7　直流单臂电桥的电路原理图

由图4-7可知，U 为电桥电路的直流电压源；R_1 即电阻应变片，向上的箭头表示工作时电阻应变片的弹性敏感元件将受到拉力的作用（箭头反向表示受到压力的作用）；R_2、R_3、R_4 为固定的等阻值电阻，电阻值与不受力作用时的电阻应变片 R_1 的标称电阻值相同。

（2）工作原理分析

在没有对电阻应变片施加外力作用时，直流电桥处于平衡状态，即 $R_1 = R_2 = R_3 = R_4$，桥式电路的输出电压 U_o 为 0 V。

当电阻应变片上粘贴的弹性敏感元件受到拉力作用产生应变时，电阻应变片 R_1 将同时产生应变，阻值随之发生变化，对应的阻值变化量表示为 ΔR。

令电桥直流激励电源电压 U 的负极为零电位点，即参考节点。根据分压公式，可列写出单臂电桥输出电压的求解式

$$U_{\circ} = U\left(\frac{R_1 + \Delta R_1}{R_1 + \Delta R_1 + R_2} - \frac{R_3}{R_3 + R_4}\right) \tag{4-8}$$

结合式（4-7）以及 $\Delta R_1 = \Delta R$，$\Delta R \ll R_1 + R_2$ 两个关系式，式（4-8）可以化简为

$$U_{\circ} = \frac{1}{4}\frac{\Delta R}{R}U = \frac{1}{4}K\varepsilon_l U \tag{4-9}$$

式中，K 为金属电阻应变片的灵敏系数；ε_l 为电阻丝的纵向应变。

思考

如果将电阻应变片从图4-7所示的 R_1 位置交换到 R_2 处，还是受拉力作用，请分析推导输出电压的求解表达式；如果交换到 R_2 位置并改为受压力作用，请分析推导对应的输出电压求解式。拓展思考更换到 R_3、R_4 位置的情况。

2．直流双臂电桥

（1）结构构成

直流双臂电桥又称为半桥，是将两个电阻应变片接入电桥的相邻桥臂中，并且令两个电阻应变片在测量过程中一个受拉力，一个受压力，阻值变化大小相等，方向相反，如图4-8所示。

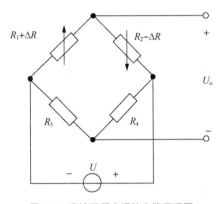

图4-8 直流双臂电桥的电路原理图

（2）工作原理分析

由图4-8可得直流双臂电桥的输出电压求解式

$$U_{\circ} = U\left(\frac{R_1 + \Delta R_1}{R_1 + \Delta R_1 + R_2 - \Delta R_2} - \frac{R_3}{R_3 + R_4}\right) \tag{4-10}$$

结合关系式 $\Delta R_1 = \Delta R_2 = \Delta R$ 对式（4-10）进行化简，可得

$$U_{\circ} = \frac{1}{2}\frac{\Delta R}{R}U = \frac{1}{2}K\varepsilon_l U \tag{4-11}$$

思考

如果将 R_2 的电阻应变片从图4-8所示的位置交换到对面的桥臂 R_3 位置，还是受压力作用，请分析推导输出电压的求解表达式；如果交换到 R_3 位置并改为受压力作用，请推导对应的输出电压求解式。拓展思考将2个电阻应变片更换到 R_3、R_4 位置的情况。

3．直流全桥

（1）结构构成

直流全桥是将电桥的4个桥臂电阻全部用电阻应变片替代，保证电桥邻臂位置上的电阻应变片在测量的过程中一个受拉力，一个受压力，对臂位置上的两个电阻应变片在测量的过程中同受拉力或同受压力，如图4-9所示。

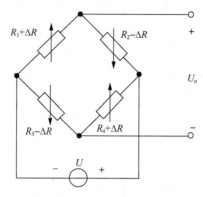

图4-9　直流全桥的电路原理图

（2）工作原理分析

由图4-9可得直流全桥输出电压的求解式为

$$U_{\circ} = U\left(\frac{R_1 + \Delta R_1}{R_1 + \Delta R_1 + R_2 - \Delta R_2} - \frac{R_3 - \Delta R_3}{R_3 - \Delta R_3 + R_4 + \Delta R_4}\right) \tag{4-12}$$

利用关系式 $\Delta R_1 = \Delta R_2 = \Delta R_3 = \Delta R_4 = \Delta R$ 对式（4-12）进行化简，可得

$$U_{\circ} = \frac{\Delta R}{R} U = K\varepsilon_l U \tag{4-13}$$

✖ 思考

分析对比式（4-9）、式（4-11）、式（4-13），能得出怎样的结论？

需要注意的是，电阻应变式传感器以往使用交流电桥作为测量转换电路的情况较多，主要原因是直流集成放大器件的零点漂移问题较显著。当前，随着集成放大器件性能的提升优化，选用直流电桥作为测量转换电路的应用场景较多。

4.2.5　电阻应变片的温度补偿

对于电阻应变片，我们希望在实际工程中其阻值仅随应变的变化而变化，不受其他因素的影响。但实际上电阻应变片的阻值受环境温度（包括被测构件的温度）影响很大，会导致较大的数据测量误差，这称为应变片的温度误差。

在使用电阻应变片时，需要采取一定的措施进行温度补偿。常用的温度补偿方法有双丝组合式自补偿应变片法和桥式电路补偿法。

（1）双丝组合式自补偿应变片法

双丝组合式自补偿应变片法是指选择温度系数正、负相反的两种电阻丝材料，将两者串联绕制成敏感栅。当两者处于相同的温度场中时，同样的温度变化，两个电阻丝产生的电阻值变化一个是增量，一个是减量，从而实现了温度补偿。

（2）桥式电路补偿法

桥式电路补偿法除了有工作应变片外，还配置有补偿应变片，利用桥式电路的电路特性实现温度补偿。如图4-10所示，选用2个电阻应变片，一个安装在被测对象的表面，为工作应变片；另一个安装在与被测对象材料相同的材料上（补偿件），称为补偿应变片，不承受应力。被测对象与补偿件置于相同的温度场中，将2个电阻应变片接入测量转换电桥电路的相邻桥臂上，即可实现温度补偿。

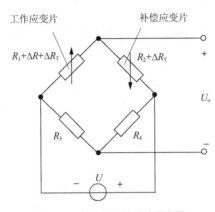

图4-10　桥式电路补偿法示意图

思考

结合图4-10所举的桥式电路补偿法示例，思考其他的可以实现电阻应变片温度补偿的方法

4.3 压阻式传感器

4.3.1 压阻效应

压阻式传感器的转换元件由半导体材料构成。半导体材料具有显著的压阻效应。压阻效应是指半导体材料受到应力作用时，材料的晶格结构会发生改变，使内部电子的运动受到阻碍，迁移率发生改变，从而导致电阻率发生变化的现象。

长度为l、横截面积为S、电阻率为ρ的半导体材料的电阻为

$$R = \rho \frac{l}{S} \tag{4-14}$$

半导体材料受到轴向外力作用后，经过与4.2.1小节金属电阻丝应变效应相同的解析思路后可得

$$\frac{\mathrm{d}R}{R} = (1 + 2\mu + \pi_l E)\,\varepsilon_l \tag{4-15}$$

式中，π_l 表示半导体材料的纵向压阻系数；E 表示半导体材料的弹性模量；ε_l 表示半导体材料的纵向应变。

$(1 + 2\mu)$ 项由半导体材料几何形状的变化引起，$\pi_l E$ 项由压阻效应引起。因为 $\pi_l E \gg (1 + 2\mu)$，所以可以忽略 $(1 + 2\mu)$ 项，即

$$\frac{\mathrm{d}R}{R} = \pi_l E \varepsilon_l = \pi_l \sigma \tag{4-16}$$

根据式（4-5），同理可得

$$\frac{\mathrm{d}\rho}{\rho} = \pi_l \sigma = \pi_l E \varepsilon_l \tag{4-17}$$

由式（4-16）和式（4-17）可知，半导体材料的阻值变化由电阻率的变化引起，即

$$\frac{\mathrm{d}R}{R} = \frac{\mathrm{d}\rho}{\rho} \tag{4-18}$$

由式（4-16）可以得到半导体材料的灵敏系数 K 为

$$K = \pi_l E \tag{4-19}$$

✕ 思考

分析总结金属材料的应变效应与半导体材料压阻效应的区别。

4.3.2　半导体应变片的材料、类型与应用

压阻式传感器的转换元件是半导体材料，是基于压阻效应实现的对应力的测量。习惯上将转换元件称为半导体应变片。

1．半导体应变片的材料

制作半导体应变片的材料有单晶硅、扩散掺杂硅和多晶硅，其中以单晶硅为主。半导体应变片具有温漂小、灵敏度高、工作稳定、体积小巧、性价比高等优势，特别是灵敏度系数要比电阻应变式高50倍～100倍，因此被广泛应用于压力、液位、物位、加速度、流量等非电量的测量。

2．半导体应变片的类型

半导体应变片在实际工程应用中可以粘贴在被测对象上，直接感受应力变化，也可以粘贴在弹性敏感元件上，间接感受应力变化。根据敏感栅制造工艺的不同，可将半导体应变片分为以下3种。

（1）体型半导体应变片

体型半导体应变片是将硅或锗半导体材料按一定晶轴方向切成薄片，经过研磨、腐蚀、压焊引线后粘贴在基片上。

（2）扩散型半导体应变片

扩散型半导体应变片是利用固体扩散技术将某种杂质元素扩散到半导体材料上制成的。

（3）薄膜型半导体应变片

薄膜型半导体应变片与金属薄膜式电阻应变片的制作工艺类似，以真空蒸镀、沉淀等方法将硅、锗等半导体材料制作成薄膜敏感栅。基片材料常见的为金属箔、玻璃或陶瓷薄片。

半导体应变片的实物图如图4-11所示。

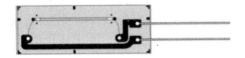

图4-11　半导体应变片的实物图

4.3.3　典型应用

压阻式传感器的主体由敏感元件、半导体应变片构成，测量转换电路常用电桥测量电路。压阻式传感器具有动态响应好、灵敏度高、稳定性好、性价比高等优点，而且体积小巧，便于集成，易于采用MEMS技术设计加工，因此应用非常广泛。主要用途如下所示。

① 测量高频动态压力：具体应用场景有管道气体爆破实验、水下爆破实验以及对频繁加压和泄压的液压机的压力进行检测等。

② 测量液位：具体应用场景有自然水源地以及各类液体容器的液位测量。

③ 加速度测量：具体应用场景有工程振动测量、汽车碰撞检测、智能手机与智能手表等的计步器、地震预警系统等。

④ 流场测量：具体应用场景有对风洞中的风机、水洞中的桥墩、管道中的水流等进行气体流速、液体流速测量。

✎ 本章小结

本章详细介绍了在力、形变、质量、位移、加速度等领域应用广泛的电阻应变式传感器和压阻式传感器，两者属于电阻式传感器的典型类型。

电阻应变式传感器的核心构成单元为弹性敏感元件和电阻转换元件。弹性敏感元件直接感受被测量的变化产生应变，粘贴在弹性敏感元件表面上的电阻应变片间接受到影响，导致电阻阻值变化，从而实现对力等非电量的测量。

电阻应变片的工作原理基于应变效应，主要构成材料为金属导体。根据制作工艺的不同，金属电阻应变片分为丝式电阻应变片、箔式电阻应变片、薄膜式电阻应变片3种类型。

电阻应变式传感器常用的测量转换电路为直流电桥，根据接入方式的不同分为单臂电桥、双臂电桥、全桥3种结构。3种结构的直流电桥电路测量准确度、灵敏度依次提高。

电阻应变式传感器需要对电阻应变片进行温度补偿。

压阻式传感器的转换元件为半导体应变片，工作原理基于压阻效应。根据制作工艺的不同，半导体应变片分为体型半导体应变片、扩散型半导体应变片和薄膜型半导体应变片3种类型。压阻式传感器的测量转换电路通常也是直流电桥。

✐ 本章习题

1. 分析总结应变效应和压阻效应的异同点。
2. 简述丝式、箔式、薄膜式3种金属电阻应变片的特点。

3．将1片电阻应变片接入图4-7所示直流单臂电桥的R_2桥臂，令其受压力，其他3个桥臂的电阻均为恒定值，绘制电路原理图，列出输出电压求解式。

4．将2片电阻应变片接入图4-8所示直流双臂电桥的R_1、R_3桥臂，假设均受压力，其他2个桥臂的电阻均为恒定值，绘制电路原理图，列出输出电压求解式，并分析此种接法是否合理？如果不合理应如何解决？

5．简述直流单臂电桥、直流双臂电桥、直流全桥电路的特性差别。

6．分析总结选用直流双臂电桥、直流全桥作为测量转换电路的性能优势。

7．如图4-8所示的直流双臂电桥，已知$U = 4\ V$，不受力时，4个电阻的标称电阻均为$200\ \Omega$。受到压力作用时，R_1、R_2的阻值变化量$\Delta R_1 = \Delta R_2 = 0.2\ \Omega$，求解输出电压$U_o$的值。

8．简述体型、扩散型、薄膜型3种半导体应变片制造工艺的区别。

第 **5** 章

电容式传感器

电容式传感器是一种将非电量变化转换为电容量变化的传感器，被广泛应用于位移、振动、加速度、角度、压力、压差、液位等非电量的测量。本章系统分析介绍了电容式传感器的类型划分、工作原理、工作特性、测量转换电路。

✔ 知识目标

① 掌握3种电容式传感器的工作原理；
② 掌握电容式传感器常用测量转换电路的结构构成与工作原理；
③ 了解电容式传感器的典型应用案例。

✔ 能力目标

① 掌握3种电容式传感器的工作特性；
② 能够根据实际工程需要选择合适类型的电容式传感器；
③ 能够根据实际工程需要选择合适类型的测量转换电路；
④ 对电容式传感器的工作特性有深入理解，能够结合实际工程案例进行特性分析。

✔ 重点与难点

① 3种电容式传感器的工作特性；
② 电容式传感器常见测量转换电路的工作原理分析。

5.1 电容式传感器概述

电容式传感器属于阻抗式传感器，是一种将非电量变化转换为电容量变化的传感器。电容量的变化通过测量转换电路可以转换成电压、电流、频率、占空比等参量的变化；然后根据测量转换的参量的性质与特点，配置合适的信号调理电路；最后送至微处理器进行数据的进一步分析处理。工作原理结构框图如图5-1所示。

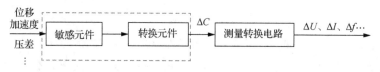

图 5-1 电容式传感器的工作原理结构框图

电容式传感器的核心构成是敏感元件和转换元件，通常两部分为一体式。电容式传感器具有结构简单、灵敏度高、动态响应好、温度稳定性好等优点，可以实现接触式测量，也可以实现非接触式测量，被广泛应用于各类自助终端触摸屏、麦克风（又称为话筒）以及工业领域的机械振动、压差、板材厚度、齿轮转速、物位等非电量的测量。

电容式传感器部分实物图片如图5-2所示。

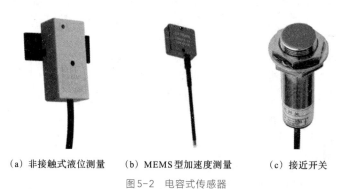

（a）非接触式液位测量　　（b）MEMS型加速度测量　　（c）接近开关

图 5-2 电容式传感器

5.2 电容式传感器的工作原理与类型

5.2.1 电容式传感器的工作原理

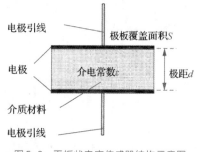

图 5-3 平板状电容传感器结构示意图

电容式传感器的
工作原理与类型

电容式传感器的实质是一个具有可变参数的电容器，比较常见的形态结构有平板状、圆筒状、扇面状3种。下面以平板状电容传感器为例，分析其工作原理并进行类型划分。平板状电容传感器结构示意图如图5-3所示。

在不考虑电容边缘效应的前提下，图5-3所示的平板状电容传感器的电容量计算式为

$$C = \frac{\varepsilon S}{d} = \frac{\varepsilon_0 \varepsilon_r S}{d} \qquad (5-1)$$

式中，C 表示电容式传感器的电容量；$\varepsilon = \varepsilon_0\varepsilon_r$ 表示两电极板间介质材料的介电常数，不同材料的介电常数不同；$\varepsilon_0 = 8.85 \times 10^{-12}$ F/m，表示真空介电常数；ε_r 表示两个电极板间介质材料的相对介电常数，典型介质材料的相对介电常数见表 5-1；S 表示两个平行电极板相对覆盖的有效面积；d 表示两个平行电极板之间的间距，称为极距或间隙。

表 5-1　典型介质材料的相对介电常数

介质名称	真空	空气	橡胶	塑料	云母	石墨	玻璃	水
相对介电常数	1	≈1	2.3~3	2~3.5	6~8.5	3~15	4~10	80.4

需要注意的是，相对介电常数的数值与测试频率和测试环境温度相关。

由式（5-1）可知，当被测量的变化引起电容式传感器 ε、S、d 中任何一个参量变化时，都将导致 C 的变化。在实际工程应用中，一般采用保持 3 个参量中的 2 个不发生改变，只改变其中 1 个参量的方法来构建电容式传感器。因此，电容式传感器有变极距型、变面积型和变介电常数型 3 种类型。

5.2.2　变极距型电容式传感器

变极距型电容式传感器又称为变间隙型电容式传感器，通过拉力、位移等被测量的变化改变两个电极板的间距，从而改变电容量。以空气为介质的平板状变极距型电容式传感器的结构示意图如图 5-4 所示。

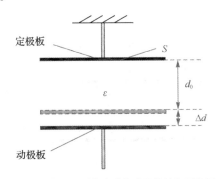

图 5-4　变极距型电容式传感器的结构示意图

在图 5-4 所示的变极距型电容式传感器中，ε、S 不变，当被测量变化时，动极板运动，与定极板之间的间距发生变化，即极距改变。极距的改变用 Δd 表示。根据式（5-1），初始状态时对应的电容量 C_0 的求解式为

$$C_0 = \frac{\varepsilon_0\varepsilon_r S}{d_0} \tag{5-2}$$

式中，d_0 表示初始状态的极距。

如图 5-4 所示，在被测量的影响下，电容式传感器的动极板与定极板之间的间距增大了 Δd，则对应的电容量 C 的求解表达式为

$$C = \frac{\varepsilon_0\varepsilon_r S}{d} = \frac{\varepsilon_0\varepsilon_r S}{d_0 + \Delta d} = \frac{\varepsilon_0\varepsilon_r S}{d_0\left(1 + \dfrac{\Delta d}{d_0}\right)} = \frac{\varepsilon_0\varepsilon_r S\left(1 - \dfrac{\Delta d}{d_0}\right)}{d_0\left[1 - \left(\dfrac{\Delta d}{d_0}\right)^2\right]} \tag{5-3}$$

当 $\Delta d/d_0 \ll 1$ 时，式（5-3）可以简化为

$$C = C_0\left(1 - \frac{\Delta d}{d_0}\right) \qquad (5-4)$$

根据式（5-4）可以得到电容量 ΔC 的求解式

$$\Delta C = -C_0\frac{\Delta d}{d_0} \qquad (5-5)$$

由式（5-5）可以整理得到电容量的相对变化和极距的相对变化之间的关系式

$$\frac{\Delta C}{C_0} = -\frac{\Delta d}{d_0} \qquad (5-6)$$

由式（5-6）可知，变极距型电容式传感器的电容量的相对变化与极距的相对变化成正比。需要注意的是，只有在 $\Delta d/d_0$ 很小的前提下，式（5-6）才具有较好的线性关系。

通过式（5-6）可以获得单位距离改变引起的电容量的相对变化，即变极距型电容式传感器的灵敏度 K 的定义

$$K = \frac{\Delta C}{C_0} \cdot \frac{1}{\Delta d} = -\frac{1}{d_0} \qquad (5-7)$$

由式（5-7）可知，变极距型电容式传感器的灵敏度 K 在数值上与极板的初始极距 d_0 成反比。d_0 越小，灵敏度越高。但是 d_0 很小时，容易造成电容式传感器击穿或短路故障，因此两电极极板间可选用介电常数高的云母等做介质。实质上相当于云母和空气两种介质电容器的串联，如图5-5所示。

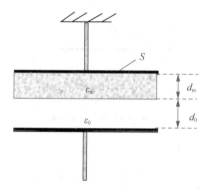

图5-5 填充云母介质的变极距型电容式传感器的结构示意图

思考

假设变极距型电容式传感器测量时的极距比初始极距小，请分析推导对应的灵敏度系数 K 的表示式。

通过上述理论推导可知，变极距型电容式传感器的电容量与极距成近似反比关系，函数关系曲线图如图5-6所示。

需要注意的是，由式（5-7）可知，通过减小初始极距 d_0，可以提高变极距型电容式传感器的测量灵敏度；但由图5-6可知，减小 d_0 会使传感器的非线性误差增大。因此在实际工程应用中，为了提高电容式传感器的测量灵敏度，一般采用差动式

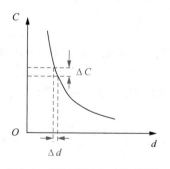

图5-6 变极距型电容式传感器的电容量与极距的函数关系曲线图

的结构，如图5-7所示。

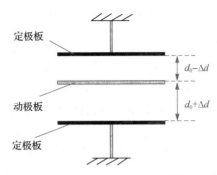

图 5-7 差动式变极距型电容式传感器的结构示意图

差动式变极距型电容式传感器由两个定极板和一个动极板构成，实质为两个电容器。动极板与两个定极板的初始极距相同，均为 d_0，电容量 C_1、C_2 相等。随着被测量的变化，动极板向上或向下位移时，动极板与两个定电极之间的极距必然产生大小相等、方向相反的变化。

结合式（5-5），可以推导得到差动式变极距型电容式传感器电容的变化量 ΔC 的求解式

$$\Delta C = C_1 - C_2 = \frac{2\Delta d}{d_0} C_0 \tag{5-8}$$

由式（5-8）可以得到差动式变极距型电容式传感器灵敏度 K 的求解表示式

$$K = \frac{2}{d_0} \tag{5-9}$$

由式（5-9）可知，采用差动式结构的变极距型电容式传感器的灵敏度可以提高1倍，并且能够降低测量数据的非线性误差。

在实际工程应用中，变极距型电容式传感器被广泛应用于压差、板材厚度、加速度、微位移（0.01～0.1 mm）等的测量。

5.2.3 变面积型电容式传感器

变面积型电容式传感器通过力、位移、角度等被测量的变化，改变两电极板的有效覆盖面积，从而改变电容量。

1．平板状变面积型电容式传感器

平板状变面积型电容式传感器的结构示意图如图5-8所示。

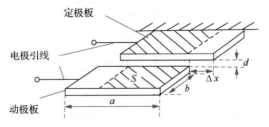

图 5-8 平板状变面积型电容式传感器的结构示意图

如图5-8所示，平板状变面积型电容式传感器的动极板随着被测量位移的变化与定极板

之间产生水平相对运动，两个极板间的有效覆盖面积发生改变，从而改变了电容量。结合式（5-1），可直接列出当前两电极板有效覆盖面积对应的电容量表达式

$$C_x = \frac{\varepsilon S_x}{d} = \frac{\varepsilon(a - \Delta x)b}{d} = C_0\left(1 - \frac{\Delta x}{a}\right) \tag{5-10}$$

式中，C_x 表示动极板与定极板产生相对位移量 Δx 后对应的电容量；S_x 表示当前两个电极板之间的有效覆盖面积；a 表示两极板完全覆盖时对应的与动极板移动方向一致的长方形的边；b 表示两极板完全覆盖时与动极板移动方向垂直的长方形的边；C_0 为两极板完全覆盖时的电容量，$C_0 = \varepsilon ab/d$。

由式（5-10）可以推导出平板状变面积型电容式传感器的电容相对变化量与动极板相对位移之间的关系式

$$\frac{\Delta C}{C_0} = -\frac{\Delta x}{a} \tag{5-11}$$

由式（5-11）可知，变面积型电容式传感器的电容相对变化量与位移的变化量成正比关系。进而可以推导出变面积型电容式传感器的灵敏度 K 的表达式

$$K = \frac{\Delta C}{\Delta x} = -\frac{\varepsilon b}{d} \tag{5-12}$$

由式（5-12）可知，增大 b 或者减少 d 都可以提高变面积型电容式传感器的灵敏度。由此可以得到很多种不同电极板形状的性能优化的变面积型电容式传感器。

思考

请结合变面积型电容式传感器灵敏度 K 的表达式，设计一种变面积型的电容式传感器，要明确应用场景。

平板状变面积型电容式传感器应用广泛。例如，可以同时配置多个电容式传感器，分别安装配置在汽车座椅的不同位置，通过检测座椅实际接触面积的变化来检测乘客的位置，从而实现座椅高度、角度等的自动调整，提高乘坐的舒适性。

2. 圆筒状变面积型电容式传感器

圆筒状变面积型电容式传感器的结构示意图如图5-9所示，内部电极为动极板，为金属圆柱体；外部电极为定极板，是环形套筒状金属体。

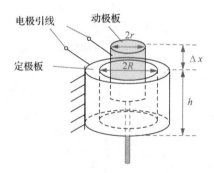

图5-9　圆筒状变面积型电容式传感器的结构示意图

如图5-9所示，随着被测位移等参量的变化，动极板与定极板发生轴向相对运动，两者之间的有效覆盖面积发生改变，从而改变了电容量。该电容式传感器的初始电容量 C_0 的求

解式可以借助高斯定理进行推导,结果为

$$C_0 = \frac{2\pi\varepsilon h}{\ln(R/r)} \tag{5-13}$$

式中,h 表示圆筒状电容式传感器的总有效高度;R 表示柱形定极板的内半径;r 表示柱形动极板的外半径。

根据式(5-13),可以列出当两极板相对位移为 Δx 时的电容量表达式

$$C_x = \frac{2\pi\varepsilon(h-\Delta x)}{\ln(R/r)} = C_0\left(1 - \frac{\Delta x}{h}\right) \tag{5-14}$$

由式(5-14)可以推导得到圆筒状变面积型电容式传感器的电容量的变化量 ΔC 的求解式

$$\Delta C = C_x - C_0 = -C_0\frac{\Delta x}{h} \tag{5-15}$$

由式(5-15)可知,圆筒状变面积型电容式传感器的电容变化量与轴向位移量成线性关系。进而可以进一步推导出电容相对变化量与位移相对变化量的关系式

$$\frac{\Delta C}{C_0} = -\frac{\Delta x}{h} \tag{5-16}$$

圆筒状变面积型电容式传感器在实际工程应用中常被制作为差动式结构,以提高测量灵敏度。圆筒状变面积型电容式传感器一般用于测量微位移。

3. 扇面状变面积型电容式传感器

扇面状变面积型电容式传感器一般用于角度测量,其结构示意图如图5-10所示。

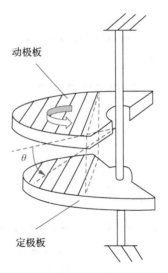

图5-10 扇面状变面积型电容式传感器的结构示意图

图5-10所示的扇面状变面积型电容式传感器由两个半圆形扇面的动极板、定极板与固定轴构成。两极板半径相同,均为 r。根据扇形面积的求解公式,可以列写出两电极板初始状态时扇面对应的有效覆盖面积 S_0,即圆面积的一半

$$S_0 = \frac{\pi r^2}{2} \tag{5-17}$$

当动极板相对定极板转过一定角度 θ 时,两电极板的有效覆盖面积发生了改变,对应面积 S_x 的表达式为

$$S_x = S_0 - \frac{\theta r^2}{2} = S_0\left(1 - \frac{\theta}{\pi}\right) \tag{5-18}$$

由式（5-18）可以得到当前电容量 C_x 的表达式

$$C_x = \frac{\varepsilon S_0(1 - \theta/\pi)}{d} = C_0\left(1 - \frac{\theta}{\pi}\right) \tag{5-19}$$

由式（5-19）可以得到扇面状变面积型电容式传感器的电容相对变化量与角位移的关系式

$$\frac{\Delta C}{C_0} = -\frac{\theta}{\pi} \tag{5-20}$$

由式（5-20）可知，扇面状变面积型电容式传感器的电容变化量 ΔC 与角位移 θ 成正比关系。

扇面状变面积型电容式传感器在实际工程应用中主要用于测量角位移。

5.2.4 变介电常数型电容式传感器

对于变介电常数型电容式传感器，拉力、位移等被测量的变化会导致两电极板间介质层填充的介质材料发生改变，从而导致介电常数发生变化；或者温度、湿度、材料厚度等被测量的变化也会引起介质材料的介电常数发生变化。

1. 平板状变介电常数型电容式传感器

平板状变介电常数型电容式传感器的结构示意图如图5-11所示。

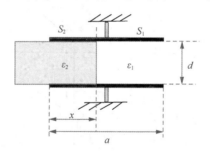

图5-11 平板状变介电常数型电容式传感器的结构示意图

图5-11所示的平板状变介电常数型电容式传感器中，电极板的长度为 a，宽度为 b（未在图中标注），极距为 d，电极板的总面积 $S = S_1 + S_2$。

介电常数为 ε_2 的介质材料将随着被测量的变化产生水平位移，导致两种介质材料在两电极板之间占比不同。当介电常数为 ε_2 的介质材料没有插入时，只有介电常数为 ε_1 的介质材料填充在两电极板间，则对应的初始状态的电容量为

$$C_0 = \frac{\varepsilon_1(S_1 + S_2)}{d} \tag{5-21}$$

当介电常数为 ε_2 的介质材料插入电容器的深度或者说平移位移量为 x 时，两种介质材料对应的有效面积分别为 S_1 和 S_2。实际上相当于构建出两个并联形式的电容器，对应的电容量分别为 $C_1 = \varepsilon_1 S_1/d$、$C_2 = \varepsilon_2 S_2/d$，因此变介电常数型电容式传感器总的电容量求解式为

$$C = C_1 + C_2 = \frac{\varepsilon_1 S_1 + \varepsilon_2 S_2}{d} \tag{5-22}$$

根据式（5-22）可以得到变介电常数型电容式传感器电容变化量的求解式为

$$\frac{\Delta C}{C_0} = \frac{(\varepsilon_2 - \varepsilon_1) S_2}{\varepsilon_1 (S_1 + S_2)} = \frac{(\varepsilon_2 - \varepsilon_1) x}{\varepsilon_1 a} \tag{5-23}$$

由式（5-23）可知，变介电常数型电容式传感器的电容变化量与介质材料的位移成正比关系。

2．圆筒状变介电常数型电容式传感器

圆筒状变介电常数型电容式传感器的典型应用案例是进行液位的测量，其结构示意图如图 5-12 所示。

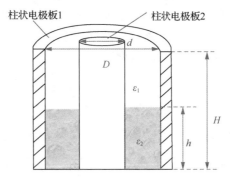

图 5-12　圆筒状变介质型电容式传感器测量液位的结构示意图

图 5-12 所示的圆筒状变介质型电容式传感器是由两个柱状的内外电极板构成的筒状容器。容器的总高度为 H，液位的高度为 h，外柱状电极板的内直径为 D，内柱状电极板的直径为 d。当向圆筒状容器中充入液体后，两个柱状电极板之间的介质材料有两种，一种为液面上方的气体介质，介电常数为 ε_1；一种为液体介质，介电常数为 ε_2。

在没有充入液体前，电容器的初始电容量表达式为

$$C_0 = \frac{2\pi\varepsilon_1 H}{\ln(D/d)} \tag{5-24}$$

充入液体后，当对应液面高度为 h 时，传感器相当于由两个不同介质填充的电容器的并联，因此总的电容量等于两部分电容量之和，即

$$C = C_1 + C_2 = \frac{2\pi\varepsilon_1(H - h)}{\ln(D/d)} + \frac{2\pi\varepsilon_2 h}{\ln(D/d)} = C_0 + \frac{2\pi h(\varepsilon_2 - \varepsilon_1)}{\ln(D/d)} \tag{5-25}$$

由式（5-25）可知，采用圆筒状变介质型电容式传感器测量液位时，电容量与液位高度成正比例关系。

变介质型电容式传感器的应用非常广泛，除了已列举的测量位移、液位等非电量外，在实际工程应用中还被广泛应用于测量介质厚度、介质温度、介质湿度等非电量。

5.3　测量转换电路

电容式传感器的核心构成是敏感元件和转换元件。由前述内容可知敏感元件一般为电容式传感器的动极板或介质材料，因此变介质型电容式传感器的敏感元件和转换元件通常是一体化的。被测量通过转换元件后只是被转换为电容量的变化，为一个电抗参量；后续需要配置测量转换电路，将电容量

测量转换电路

的变化转换成电压量、电流量、频率量、占空比等参数的变化，方便对测量数据进一步的数字化分析处理。

电容式传感器的测量转换电路类型非常多，电路工作原理与工作特性差别较大。比较常见的有交流电桥测量转换电路、谐振调频测量转换电路、运算法测量转换电路、差动脉宽调制测量转换电路、二极管环形电桥测量转换电路等。

5.3.1　交流电桥测量转换电路

可以将电容式传感器接入交流电桥的一个桥臂支路，构成交流单臂电桥转换电路，如图 5-13（a）所示；如果是差动式电容式传感器，通常构成交流双臂电桥形式，如图 5-13（b）所示。其他非传感器接入的桥臂支路元件可以是电阻、电容、电感元件，也可以是两个紧密耦合的电感线圈或者是变压器的两个线圈。

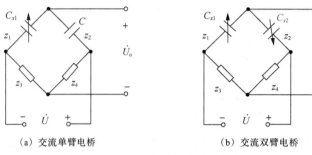

（a）交流单臂电桥　　　　　　　　　（b）交流双臂电桥

图 5-13　交流电桥测量转换电路

下面以图 5-13（a）所示的由电容式传感器构成的交流单臂电桥测量转换电路为例进行分析。电路初始状态（对应电容式传感器的输入量为 0 时的状态）时，电容式传感器的初始电容量为 C_0，各个桥臂的阻抗值相等，即 $Z_1 = Z_2 = Z_3 = Z_4 = Z_0 = 1/(j\omega C_0)$，交流电桥处于平衡状态，输出电压相量 $\dot{U}_o = 0$。当被测量发生变化时，电容式传感器的电容量随之发生变化，$Z_1 = 1/(j\omega C_0 + j\omega \Delta C)$，交流电桥失去平衡，输出电压相量表达式为

$$\dot{U}_o = \left(\frac{Z_1}{Z_1 + Z_2} - \frac{Z_3}{Z_3 + Z_4} \right) \dot{U} \tag{5-26}$$

将 $Z_0 = 1/(j\omega C_0)$、$Z_1 = 1/\left[j\omega (C_0 + \Delta C) \right]$ 代入式（5-26），可得

$$\dot{U}_o \approx \frac{1}{4} \frac{\Delta C}{C_0} \dot{U} \tag{5-27}$$

由式（5-27）可知，交流电桥测量转换电路的作用是将电容量的变化转换成电压量的变化。

🔧 思考

结合交流单臂电桥测量转换电路的理论分析，推导交流双臂电桥测量转换电路的输出电压相量表达式，并与 4.2.4 小节的直流单臂电桥、直流双臂电桥的输出电压表达式进行对比。

5.3.2 谐振调频测量转换电路

谐振调频测量转换电路是将电容式传感器接入高频振荡器——LC并联谐振电路中，如图5-14所示。

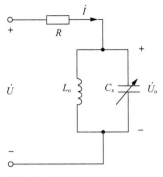

图5-14 谐振调频测量转换电路

当输入量为0时，电容式传感器的电容量为C_0，对应的振荡电路的固有振荡频率f_0的表达式为

$$f_0 = \frac{1}{2\pi\sqrt{LC_0}} \tag{5-28}$$

当被测量发生变化时，电容量产生了变化量ΔC，振荡电路的振荡频率发生改变，即

$$f_x = \frac{1}{2\pi\sqrt{L(C_0 + \Delta C)}} = \frac{C_0}{1 + \sqrt{\Delta C/C_0}} \tag{5-29}$$

由式（5-29）可以看出，当被测量变化导致电容量变化时，会改变振荡电路的振荡频率，即谐振调频测量转换电路是将电容量的变化转换成频率的变化。

需要注意的是，振荡频率与电容量的变化不成线性关系，因此一般要在谐振调频测量转换电路后续添加鉴频器，将频率的变化转换为电压的变化，方便后续数据的处理。

5.3.3 运算法测量转换电路

运算法测量转换电路实质上是将电容式传感器作为由集成运算放大器构成的反相比例运算电路的负反馈元件，如图5-15所示。

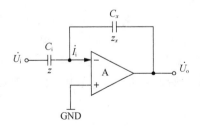

图5-15 运算法测量转换电路

根据反相比例运算电路的电路特性，电路的输出电压相量与输入电压相量成正比关系，即

$$\dot{U}_o = -\frac{Z_x}{Z}\dot{U}_i = -\frac{C_i}{C_x}\dot{U}_i \tag{5-30}$$

由式（5-30）可知，运算法测量转换电路的输出电压与电容式传感器的电容量成反比，即将电容量的变化转换为电压量的变化。

思考

请结合式（5-30）思考变极距型、变面积型、变介电常数型哪种类型的电容式传感器更适合配置运算法测量转换电路，给出理论依据。

5.3.4 差动脉宽调制测量转换电路

差动脉宽调制测量转换电路属于数字电路。如图 5-16 所示，电路中主要包括 2 个由集成运算放大器 A_1、A_2 构成的单限电压比较器，一个低电平触发的 R S 双稳态触发器，2 路由电阻和二极管构成的电容充、放电回路，以及接在 M、N 点之间的差动式电容式传感器 C_{x1}、C_{x2}。

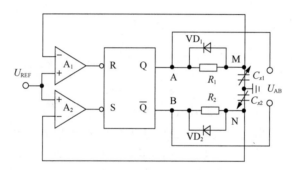

图 5-16 差动脉宽调制测量转换电路

差动脉宽调制测量转换电路的工作原理分析如下。

假设某一时刻，电路中双稳态触发器的输出状态为"1"（Q 为"1"，$\bar{Q}$ 为"0"），则电路中 A 点为高电位点，通过电阻 R_1 对电容式传感器 C_{x1} 充电，令电压 U_M 逐渐升高；当 U_M 高于输入端参考电压 U_{REF} 时，集成运放 A_1 构成的单限电压比较器的输出电压状态跳变为低电平"0"，触发双稳态触发器的复位端 R，触发器的输出端由"1"状态转变为"0"状态，即 Q 为"0"，$\bar{Q}$ 为"1"；此时 A 点变为低电位点，C_{x1} 通过二极管 VD_1 放电，令 U_M 电压逐渐降低；由于此时 B 点为高电位点，通过 R_2 对 C_{x2} 充电，令 U_N 电压逐渐升高；当 U_N 高于 U_{REF} 时，集成运算放大器 A_2 构成的单限电压比较器的输出电压状态跳变为低电平"0"，触发双稳态触发器的置位端 S，令触发器的输出端由"0"状态又转变为"1"状态，即 Q 为"1"，$\bar{Q}$ 为"0"；此时 A 点又成为高电位点，又开始通过 R_1 对 C_{x1} 充电，同时 B 点变为低电位点，C_{x2} 通过 VD_2 放电，令 U_N 电压逐渐降低。

如此周而复始，电路的信号引出端 A、B 端产生一个脉冲宽度受 C_{x1}、C_{x2} 调制的脉冲波形，即将被测量的变化转换为脉冲波形占空比的变化，对应的时序图如图 5-17 所示，其中脉冲波形的周期 $T = T_1 + T_2$。

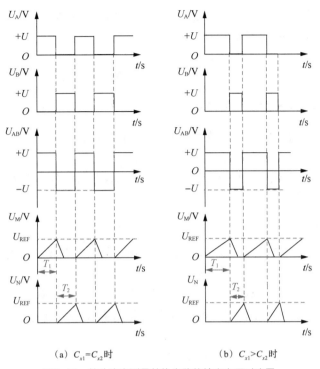

（a）$C_{x1}=C_{x2}$时　　　　　　（b）$C_{x1}>C_{x2}$时

图5-17　差动脉宽测量转换电路的输出电压时序图

5.3.5　二极管环形电桥测量转换电路

二极管环形电桥测量转换电路如图5-18所示，电路激励源为方波脉冲源，4个整流二极管VD$_1$、VD$_2$、VD$_3$、VD$_4$构成桥式结构，差动式电容传感器C_{x1}和C_{x2}接在B、D点。需要注意的是，电路中AC支路的电容C_1非常小。

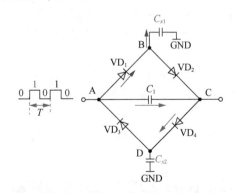

图5-18　二极管环形电桥测量转换电路

二极管环形电桥测量转换电路的工作原理分析如下。

当脉冲源由低电平"0"跳变为高电平"1"时，二极管VD$_1$、VD$_4$正向导通，VD$_2$、VD$_3$反向截止；脉冲源对差动式电容传感器的C_{x1}和C_{x2}进行充电，充电电流流向见图5-18中的箭头示意方向。在高电平持续阶段，电路中AC支路流过的电荷量Q_1的求解式为

$$Q_1 = C_{x2}U \tag{5-31}$$

式中，U表示方波脉冲激励源高低电平之间的压差。

当脉冲源由高电平"1"跳变为低电平"0"时，二极管 VD_2、VD_3 正向导通，VD_1、VD_4 反向截止，形成 C_{x1} 和 C_{x2} 的放电回路。

思考

此阶段，C_{x1} 和 C_{x2} 放电回路中的电流流向如何对应呢？

在低电平持续阶段，电路中 AC 支路流过的电荷量 Q_2 的求解式为

$$Q_2 = C_{x1}U \tag{5-32}$$

在直流激励下，电容的充放电电流与电荷量、周期，以及与频率、电容量、端电压的关系式为

$$I = \frac{Q}{T} = \frac{CU}{T} = fCU \tag{5-33}$$

由式（5-33）可以得到二极管环形测量转换电路在一个方波脉冲周期内，AC 支路流过的电流 I_{AC} 的求解式

$$I_{AC} = fC_{x2}U - fC_{x1}U = fU(C_{x2} - C_{x1}) = fU\Delta C \tag{5-34}$$

由式（5-34）可知，二极管环形电桥测量转换电路实现了将电容量的变化转换为电流的变化。

电容式传感器测量转换电路的类型非常多，在实际应用时需要结合电容式传感器实际的应用场景、被测量的特点以及后续信号处理的要求等，综合分析选配合适类型的测量转换电路。

本章小结

本章从结构出发，对电容式传感器的工作原理与工作特性进行了系统的介绍。

① 电容式传感器类型丰富。根据结构形态的不同，可将电容式传感器分为平板状、圆筒状、扇面状 3 种；根据工作原理的不同，可将电容式传感器分为变极距型、变面积型和变介电常数型 3 种。

② 对变极距型、变面积型和变介电常数型 3 种类型的电容式传感器，结合具体的结构特点，对工作原理与特性进行了详细的分析，并针对不同类型的电容式传感器给出了典型应用案例。

③ 对电容式传感器 5 种常用的测量转换电路的电路结构、工作原理、工作特性进行了细致的分析。

本章习题

1. 推导图 5-4 所示平板状变极距型电容传感器在极间距减少 Δd 时的灵敏度表达式。

2. 图 5-9 所示的圆筒状变面积型电容式传感器，总高度 h 为 8 cm，柱形定极板的内半径 R 为 6 cm，柱形动极板的外半径 r 为 3 cm，ε 为 1。请计算电容式传感器的初始电容量。

3. 分析总结差动电容式传感器的技术优势。

4. 分析电容式传感器 5 种常见测量转换电路的功能特点。

5．对变极距型、变面积型、变介电常数型3种类型的电容式传感器分别列举至少3种应用场景，可以是实际的工程应用案例，也可以是个人结合3种类型电容式传感器的结构与特点自行设计开发的应用场景。

6．图5-12所示的实现液位测量的圆筒状变介质型电容式传感器的总高度 H 为 2 m，注入水的液位高度 h 为 1.2 m，外柱状电极板直径 D 为 60 cm，内柱状电极板直径 d 为 10 cm。液面上方为空气介质，相对介电常数 $\varepsilon_0 \approx 1$，水的相对介电常数 $\varepsilon_r = 80.4$，试求电容式传感器的电容量。

7．推导图5-13（b）所示的由电容式传感器构成的交流双臂电桥的输出电压相量表达式。

8．对钢板进行厚度测量时，选用哪种类型的电容式传感器合适？提供具体的检测结构说明和工作原理分析。如果将检测板材更换为塑料板材，实现方案是否需要调整？

9．选用电容式传感器对小型水族箱的液位进行检测，如何设计实现？简述检测机构构成与检测原理。

10．能否选用电容式传感器对齿轮实现转速测量？若可以，具体如何实现？若不可以，给出判断依据。

第 **6** 章

电感式传感器

　　电感式传感器是一种将非电量变化转换为自感量、互感量等参量变化的传感器，被广泛应用于压力、力矩、应变、位移、振动、加速度等非电量的测量。本章系统介绍了电感式传感器的类型划分，自感式、互感式电感传感器的工作原理，测量转换电路及其典型应用，电涡流式传感器的工作原理、类型划分和典型应用。

知识目标

① 掌握电感式传感器的类型划分；
② 掌握自感式电感传感器的类型及其工作原理；
③ 掌握互感式电感传感器的类型及其工作原理；
④ 掌握电涡流式传感器的工作原理。

能力目标

① 理解电感式传感器类型划分的依据；
② 掌握自感式电感传感器的工作特性与应用特点；
③ 掌握互感式电感传感器的工作特性与应用特点；
④ 理解电涡流效应、集肤效应；
⑤ 能根据实际应用场景选择高频反射式或低频透射式电涡流式传感器。

重点与难点

① 互感式电感传感器的工作原理；
② 电涡流效应与集肤效应的原理。

6.1 电感式传感器概述

1．电感式传感器的结构

电感式传感器概述

电感式传感器属于阻抗式结构型传感器，基于电磁感应原理，将非电量的变化转换为自感量（或称为自感系数）、互感量（或称为互感系数）的变化；根据对测量数据与信息获取的需求，配置合适的测量转换电路，将其转换成电压、电流、频率等参量的变化，并获得位移方向等被测量的多维信息。后续可以根据数据处理的进一步需要，配置合适的信号调理电路，最后送至微处理器分析处理。电感式传感器的工作原理结构框图如图6-1所示。电感式传感器的核心构成是敏感元件和转换元件，通常是一体式的。

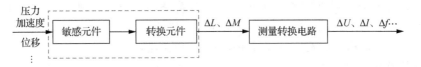

图6-1 电感式传感器的工作原理结构框图

2．电感式传感器的类型

电感式传感器类型丰富，如图6-2所示。

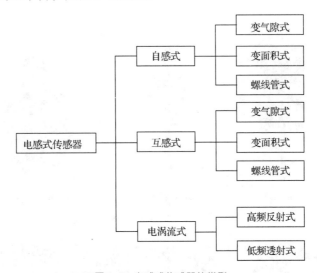

图6-2 电感式传感器的类型

根据测量转换原理的不同，可将电感式传感器分为自感式、互感式和电涡流式3种类型。

根据引起磁路变化的几何参数的不同，可将自感式电感传感器和互感式电感传感器分别分为变气隙式、变面积式和螺线管式。

（1）变气隙式电感传感器

对于变气隙式电感传感器，当被测量变化时，引起铁芯和衔铁之间的气隙厚度发生变化，从而改变线圈的自感量或者互感量。

（2）变面积式电感传感器

对于变面积式电感传感器，当被测量变化时，引起铁芯和衔铁之间的相对覆盖面积（即磁通横截面积）发生变化，从而改变线圈的自感量或者互感量。

（3）螺线管式电感传感器

螺线管式电感传感器也称为螺管插铁式电感传感器，当被测量变化时，引起线圈磁力线泄漏路径上的磁阻发生变化，从而改变线圈的自感量或者互感量。

根据激励电源的频率和集肤效应的差异，可将电涡流式传感器分为高频反射式和低频透射式两种类型。

需要注意的是，自感式电感传感器和互感式电感传感器每种类型都有差动式的结构，可以提高测量灵敏度，改善非线性。

3．电感式传感器的应用

电感式传感器具有结构简单、灵敏度高、分辨率高、测量准确度高、线性度好、稳定性好、重复性好、抗干扰能力强、工作可靠等一系列优点，可以实现接触式测量，也可以实现非接触式测量，适用范围宽广，能够用于条件较差的测量环境。

电感式传感器在计量技术、工业生产和科学研究领域应用广泛。例如，将电感式传感器制作成高精度测量设备，对金属、非金属高精密加工制作过程中工件的尺寸、厚度、平整度、颗粒度等参量进行测量；制作成无触点接近开关，在自动测控系统中起到限位、复位、计数、行程定位等功能；用于汽车轮速、飞行器速度与加速度的测量等。

电感式传感器实物图片如图6-3所示。

（a）接近开关　　　　（b）线性位移测量　　　　（c）振动测量

图6-3　电感式传感器

6.2　自感式电感传感器

自感式电感传感器也称为变磁阻电感式传感器，是将被测量的变化转换为磁阻的变化，从而引起线圈自感量的变化。通过测量转换电路可以将自感量的变化转换成电压、电流等电路参量的变化。

6.2.1　类型与结构

根据测量过程中引起磁路变化的几何参数的不同，自感式电感传感器分为变气隙式、变面积式和螺线管式3种类型，结构示意图如图6-4所示。

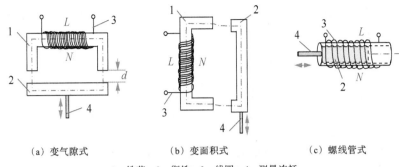

（a）变气隙式   （b）变面积式   （c）螺线管式

1—铁芯；2—衔铁；3—线圈；4—测量连杆

图6-4　自感式电感传感器的结构示意图

图6-4所示的变气隙式和变面积式的自感式电感传感器的主要构成包括4部分：线圈、铁芯（静铁芯）、衔铁（动铁芯）和测量连杆。螺线管式自感式电感传感器主要由3部分构成：线圈、衔铁、测量连杆。

由于篇幅所限本节主要介绍变气隙式自感传感器。

6.2.2　变气隙式自感传感器

变气隙式自感
传感器

1．工作原理解析

对于变气隙式自感传感器，当被测量变化时，铁芯和衔铁之间的气隙厚度发生变化，导致气隙磁阻变化，进而引起线圈的自感量变化。即可以通过自感量的变化来确定被测量的变化。

对于电感线圈线路，由磁路欧姆定律可以得到磁通量 ϕ 与线圈励磁电流有效值 I、线圈匝数 N、磁路总磁阻 R_{m} 之间的关系式

$$\phi = \frac{IN}{R_{\mathrm{m}}} \tag{6-1}$$

线性电感线圈自感量 L 的定义式为

$$L = \frac{\psi}{I} = \frac{N\phi}{I} \tag{6-2}$$

式中，ψ 表示磁通链。

将式（6-1）代入式（6-2），可以得到自感量 L 与磁阻 R_{m} 的关系式

$$L = \frac{N^2}{R_{\mathrm{m}}} \tag{6-3}$$

对于图6-4（a）所示的变气隙式自感传感器，其气隙厚度 d 很小，气隙中的磁场可以视为均匀分布。在忽略磁路损耗的前提下，磁路的总磁阻由铁芯磁阻、衔铁磁阻、气隙磁阻3部分构成，对应的表达式为

$$R_{\mathrm{m}} = \frac{l_1}{\mu_1 S_1} + \frac{l_2}{\mu_2 S_2} + \frac{2d}{\mu_0 S_0} \tag{6-4}$$

式中，μ_0 表示空气的磁导率（$\mu_0 = 4\pi \times 10^{-7}$ H/m）；μ_1 表示铁芯的磁导率；μ_2 表示衔铁的磁导率；l_1 表示磁通通过铁芯中心线的长度；l_2 表示磁通通过衔铁中心线的长度；S_0 表示气隙的有效截面积；S_1 表示铁芯的截面积；S_2 表示衔铁的截面积；d 为单个气隙的厚度。

通常导磁体的磁导率远大于空气的磁导率，即 $\mu_1 \gg \mu_0$，$\mu_2 \gg \mu_0$，故衔铁的磁阻和铁芯

的磁阻都远小于空气磁阻，即 $l_1/(\mu_1 S_1) \ll 2d/(\mu_0 S_0)$，$l_2/(\mu_2 S_2) \ll 2d/(\mu_0 S_0)$。因此，式（6-4）可以化简为

$$R_m = \frac{2d}{\mu_0 S_0} \tag{6-5}$$

将式（6-5）代入式（6-3），可以得到自感量 L 与气隙厚度 d 的关系式

$$L = \frac{N^2}{R_m} = \frac{N^2 \mu_0 S_0}{2d} \tag{6-6}$$

由式（6-6）可知，若保持气隙截面积 S_0、线圈匝数 N 和空气磁导率 μ_0 不变，则自感量 L 与气隙厚度 d 成反比关系，可构成变气隙式自感传感器。

需要注意的是，若保持气隙厚度 d、线圈匝数 N 和空气磁导率 μ_0 不变，则自感量 L 与气隙截面积 S_0 成正比关系，可构成变面积式自感传感器。

例题 6-1 对于图6-4（a）所示的变气隙式自感传感器，已知激励线圈匝数 N 为2000匝，气隙截面积 S_0 为 $9\,mm^2$，气隙厚度 d 为 0.6 mm，空气磁导率 μ_0 为 $4\pi \times 10^{-7}\,H/m$，衔铁的最大位移量为 $\pm 0.04\,mm$。

请求解：（1）线圈的初始电感量；（2）电感的最大变化量。

解（1）线圈的初始电感量为

$$L_0 = \frac{N^2 \mu_0 S_0}{2d} = \frac{2000^2 \times 4\pi \times 10^{-7} \times 9 \times 10^{-6}}{2 \times 0.6 \times 10^{-3}}\,H = 37.68\,mH$$

（2）求电感的最大变化量要分为衔铁分别处于两个限值位置两种情况来考虑。

当衔铁处于距离铁芯最近端的限值位置时，电感量为

$$L_1 = \frac{N^2 \mu_0 S_0}{2d - 2\Delta d} = \frac{2000^2 \times 4\pi \times 10^{-7} \times 9 \times 10^{-6}}{2 \times 0.6 \times 10^{-3} - 2 \times 0.04 \times 10^{-3}}\,H = 40.37\,mH$$

当衔铁处于距离铁芯最远端的限值位置时，电感量为

$$L_2 = \frac{N^2 \mu_0 S_0}{2d + 2\Delta d} = \frac{2000^2 \times 4\pi \times 10^{-7} \times 9 \times 10^{-6}}{2 \times 0.6 \times 10^{-3} + 2 \times 0.04 \times 10^{-3}}\,H = 35.33\,mH$$

故电感的最大变化量为

$$\Delta L_{max} = L_1 - L_2 = 40.37 - 35.33 = 5.04\,mH$$

2．输出特性分析

由式（6-6）可知，变气隙式自感传感器的自感量 L 与气隙厚度 d 对应的特性曲线如图6-5所示。

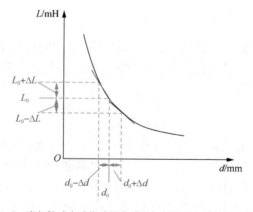

图6-5 变气隙式自感传感器自感量与气隙厚度的特性曲线图

若设定初始自感量为 L_0，初始气隙厚度为 d_0，则当被测量没有发生变化时，自感量与气隙厚度的关系为

$$L_0 = \frac{N^2 \mu_0 S_0}{2d_0} \tag{6-7}$$

下面分两种情况分析推导电感相对变化量 $\Delta L / L_0$ 与气隙相对变化量 $\Delta d / d_0$ 的关系。

（1）衔铁向上运动，气隙厚度减小

对于图 6-4（a）所示的变气隙式自感传感器，当衔铁向上运动靠近铁芯时，气隙厚度减小，变化量为 Δd，即 $d = d_0 - \Delta d$。结合图 6-5 可知，当前对应的电感量 $L_x = L_0 + \Delta L$。

根据式（6-6）可得到 L_x 的求解式为

$$L_x = \frac{N^2 \mu_0 S_0}{2(d_0 - \Delta d)} = L_0 \frac{d_0}{d_0 - \Delta d} = \frac{L_0}{1 - \Delta d / d_0} \tag{6-8}$$

当 $\Delta d / d_0 \ll 1$ 时，将式（6-8）用泰勒级数展开

$$L_x = L_0 + \Delta L = L_0 \left[1 + \frac{\Delta d}{d_0} + \left(\frac{\Delta d}{d_0} \right)^2 + \left(\frac{\Delta d}{d_0} \right)^3 + \cdots \right] \tag{6-9}$$

由式（6-9）可以得到 ΔL 的求解式为

$$\Delta L = L_0 \left[\frac{\Delta d}{d_0} + \left(\frac{\Delta d}{d_0} \right)^2 + \left(\frac{\Delta d}{d_0} \right)^3 + \cdots \right] \tag{6-10}$$

由式（6-10）可以得到 $\Delta L / L_0$ 的表达式为

$$\frac{\Delta L}{L_0} = \frac{\Delta d}{d_0} + \left(\frac{\Delta d}{d_0} \right)^2 + \left(\frac{\Delta d}{d_0} \right)^3 + \cdots \tag{6-11}$$

（2）衔铁向下运动，气隙厚度增大

当衔铁向下运动远离铁芯时，气隙厚度增大，变化量为 Δd，即 $d = d_0 + \Delta d$。结合图 6-5 可知，当前对应的电感量 $L_x = L_0 - \Delta L$。分析推导思路同上，可得到此种情况下 ΔL 的求解式为

$$\Delta L = L_0 \left[\frac{\Delta d}{d_0} - \left(\frac{\Delta d}{d_0} \right)^2 + \left(\frac{\Delta d}{d_0} \right)^3 - \cdots \right] \tag{6-12}$$

根据式（6-12）可以得到 $\Delta L / L_0$ 的表达式为

$$\frac{\Delta L}{L_0} = \frac{\Delta d}{d_0} - \left(\frac{\Delta d}{d_0} \right)^2 + \left(\frac{\Delta d}{d_0} \right)^3 - \cdots \tag{6-13}$$

3．灵敏度 K

将式（6-11）和式（6-13）的 2 次项及以上高次项忽略，得到统一的 $\Delta L / L_0$ 与 $\Delta d / d_0$ 的关系式

$$\frac{\Delta L}{L_0} = \frac{\Delta d}{d_0} \tag{6-14}$$

根据式（6-14）可以得到灵敏度 K 的表达式为

$$K = \frac{\Delta L / L_0}{\Delta d} = \frac{1}{d_0} \tag{6-15}$$

由式（6-15）可知，变气隙式自感传感器的灵敏度 K 取决于初始状态的气隙厚度 d_0，两者在数值上成反比关系。结合图 6-5 可知，不论气隙厚度增大还是减小，只要变化量较大，都会导致传感器线性度变差。由式（6-11）和式（6-13）中对应的高次项可知，如果 $\Delta d / d_0$ 很

小，高次项的影响会很小，变气隙式自感传感器的非线性将得到较好的改善。因此，变气隙式自感传感器适合微小位移、微小尺寸测量的应用场景。

6.2.3 差动式变气隙自感传感器

根据变气隙式自感传感器的输出特性曲线可知，当气隙厚度减小 Δd 时，对应的气隙厚度 $d = d_0 - \Delta d$，对应的电感量 $L_x = L_0 + \Delta L$；当气隙厚度增大 Δd 时，对应的气隙厚度 $d = d_0 + \Delta d$，对应的电感量 $L_x = L_0 - \Delta L$。如果气隙厚度变化量较大，则会造成传感器线性度变差。因此在实际工程应用中，多选用差动式变气隙自感传感器，其基本结构与电路连接示意图如图6-6所示。

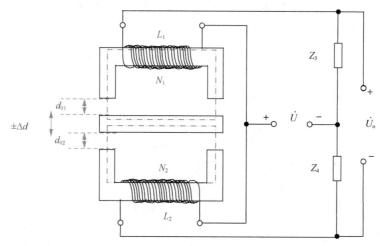

图6-6　差动式变气隙自感传感器的基本结构与电路连接示意图

差动式变气隙自感传感器有两个完全相同的电感线圈（或称为绕组），即 $L_1 = L_2$，$N_1 = N_2$，$d_{01} = d_{02}$。需要注意的是，两个电感线圈之间无磁路耦合关系。当被测量发生变化，带动衔铁向上移动或向下移动时，两个电感线圈与共的衔铁之间的气隙厚度变化量大小相等，但是一个减小，一个增加。

由式（6-10）和式（6-12）可以得到差动式变气隙自感传感器总的电感变化量 ΔL 的求解式

$$\Delta L = \Delta L_1 + \Delta L_2 = 2L_0 \frac{\Delta d}{d_0}\left[1 + \left(\frac{\Delta d}{d_0}\right)^2 + \left(\frac{\Delta d}{d_0}\right)^4 + \cdots\right] \tag{6-16}$$

在忽略高次非线性项的前提下，由式（6-16），可以得到差动式变气隙自感传感器的灵敏度 K 的表达式

$$K = \frac{\Delta L / L_0}{\Delta d} = \frac{2}{d_0} \tag{6-17}$$

由式（6-17）可知，差动式变气隙自感传感器双线圈结构比单线圈结构的灵敏度提高了1倍。

6.2.4 交流电桥测量转换电路

电感式传感器常用交流电桥测量转换电路。如图6-6所示，差动式变气隙自感传感器的

两个电感线圈 L_1、L_2 与两个固定不变的阻抗元件 Z_3、Z_4 以及交流激励源 $\dot{U}$ 构成的就是交流电桥测量转换电路，对应的电路原理图如图 6-7 所示。

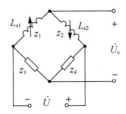

图 6-7　差动式变气隙自感传感器交流电桥测量转换电路原理图

如图 6-7 所示，在电路初始状态，即差动式变气隙自感传感器的输入量为 0 时，两个电感线圈对应的初始阻抗值 $Z_{01} = Z_{02} = Z_0 = j\omega L_0$ 与电阻对应的阻抗值 Z_3、Z_4 满足关系式 $Z_1 Z_3 = Z_2 Z_4$，交流电桥处于平衡状态，输出电压相量 $\dot{U}_o = 0$。当被测量发生变化时，两个电感线圈的自感量随之发生变化。设线圈 1 的自感量增加，即对应的阻抗值变为 $Z_1 = Z_0 + \Delta Z$；线圈 2 的自感量减小，阻抗值变为 $Z_2 = Z_0 - \Delta Z$，交流电桥失去平衡，输出电压相量 $\dot{U}_o$ 的表达式为

$$\dot{U}_o = \left(\frac{Z_1}{Z_1 + Z_2} - \frac{Z_3}{Z_3 + Z_4} \right)\dot{U} = \left(\frac{Z_0 + \Delta Z}{Z_0 + \Delta Z + Z_0 - \Delta Z} - \frac{1}{2} \right)\dot{U}$$
$$= \left(\frac{j\omega L_0 + j\omega \Delta L}{2 j\omega L_0} - \frac{1}{2} \right)\dot{U} = \frac{\dot{U}}{2} \frac{\Delta L}{L_0} \tag{6-18}$$

思考

若线圈 1 的自感量减小，对应的衔铁与铁芯的气隙厚度是增大了还是减小了？理论依据是什么？

需要注意的是，自感式传感器可以配置的测量转换电路的结构形式有很多。例如，差动式变气隙自感传感器可以与双二次绕阻的变压器共同构成交流电桥，分析思路和方法与交流电桥的一致。除此之外，单个线圈的自感式传感器可以配置谐振式测量转换电路，具体为谐振式调幅测量电路和谐振式调频测量电路。

6.3　互感式电感传感器

6.3.1　结构与类型

互感式电感传感器是将被测量的变化转换为耦合线圈之间互感量的变化。互感式电感传感器是依据变压器的工作原理设计制作的，本质上是变压器。变压器的一次绕组（或称为一次线圈）接交流电源。当被测量发生变化时，导致变压器一次绕组和二次绕组的互感量发生变化，进而导致二次绕组输出端的感应电动势发生改变，对应的二次绕组输出端的感应电压也随之发生改变。

由于互感式电感传感器的二次绕组采用差动连接形式，因此互感式电感传感器通常被

称为差动变压器式电感传感器，或简称为差动变压器。

根据改变磁路几何参数的不同，可将互感式电感传感器分为变气隙式、变面积式和螺线管式3种类型。但是在实际工程应用中，应用较多的类型是螺线管式差动变压器，其结构示意图如图6-8（a）所示，主体由位于中间位置的变压器一次绕组以及分别位于两端的两个特性参数完全相同的二次绕组（二次绕组1、二次绕组2）构成。螺线管内部插有衔铁，固定在测量连杆上。当被测量发生变化时，测量连杆会带动衔铁运动。

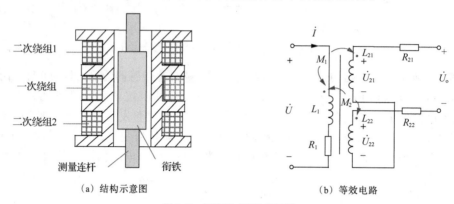

（a）结构示意图　　　　　　　　　　（b）等效电路

图6-8　螺线管式差动变压器

6.3.2　螺线管式差动变压器

在图6-8（a）中，螺线管式差动变压器的两个二次绕组的同名端相连接，实现反向耦合。在忽略铁损、导磁体磁阻和线圈分布电容的前提下，对应的等效电路如图6-8（b）所示。等效电路中的R_1是一次绕组的等效电阻，R_{21}和R_{22}分别是两个二次绕组的等效电阻。当前电路输出端呈开路状态。

1．工作原理解析

当被测量未发生变化时，螺线管式差动变压器处于初始状态，衔铁处于轴向中间位置，一次绕组与两个二次绕组之间的耦合互感相等，即$M_{01} = M_{02} = M_0$。由于两个二次绕组是反向串联的，对应的是反向耦合，因此初始状态的螺线管式差动变压器的输出电压相量$\dot{U}_\circ = 0$。

当被测量发生变化时，若螺线管式差动变压器的测量连杆带动衔铁向二次绕组1的方向移动，则二次绕组1与一次绕组的磁路耦合增强，互感量增大，即$M_1 = M_0 + \Delta M$；而二次绕组2与一次绕组的磁路耦合减弱，互感量减小，即$M_2 = M_0 - \Delta M$。在电路输出端开路状态下，对应的输出电压是由感应电动势形成的感应电压，输出电压相量的表达式为

$$\dot{U}_\circ = \dot{U}_{21} - \dot{U}_{22} = j\omega\left(M_0 + \Delta M\right)\dot{i} - j\omega\left(M_0 - \Delta M\right)\dot{i} = 2j\omega(\Delta M)\dot{i} \tag{6-19}$$

由图6-8（b）所示等效电路所对应的一次绕组等效回路，可以得到螺线管式差动变压器一次绕组的输入电流相量$\dot{i}$与输入电压相量$\dot{U}$之间的关系式

$$\dot{i} = \frac{\dot{U}}{R_1 + j\omega L_1} \tag{6-20}$$

将式（6-20）代入式（6-19），可以得到输出电压相量$\dot{U}_\circ$与输入电压相量$\dot{U}$之间的关系式

$$\dot{U}_{\text{o}} = \frac{2\text{j}\omega\Delta M}{R_1 + \text{j}\omega L_1}\dot{U} \tag{6-21}$$

由式（6-21）可以得到输出电压有效值 U_{o} 与输入电压有效值 U 之间的关系式

$$U_{\text{o}} = \frac{2\omega\Delta M}{\sqrt{R_1^2 + (\omega L_1)^2}}U \tag{6-22}$$

由式（6-22）可知，螺线管式差动变压器在输入电压恒定、一次绕组等效电阻和等效自感量不变的前提下，输出电压有效值 U_{o} 取决于一次绕组与两个二次绕组之间的互感量之差 ΔM。

思考

当被测量发生变化时，若螺线管式差动变压器的测量连杆带动衔铁向二次绕组2的方向移动，请分析推导对应的输出电压相量 $\dot{U}_{\text{o}}$ 与输入电压相量 $\dot{U}$ 之间的关系式。

2．零点残余电压

在实际工程应用中，由于差动变压器的两个二次绕组的电气参数以及几何尺寸不能做到完全理想化相同，导致各自产生的感应电动势不相同，因此对应的感应电压也不相同。此外，磁性材料本身的非线性问题和激励电源含有高次谐波等问题都会导致衔铁处于中间位置时，电路输出电压 $\dot{U}_{\text{o}}$ 并不等于0，而是对应一个很小的电压值，称为零点残余电压 $\Delta\dot{U}_{\text{o}}$，如图6-9所示。

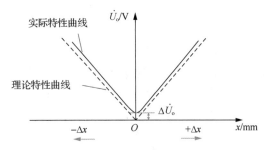

图6-9 零点残余电压

零点残余电压是差动变压器的一个重要性能参数，一般为零点几毫伏至几十毫伏。零点残余电压的存在导致传感器实际的输出特性曲线不经过零点，与理论特性曲线差别大，导致差动变压器的灵敏度降低，分辨率降低，测量误差增大。若零点残余电压数值较大，经后续放大电路放大后会导致系统不能正常工作。因此在实际应用中，一方面可以通过提高差动变压器二次绕组特性参数的对称性和匹配度来减小零点残余电压的数值；另一方面可以通过选择合适的测量转换电路消除或减小零点残余电压的影响。

6.3.3 测量转换电路

差动变压器通常配置差动全波整流电路或者相敏检波电路作为测量转换电路，以消除或降低零点残余电压的影响。

1．差动全波整流电路

图6-10所示电路为差动全波整流电路，将差动变压器的2个二次绕组的输出感应电压

分别通过由整流二极管构成的全波整流电桥电路进行整流，然后将电压差作为整个电路的输出。差动全波整流电路可以较好地消除零点残余电压，但是不能判断被测量的运动方向。

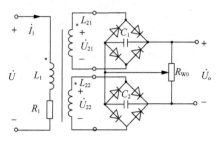

图6-10　差动全波整流电路

2．相敏检波电路

图6-11所示电路为相敏检波电路，主体由含有2个二次绕组的变压器T_1、T_2和4个二极管构成。4个整流二极管VD_1、VD_2、VD_3、VD_4顺向连接构成环形电路，每个二极管支路配有分压限流电阻R_1、R_2、R_3、R_4。

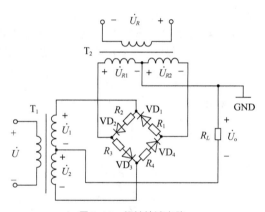

图6-11　相敏检波电路

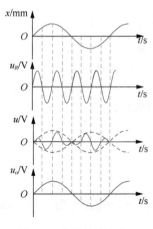

图6-12　相敏检波波形图

变压器T_1的一次绕组输入电压是差动变压器的输出电压$\dot{U}$，实质上是电压幅值随被测位移变化而变化的调幅信号；变压器T_2的一次绕组提供的是参考电压$\dot{U}_R$，是辨别差动变压器输出电压$\dot{U}$极性的标准信号。

当衔铁在零点之上往返移动时，$\dot{U}$与$\dot{U}_R$同频同相；当衔铁在零点之下往返移动时，$\dot{U}$与$\dot{U}_R$同频反相。被测量的位移量x、参考电压u_R、差动变压器的输出电压u以及相敏检波电路的输出电压u_o的时域波形图如图6-12所示。可以看出相敏检波电路输出电压u_o的波形规律与被测对象位移量x的变化规律一致。

需要注意的是，已有AD598、AD698等专用集成电路可以将差动变压器的输出信号直接转换为单极性或双极性的直流电压信号，该直流信号与衔铁的位移变化量成比例关系。

6.4 电涡流式传感器

电涡流式传感器属于电感式传感器的一种，工作原理是电涡流效应。电涡流式传感器具有灵敏度高、响应速度快、抗干扰能力强、非接触、无损伤、不受油水等介质影响等优点，被广泛应用于电力、石油、冶金等行业。例如，电涡流式传感器可以检测汽轮机、水轮机、发电机等大型旋转机械轴的径向振动、轴向位移、转速等参量，可以检测材料的厚度、裂纹等，对金属构件实现无损探伤等。

6.4.1 电涡流效应

电涡流效应是电磁感应原理的延伸。如图 6-13 所示，金属导体置于变化的磁场中或在磁场中进行切割磁力线运动时，根据电磁感应定律可知，金属导体中将产生感应电流。由于感应电流呈闭合的漩涡状，因此称为电涡流，此种现象称为电涡流效应。

电涡流效应

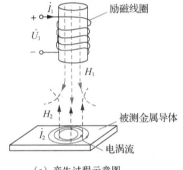

（a）产生过程示意图

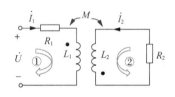

（b）等效电路图

图6-13 电涡流效应

下面结合图 6-13（a）所示的电涡流效应产生的过程进行分析。

当电涡流式传感器的励磁线圈（又称为激励线圈）有交变电流 $\dot{I}_1$ 存在时，由电磁感应定律可知，会在周围空间产生交变磁场 H_1。若有金属导体靠近励磁线圈，则会在金属导体中感应出电涡流 $\dot{I}_2$。而由电磁感应定律可知，变化的电涡流 $\dot{I}_2$ 也将产生一个交变的磁场 H_2，与磁场 H_1 方向相反。H_2 磁场的强弱变化会影响原磁场 H_1，从而导致励磁线圈的阻抗等参量发生变化。

电涡流式传感器的等效电路图如图 6-13（b）所示，其中 L_1 表示励磁线圈的自感系数，R_1 表示励磁线圈的等效电阻，L_2 表示电涡流短路环的等效自感系数，R_2 表示电涡流短路环的等效电阻，M 表示励磁线圈与金属导体之间的等效互感系数。

对励磁电流回路和电涡流回路应用基尔霍夫电压定律列出回路电压方程式，可得

$$\begin{cases} R_1\dot{I}_1 + \mathrm{j}\omega L_1\dot{I}_1 - \mathrm{j}\omega M\dot{I}_2 = \dot{U} \\ -\mathrm{j}\omega M\dot{I}_1 + R_2\dot{I}_2 + \mathrm{j}\omega L_2\dot{I}_2 = 0 \end{cases} \tag{6-23}$$

根据式（6-23）和阻抗定义式 $Z = \dot{U}/\dot{I}_1$，可以得到电涡流式传感器在产生电涡流效应后励磁电流回路对应的等效阻抗 Z 的表达式

$$Z = \frac{\dot{U}}{\dot{I}_1} = R_1 + \frac{\omega^2 M^2 R_2}{R_2^2 + (\omega L_2)^2} + j\omega\left(L_1 - \frac{\omega^2 M^2 L_2}{R_2^2 + (\omega L_2)^2}\right) = R_{eq} + j\omega L_{eq} \qquad (6\text{-}24)$$

式中，$R_{eq} = R_1 + \omega^2 M^2 R_2 / \left(R_2^2 + (\omega L_2)^2\right)$ 表示产生电涡流效应后励磁电流回路对应的等效电阻；$L_{eq} = L_1 - \omega^2 M^2 L_2 / \left(R_2^2 + (\omega L_2)^2\right)$ 表示产生电涡流效应后励磁电流回路对应的等效电感。

由此可知，产生电涡流效应后，励磁线圈阻抗的等效电阻分量增大，等效电感分量减小，并且 R_{eq} 和 L_{eq} 都是互感量 M 的函数。

根据电磁场理论，金属导体的电阻率 ρ、磁导率 μ、金属导体几何尺寸因子 r，励磁线圈与金属导体的间距 d、励磁电流 i_1 及角频率 ω 等参量可以通过电涡流效应影响励磁线圈的等效阻抗 Z、自感系数 L 和品质因数 Q 等参量。例如，等效阻抗 Z 的相关影响参量为

$$Z = f\left(\rho, \mu, r, d, \omega\right) \qquad (6\text{-}25)$$

由式（6-25）可知，当被测量变化时，只让其中的一个参量随之变化，其他参量保持不变，就可以得到有关电感线圈阻抗值与此参量之间对应的函数关系式。只要在给定的测量区域内两参数能成近似线性关系，就可以实现对被测量的测量。

需要注意的是，由于电流具有热效应，因此电涡流的存在会导致导体发热。实际生产、生活中的高频感应炉、电磁炉就是利用电涡流的热效应进行金属熔炼或加热食物的。另外，为了解决电涡流热效应造成的发电机、电动机、变压器铁芯的功率损耗大和机体发热问题，铁芯不再使用整体的硅钢块，而是由涂有绝缘漆的薄硅钢片叠压而成，这样可以很好地降低电涡流效应带来的涡流损耗问题和机体发热问题。

思考

在实际生活、生产中，电涡流效应还被应用于哪些场景或技术领域？

6.4.2 集肤效应

集肤效应

集肤效应也称为趋肤效应，是指导体中通以交流电流或将导体置于交变磁场中，在导体横截面上电流分布不均匀的一种现象。即内部电流不是沿着整个导线横截面均匀传送，而是趋向沿导线表面传送，呈现出导体边缘部分电流密度大，导体中心部分电流密度小的现象。集肤效应形成原因示意图如图6-14所示。

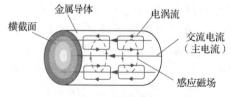

图6-14　集肤效应形成原因示意图

集肤效应产生的本质原因是导体内部传输的交变电流产生了交变磁场，感应生成电涡流，电涡流在靠近导体横截面表层区域的瞬时流向与主电流瞬时方向一致，而在靠近导体横截面中心的区域瞬时流向与主电流的瞬时方向相反，这就造成导体横截面的边缘部分电流密度大，中心部分电流密度小。

思考

基于集肤效应的形成原因，思考在实际的输电导线横截面的中心区域电流有无可能为0？集肤效应在实际生产、生活中已有哪些实际的应用？具有怎样的社会意义？

研究表明，集肤深度h（也称为电涡流渗透深度）与励磁线圈的电阻率ρ、磁导率μ、励磁电流的频率f成确定的函数关系，即

$$h = \sqrt{\frac{\rho}{\pi\mu f}} \tag{6-26}$$

由式（6-26）可知，对于同样的金属导体，励磁电流的频率f越高，集肤深度h越浅，集肤效应越显著；反之，励磁电流的频率f越低，集肤深度h越深（甚至能够透射金属导体），在金属导体的背面感应出的电涡流也就越强。

6.4.3　类型与应用

在实际的工程应用中，根据励磁电流频率的高与低，结合产生的集肤效应现象，电涡流式传感器分为高频反射式和低频透射式两种类型。

思考

结合集肤效应，思考电涡流式传感器的高频反射式和低频透射式两种类型的命名依据。

1．高频反射式电涡流传感器

高频反射式电涡流传感器的结构简单，主体由一个励磁线圈（通过电缆将线圈两端导线外引）外加壳体构成，如图6-15所示。

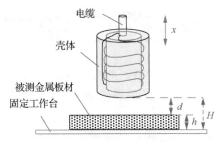

图6-15　高频反射式电涡流传感器的结构示意图

图6-15所示的高频反射式电涡流传感器可以实现对板材间距、厚度、相对位移以及板材表面粗糙度、裂纹或板材内部缺陷的无损探伤检测。具体的检测参量与励磁线圈阻抗之间的函数关系，需要结合具体的激励电流频率、被测金属的材料属性与几何尺寸、形状等确定。

思考

从传感器功能的完整性角度思考，图6-15所示的高频反射式电涡流传感器完整的结构组成应该包含哪些部分？

2．低频透射式电涡流传感器

低频透射式电涡流传感器一般由两个线圈构成，一个是发射线圈，一个是接收线圈，分别置于被测对象的两侧，如图6-16所示。

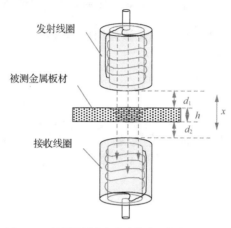

图6-16　低频透射式电涡流传感器的结构示意图

图6-16所示的低频透射式电涡流传感器是在被测金属板材的上下两侧对称放置两个特性相同的励磁线圈，一个线圈通入励磁电流作为发射端，一个接收贯穿被测金属板的磁场产生感应电压，形成感应电流。金属板产生的电涡流效应会削弱发射线圈的磁场。因此，可以根据接收线圈感应电压的大小来分析判断板材厚度、板材间距、板材移动位移量等参量信息。与高频反射式电涡流传感器相比，低频透射式电涡流传感器可以提高对位移、厚度等参量测量的灵敏度。

需要注意的是，电涡流式传感器的测量转换电路主要为交流电桥测量转换电路和谐振调频式或谐振调幅式测量转换电路。

✎ 本章小结

本章系统介绍了电感式传感器的类型，对变气隙式自感传感器、差动式变气隙自感传感器、螺线管式差动变压器、电涡流式传感器的结构构成、工作原理及典型应用进行了细致的分析。

① 对交流电桥、差动全波整流电路、相敏检波电路3种典型的测量转换电路的结构构成与工作原理进行了详细分析。

② 对差动式电感传感器的零点残余电压产生的原因及消除措施进行了具体的分析说明。

③ 对与电涡流效应高度关联的集肤效应进行了理论分析，并对电涡流引起的电流热效应问题进行了思考。

④ 在知识点的分析介绍过程中切题融入了典型应用案例。

✏ 本章习题

1．总结差动式电感传感器零点残余电压产生的原因及消除措施。

2．根据图6-7，将差动式变气隙自感传感器的交流电桥设计为全桥形式，并推导输出电压的相量表达式。

3．已知单个线圈构成的变气隙式自感传感器，激励线圈匝数 N 为 2200 匝，气隙截面积 S_0 为 16 mm²，气隙厚度 d 为 0.8 mm，空气磁导率 μ_0 为 $4\pi \times 10^{-7}$ H/m，衔铁的最大位移量为 ± 0.06 mm。试求线圈电感的最大变化量。

4．总结螺线管式差动变压器的结构特点及其工作特性。

5．分析总结电涡流式传感器与螺线管式差动变压器的特性区别。

6．简述高频反射式电涡流传感器的命名依据。

7．简述电涡流效应和集肤效应以及两者的关联性。

8．利用高频反射式电涡流传感器测量金属板材厚度，已知激励电源的频率 f 为 1 MHz，空气磁导率 μ_0 为 $4\pi \times 10^{-7}$ H/m，被测金属的相对磁导率 μ_r 为 1，电阻率 ρ 为 1.6×10^{-6} Ω·m，求解集肤深度 h。提示：材料的磁导率 $\mu = \mu \cdot \mu_r$。

9．总结相敏检波电路与差动全波整流电路的功能区别。

10．总结电涡流式传感器能够检测的非电量。

第 **7** 章

压电式传感器

　　压电式传感器基于压电效应实现机械能与电能之间的相互转换，被广泛应用于汽车电子、交通管理、工业制造、医疗检测等领域对力、速度、加速度、距离、生物体组织等进行检测。本章详细介绍了压电效应、压电材料的类型、典型压电材料的压电效应产生机理、超声波的物理性质以及压电式传感器和压电式超声波传感器的结构构成、检测原理。

知识目标

① 掌握压电材料的类型划分；

② 掌握正压电效应、逆压电效应的工作特性；

③ 掌握正压电效应对应的两种等效电路；

④ 掌握超声波的定义与物理性质；

⑤ 掌握超声波传感器的类型划分与检测方式；

⑥ 掌握超声波传感器的结构构成。

能力目标

① 能够结合实际工程需求，选择合适类型的压电式传感器并正确应用；

② 能够正确分析实际工程应用案例中的压电式传感器的作用与特性；

③ 正确理解压电式传感器与超声波传感器之间的关联性与差异性；

④ 理解超声波传感器盲区存在的原因；

⑤ 了解超声波传感器温度补偿的必要性。

重点与难点

① 正压电效应、逆压电效应的工作特性；

② 结合实际工程需要，选择合适类型的压电式传感器和超声波传感器。

7.1 压电式传感器概述

压电式传感器是一种利用机械能与电能相互转换的压电效应对被测量进行检测的装置，属于有源传感器。压电式传感器具有灵敏度高、频率响应高、响应速度快、测量范围广、稳定性好、可靠性高、体积小、结构简单等许多性能优点，被广泛应用于高频动态参量的测量。例如，压电式传感器在工业生产领域，应用于对车床动态切削力、高频振动等的测量；在军事领域，应用于爆炸冲击、火炮压力等的测试；在医学领域，应用于医学心音、心电图、血压、呼吸，以及生物体器官和组织等检测；在环境保护领域，应用于噪声、震动等污染源等的检测；在汽车交通领域，应用于汽车的碰撞检测系统、停车辅助系统、轮胎压力监测系统、发动机运行监测系统等，并且可以应用于交通管理系统，实现对车辆速度、承重与车型的识别；在航空航天领域，应用于对飞行器、发动机与机身的振动分析、加速度检测，以及冲击和过载测试等。

压电式传感器可以根据被测量的不同进行分类，例如，压电式压力传感器、压电式加速度传感器、压电式振动传感器等；可以根据压电材料的不同进行分类，例如，压电陶瓷传感器、压电石英晶体传感器、压电高分子材料传感器等。

需要注意的是，由于压电式传感器被广泛应用于声波处理领域，根据处理声波信号的不同，具体可分为压电式超声波传感器、压电式声表面波传感器、压电式电声脉冲传感器、压电式压力波传感器等。

7.2 压电效应

压电效应

压电式传感器的工作原理是电介质材料的压电效应，具有压电效应的电介质材料称为压电材料。压电材料具有两种可逆的效应：正压电效应和逆压电效应。将机械能转换为电能，称为正压电效应；将电能转换为机械能，称为逆压电效应。

1. 正压电效应

正压电效应是指对压电材料按确定方向施加外力，导致压电材料产生机械形变，内部发生极化现象，在压电材料相对的两个极化面分别积聚等量的正、负电荷。对压电材料施加竖直方向的压力或者拉力，产生的正压电效应示意图如图7-1所示。由于正压电效应是将机械能转换成电能，因此压电式传感器属于有源传感器。需要注意的是，当外部施加的作用力去除后，压电材料将恢复到电中性状态。

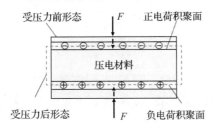

(a) 竖直方向压力作用下的正压电效应

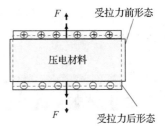

(b) 竖直方向拉力作用下的正压电效应

图7-1 竖直方向受力对应的正压电效应示意图

对比图7-1（a）和图7-1（b）可知，对于正压电效应，竖直方向的外加作用力反向后，两个极化面积聚的电荷极性会随之变为相反极性。

若对压电材料施加水平方向的压力或拉力，同样会产生正压电效应，示意图如图7-2所示。

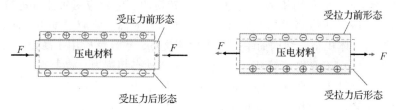

（a）水平方向压力作用下的正压电效应　（b）水平方向拉力作用下的正压电效应

图7-2　水平方向受力后的正压电效应示意图

对比图7-2（a）和图7-2（b）可知，对于正压电效应，水平方向的外加作用力反向后，两个极化面积聚的电荷极性也会随之变为相反极性。

由上述正压电效应的产生机理与特性可知，压电式传感器可以实现对动态力、振动、加速度、速度等参量的测量。

2．逆压电效应

逆压电效应又称为电致伸缩效应，是指当在压电材料极化方向施加外部交变电场时，压电材料在极化方向产生机械伸缩形变的现象，示意图如图7-3所示。逆压电效应能将电能转换为机械能。需要注意的是，去除外加电场后，压电材料的机械形变也随之消失。

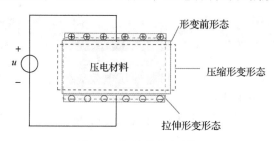

图7-3　逆压电效应示意图

利用逆压电效应可以制作超声波发生器，利用正压电效应可以制作超声波接收器，两者共同构成超声波传感器。超声波传感器被广泛应用于医学超声波检测、工业无损探伤、深水区声呐探测定位等。

🔗 思考

用压电材料制作的超声波接收器、扬声器（俗称喇叭）和电子打火器分别应用的是正压电效应还是逆压电效应？

7.3 压电材料的压电特性

7.3.1 压电材料的类型

压电材料类型丰富，并且不断加入新材料。当前压电材料的主要类型如图7-4所示。

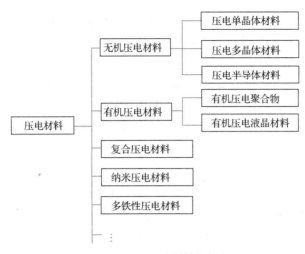

压电材料的类型

图7-4 压电材料的类型

如图7-4所示，压电材料当前主要包括无机压电材料、有机压电材料、复合压电材料、纳米压电材料和多铁性压电材料5大类，其中纳米压电材料、多铁性压电材料都属于新型压电材料。随着新材料、新工艺的不断发展和进步，压电材料的类型还会持续增加。

1．无机压电材料

无机压电材料根据材料晶体结构的不同分为3类：压电单晶体材料、压电多晶体材料和压电半导体材料。

（1）压电单晶体材料

常用的压电单晶体材料主要包括石英、电气石、铌酸锂以及酒石酸钾钠、磷酸二氢钾等水溶性铁电晶体材料。其中，石英是最早被发现的具有压电效应的晶体材料，性能稳定，应用广泛；铌酸锂压电材料熔点为1250℃，居里温度点为1210℃，具有良好的压电性能与稳定性，可用于制作耐高温的压电式传感器；水溶性铁电晶体材料具有很好的光学特性，当前主要用于制作热释电传感器。

（2）压电多晶体材料

常用的压电多晶体材料主要包括各类人工制作的压电陶瓷，被广泛应用于制作超声波传感器、压力传感器和声表面波传感器等。由于可用于制作压电陶瓷的材料非常多，因此压电陶瓷的类型丰富，包括锆钛酸铅压电陶瓷、钛酸钡压电陶瓷和铌镁酸铅压电陶瓷等。

（3）压电半导体材料

压电半导体材料是指具有压电效应的半导体材料，类型丰富，主要包括硫化镉、硒化镉、氧化锌等Ⅱ～Ⅵ族化合物及砷化镓、锑化镓、砷化铟等Ⅲ～Ⅴ族化合物等。压电半导体材料具有介电常数高、灵敏度高、功耗低、响应速度快等优点，适用于高频信号检测。

2．有机压电材料

有机压电材料主要包括有机压电聚合物和有机压电液晶材料两类。

（1）有机压电聚合物

有机压电聚合物又称为高分子压电材料，具有柔韧性强、蠕变小、耐冲击和易于加工成型等优点，适合制作大面积的柔性传感器件，如聚偏氟乙烯、聚氟乙烯等。

（2）有机压电液晶材料

有机压电液晶材料属于新型压电材料，常用类型主要包括8-羟基喹啉液晶、硅基液晶等。有机压电液晶材料在受到外力作用时，液晶分子的排列状态会发生变化，从而产生压电效应。有机压电液晶材料多用于制作超声波传感器、压力传感器等。

3．复合压电材料

复合压电材料一般由两种或多种材料复合而成，可以由两种压电陶瓷材料复合而成，也可以由无机压电陶瓷和有机高分子树脂构成。复合压电材料具有良好的压电性和可加工性，质轻柔软且可降解，因此不污染环境，主要用于工业领域的振动测量、医学领域的生物学检测及人工皮肤的制造等。

4．纳米压电材料

纳米压电材料的结构单元尺度为纳米，尺寸范围为 $1\sim100\ nm$，具有压电响应强、灵敏度强、稳定性高、温度范围宽等良好性能。由于尺寸小、厚度薄、材质柔软，纳米压电材料适用于制作便携的检测系统、生化检测系统和嵌入式系统等。

5．多铁性压电材料

多铁性压电材料是指同时具有磁、电、压电等多种特性的材料，主要用于制作声学传感器、压力传感器和温度传感器等。常见的多铁性压电材料有铁酸铋和钛酸钡等。

7.3.2　压电材料的主要特性参数

反映压电材料性能优劣的主要特性参数有压电系数、弹性系数、介电常数、机电耦合系数、电阻率和居里温度点。

（1）压电系数

压电系数也称为压电常数，反映的是材料在应力或电场作用下产生的应变或电势的物理量，是衡量压电材料压电效应强弱的重要特性参数，通常以字母 d 表示。压电系数为矢量，具有正、负号，表示电荷的正、负分布或电位差的方向。压电系数绝对值越大，表明压电效应越强，压电式传感器的灵敏度就越高。

需要注意的是，压电系数不仅取决于压电材料本身，也与压电材料的晶体结构、温度等因素相关。因此，对于不同的材料和不同的测试条件，需要结合具体的实验结果和分析方法来确定压电系数。

（2）弹性系数

弹性系数是指弹性材料在一定变形条件下单位应变所对应的应力值，是材料力学中重要的特性参数，用于衡量材料受力时的刚度和柔度，反映材料在应力作用下的弹性。弹性系数的具体取值与压电材料的类型、晶体尺寸与结构、施力方向以及环境温度等因素密切相关。此外，弹性系数还与应变历史相关，如在一定的应变范围内进行循环加载和卸载会影响弹性系数。

（3）介电常数

压电材料的介电常数是影响压电元件固有电容和频率特性的重要因素之一。

（4）机电耦合系数

机电耦合系数 k 是指压电材料的压电能密度 U_I 与弹性能密度 U_M 和介电能密度 U_E 的几何平均值之比，即

$$k = \frac{U_I}{\sqrt{U_M \cdot U_E}} \tag{7-1}$$

机电耦合系数与压电材料的性质、晶体结构和尺寸以及工作激励频率等密切相关。

（5）电阻率

压电材料的电阻率越高，绝缘电阻就越大，越能减少电荷的泄露，压电材料的低频特性也就越好。

（6）居里温度

居里温度是指压电材料开始失去压电特性时对应的温度值，可简称为居里点。不同压电材料的居里温度值不同。例如，铅酸钛的居里温度约为490 ℃，氧化锆的居里温度约为1200 ℃。

7.3.3 石英晶体

1．石英晶体的结构

石英晶体又称为压电水晶，可简称为石英，化学式为 SiO_2，具有六角棱柱体形的单晶体结构。石英晶体的实物图和晶体结构如图7-5所示。

 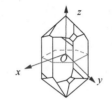 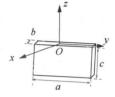

（a）天然石英晶体实物　　（b）石英晶体的结构示意图　　（c）石英晶体切片

图7-5　石英晶体

天然石英晶体一般无色透明，当含有其他微量元素时，可呈现紫色、黄色、茶色等不同颜色。由于石英晶体具有非常稳定的振荡频率、显著的压电效应以及高折射率和高透射率的光学特性，因此被广泛应用于微处理器系统、信号产生与传输系统、传感器检测系统和光学信号处理系统等。由于天然石英晶体难以满足实际生产的需求量和性能的要求，因此当前使用的石英晶体多是通过人工培育形成的。

2．石英晶体的类型

石英晶体的熔点为1750 ℃。在常压和不同的温度条件下，石英晶体具有不同的晶体结构，被分为不同的类型。具体而言，当温度低于573 ℃时，称为α石英晶体，属于常温晶型，是制造压电晶体元件的原材料；当温度处于573 ℃～870 ℃时，称为β石英晶体；当温度处于870 ℃～1470 ℃时，称为鳞石英；当温度高于1470 ℃时，称为方石英。石英晶体处于20 ℃～200 ℃时，压电系数非常稳定。

根据内部各层硅离子分布规律的不同，α石英晶体又被分为右旋石英晶体和左旋石英晶体两种类型。平面偏振光穿过右旋石英晶体时呈现右旋性，穿过左旋石英晶体时呈现左旋性。当受到相同的作用力时，两种类型的α石英晶体极化面的电荷极性相反。

3．石英晶体压电效应的机理

石英晶体为各向异性材料，如图7-5（b）所示，石英晶体3个轴向（x轴、y轴和z轴）的压电特性各不相同。如图7-5（c）所示，在使用石英晶体时，常需要根据石英晶体各向异性的特性，将其切割为较薄的晶片。

石英晶体的一个晶体单元由硅离子（Si^{4+}）和氧离子（O^{2-}）交替排列，布局示意图如图 7-6（a）所示。当不受外力作用时，两种离子的空间分布呈正六边形，并形成 3 个互为 120°夹角的电偶极距。3 个正离子和 3 个负离子的空间分布分别构成 2 个等边三角形，2 个等边三角形的中心（即正负电荷中心）相重合，故电偶极距的矢量和为 0，整个石英晶体呈现电中性。

如图 7-6（b）所示，当石英晶体受外力作用时，晶格内部产生应力和应变，硅离子和氧离子发生相对位移，3 个正离子和 3 个负离子分别对应的三角形中心不再重合，即正负电荷中心不再重合，故电偶极距的矢量和不为 0，在晶体表面出现极化现象。

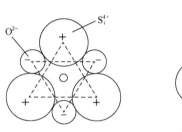

（a）未受力时晶体单元离子布局示意图　（b）受力时晶体单元离子布局示意图

图 7-6　石英晶体单元离子布局示意图

需要注意的是，当外力被去除后，晶格结构就会恢复到原始状态，晶体表面电荷也会随之消失。

石英晶体 3 个坐标轴呈现的压电特性不同，具体介绍如下。

（1）z 轴

z 轴也称为中性轴，沿该轴向施加作用力，不会产生压电效应。因为不论受到拉力或者压力，石英晶体在 x 轴向、y 轴向产生的形变完全相同，因此石英晶体单元内部的正负电荷中心重合，电偶极距的矢量和为 0，整个石英晶体依然呈现电中性。并且需要注意的是，当光线沿 z 轴方向射入时，不会发生双折射现象，因此 z 轴也称为光轴。

（2）x 轴

x 轴也称为电轴或极化轴。沿 x 轴方向施加作用力，晶体中的硅离子和氧离子会发生相对位移，正负电荷中心不再重合，电偶极距的矢量和不为 0，在与 yOz 平面平行的石英晶片的两个表面上将分别产生正、负电荷。石英晶片沿 x 轴方向受力产生的压电效应也称为纵向压电效应，该效应的示意图如图 7-7 所示。

纵向压电效应产生的电荷 Q_{xx} 的求解表达式为

$$Q_{xx} = d_{xx}F_x \tag{7-2}$$

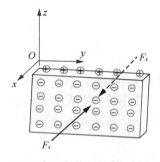

图 7-7　（右旋）石英晶体纵向压电效应示意图

式中，d_{xx} 表示石英晶片在 x 轴方向受力时的纵向压电常数，也称为纵向压电系数（单位：C/N）；F_x 表示沿 x 轴方向施加的作用力。

需要注意的是，在 Q_{xx} 和 d_{xx} 的双下标中，第 1 个下标表示产生电荷的极化方向是沿 x 轴方向，第 2 个下标表示作用力的方向是沿 x 轴方向。

由式（7-2）可知，石英晶体受到沿 x 轴方向的力的作用时，产生的电荷量 Q_{xx} 只与 x 轴方向的压电系数 d_{xx} 和受到的作用力 F_x 相关，与石英晶体的几何尺寸无关。

需要注意的是，当沿 x 轴方向施加的作用力方向改变后，（如由压力变为拉力），与 yOz

平面平行的石英晶片的 2 个表面上的正、负电荷极性改变。

（3）y 轴

沿 y 轴方向施加作用力时，石英晶体中的硅离子和氧离子也会发生相对位移，正负电荷中心不再重合，电偶极距的矢量和不为 0。但是依然是在 x 轴向产生极化现象，在与 yOz 平面平行的石英晶片的两个表面上将分别产生正、负电荷；而在 y 轴方向只产生机械应变，因此 y 轴也称为机械轴。石英晶片沿 y 轴方向受力产生的压电效应也称为横向压电效应。如果施加的是拉力，压电效应示意图如图 7-8 所示。

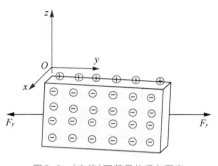

图 7-8　（右旋）石英晶体横向压电效应示意图

横向压电效应电荷 Q_{xy} 的求解表达式为

$$Q_{xy} = d_{xy} \frac{a}{b} F_y \qquad (7-3)$$

式中，d_{xy} 表示石英晶片在 y 轴方向受力时的横向压电常数，也称为横向压电系数；F_y 表示沿 y 轴方向施加的作用力；a 为石英晶片的长度；b 为石英晶片的宽度，见图 7-5（c）。

Q_{xy} 和 d_{xy} 第 1 个下标表示产生电荷的极化方向是沿 x 轴方向，第 2 个下标表示作用力的方向沿 y 轴方向。

需要注意的是，当沿 y 轴方向施加的作用力方向改变后，（如由拉力变为压力），与 yOz 平面平行的石英晶片的两个表面上的正、负电荷极性改变。

4．石英晶体元件的结构与图形符号

石英晶体的介电系数和压电系数的温度稳定性好，压电系数在常温范围内几乎不随温度变化。石英晶体元件的结构与电路图形符号如图 7-9 所示。

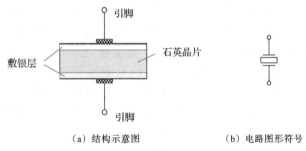

（a）结构示意图　　　　　　（b）电路图形符号

图 7-9　石英晶体元件的结构与电路图形符号

✖ 思考

石英晶体在电子领域的应用有哪些？

7.3.4　压电陶瓷

1．压电陶瓷的基本特性与类型

压电陶瓷属于人工制造的多晶体压电材料，具有压电系数高、介电常数高、灵敏度高、制作工艺成熟、性价比高等优点，被广泛应用于传感器、声学器件、电动机、医疗设备和精密仪器等的制造。

压电陶瓷的制作主要包括配料、球磨、烧结、热处理和极化等主要步骤。其中配料是关键步骤，需要根据压电陶瓷的化学组成和性能要求精确配制各种原材料；球磨是将配料进行均匀混合，制成均匀的浆料；烧结是使浆料在高温下形成致密陶瓷材料的过程，通常需要控制烧结温度和时间；热处理是在一定温度下对陶瓷材料进行高温处理，以改善其性能；极化是将陶瓷材料在电场中极化，使其具有压电性能。

制作压电陶瓷的常用材料包括锆钛酸铅、钛酸钡、钛酸铅、铌酸锂、氮化铝等。其中锆钛酸铅是最常用的压电陶瓷材料，由锆、铅、钛3种元素组成，具有较高的压电系数和稳定性。

根据独立组元数目的不同，压电陶瓷可以分为一元系、二元系、三元系和多元系压电陶瓷。

根据构成材料和用途的不同，压电陶瓷可分为半导体陶瓷、绝缘装置陶瓷、介电陶瓷、铁电陶瓷、离子陶瓷、磁性压电陶瓷、非磁性压电陶瓷、附着型压电陶瓷、薄膜型压电陶瓷等。

2．压电陶瓷的极化处理

压电陶瓷为多晶、多相、非均质晶体结构，内部由许多细微的晶粒单元按任意方向排列组成。晶粒单元会自发产生电偶极子，使晶体自发极化，极化方向一致的区域称为电畴，如图7-10（a）所示。由于各个电畴的极化方向具有随机性和无序性，因此存在相互抵消的现象，压电陶瓷整体呈现电中性。

需要注意的是，未经极化处理的压电陶瓷内部的每个微小晶粒或者电畴中的电偶极矩取向是无序的，即使受到外力作用也不能对外表现出宏观的电偶极矩，不具有明显的压电特性。

为了使压电陶瓷具有显著压电特性，必须在使用前对其进行极化处理，极化处理是使压电陶瓷具有压电特性的关键步骤。通常是在一定温度和电场下对压电陶瓷进行加压，具体应用中有多种极化方式，如高温极化、低温极化、交流电场极化、直流电场极化、气体极化等。极化处理可以使压电陶瓷内部的电畴沿特定方向有序排列，如图7-10（b）所示。外电场越强，极化程度就越高。极化达到饱和程度的标准是所有电畴的极化方向均与外电场方向一致。当外电场被去除后，压电陶瓷整体的极化趋势不变，即存在剩余极化现象，如图7-10（c）所示。经过极化处理后的压电陶瓷的压电特性得到显著提高。

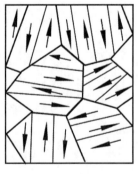
（a）极化处理前

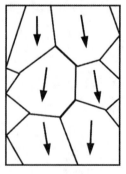
（b）极化处理中

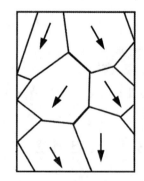
（c）极化处理后

图7-10　压电陶瓷极化过程示意图

例如，采用加温和加电场的方式对压电陶瓷进行极化处理，主要步骤如下。

① 通常采用温度梯度加热法或高频感应加热法，将未极化的压电陶瓷加热至其居里温度以上。

② 在压电陶瓷的两端施加一个外电场。通常极化电压在几十伏到几百伏之间。

③ 保持电场和温度不变，持续一段时间，使全部电畴的极化方向与外电场方向一致。

④ 去除外电场，继续保持压电陶瓷在居里温度以上。

⑤ 将压电陶瓷冷却至室温。

3．压电陶瓷的压电效应

当沿着某一方向对经过极化处理后的压电陶瓷施加作用力时，会在垂直于极化方向的两个端面上产生极性相反的电荷，电荷大小与所加压力成正比，呈现正压电效应，如图 7-11 所示。z 轴为极化轴。

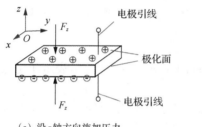

（a）沿 z 轴方向施加压力　　　　　（b）沿 y 轴方向施加压力

图 7-11　压电陶瓷正压电效应示意图

如图 7-11（a）所示，当压电陶瓷承受 z 轴方向的压力 F_z 作用时，垂直于 z 轴的 xOy 平面（极化面）的上、下表面会产生压电效应。电荷量 Q_{zz} 与作用力 F_z 成正比关系，即

$$Q_{zz} = d_{zz} F_z \tag{7-4}$$

式中，d_{zz} 表示压电陶瓷的纵向压电系数。

如图 7-11（b）所示，当压电陶瓷沿 y 轴方向受压力 F_y 作用时，依然是在垂直于 z 轴的 xOy 平面的上、下表面产生压电效应。电荷量 Q_{zy} 与作用力 F_y 成正比关系，即

$$Q_{zy} = \frac{S_z}{S_y} d_{zy} F_y \tag{7-5}$$

式中，S_z 表示垂直于 z 轴的压电陶瓷晶片的面积；S_y 表示垂直于 y 轴的压电陶瓷晶片的面积；d_{zy} 表示横向压电系数。

同理，当压电陶瓷沿 x 轴方向受压力 F_x 作用时，依然是在垂直于 z 轴的 xOy 平面的上、下表面产生压电效应。电荷量 Q_{zx} 与作用力 F_x 成正比关系，即

$$Q_{zx} = \frac{S_z}{S_x} d_{zx} F_x \tag{7-6}$$

式中，S_x 表示垂直于 x 轴的压电陶瓷晶片的面积；d_{zx} 表示压电陶瓷的横向压电系数。

需要注意的是，若给压电陶瓷的极化面施加外电场，压电陶瓷将产生应变，应变大小与所加电压成正比，呈现逆压电效应。

4．压电陶瓷材料的特点与应用

压电陶瓷压电性强，介电常数高，灵敏度高，制备工艺较成熟，易于加工成任意形状，但是机械强度和稳定性不如石英晶体，电损耗也较大。

压电陶瓷主要用于制作超声波发生器、声表面波传感器、电声换能器、陶瓷滤波器、陶瓷变压器、陶瓷鉴频器、高压发生器、红外探测器、引爆装置和压电陀螺仪等。

7.4 等效电路与测量转换电路

7.4.1 等效电路

1．压电元件的等效电路

当压电晶体受到外力作用时，其上、下极化表面会分别积聚等量的正电荷和负电荷。当作用力消失时，电荷随之消失。根据此特性，压电元件可以用由电荷源和电容相并联的电路模型来等效替代，称为电荷源等效电路，也称为电荷发生器，如图7-12（a）所示。

由图7-12（a）可知，在电荷源等效电路中，电容的电容量 C_a 的表达式为

$$C_a = \frac{\varepsilon_0 \varepsilon_r S}{d} \tag{7-7}$$

式中，ε_0 表示真空介电常数；ε_r 表示压电材料的相对介电常数；S 表示压电晶片极化面的面积；d 表示压电晶片的厚度。

在外力作用下，压电晶体的两个极化面分别积聚的正电荷和负电荷形成一个电场。此电场的开路电压 U_a 与电荷量 Q、电容量 C_a 之间的关系式为

$$U_a = \frac{Q}{C_a} \tag{7-8}$$

因此压电元件也可以用由电压源与电容元件相串联的电路模型来等效替代，如图7-12（b）所示。

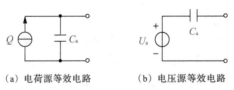

（a）电荷源等效电路　　　　　　（b）电压源等效电路

图7-12　压电元件等效电路

2．压电式传感器的等效电路

在实际应用中，压电式传感器需要和测量电路或测量仪表相连，因此等效电路的构建需要考虑压电式传感器的漏电阻 R_a 和寄生电容 C_c，如图7-13所示。

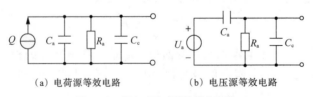

（a）电荷源等效电路　　　　　　（b）电压源等效电路

图7-13　压电式传感器的等效电路

7.4.2 测量转换电路

在实际应用中，为了提高测量灵敏度，通常将两片或多片压电元件串联或者并联使用。

1．压电元件串联

以3个压电元件串联为例，如图7-14（a）所示，将3个压电元件按极化方向顺次粘贴在一起，在每2个压电元件之间夹垫金属片，首、尾引出连接导线，构成串联电路，如图7-14（b）所示。

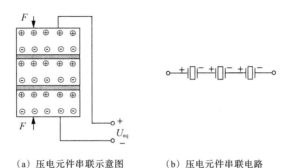

（a）压电元件串联示意图　　（b）压电元件串联电路

图7-14　压电元件串联

3个相串联的压电元件与单个压电元件相比，在相同的外力作用下，总电荷相同，但是输出电压扩大为单个压电元件的3倍，电容量缩小至单个压电元件的1/3。因此压电元件串联后输出电压大，电容量小，适用于输入阻抗高、对电压信号进行后续处理的测量电路，如后续配置高输入阻抗的集成放大器OPA604。

> **思考**
>
> 为何3个相串联的压电元件与单个压电元件相比，在相同的外力作用下，总电荷相同？

由此推广到 n 个压电元件串联，相关特性参数关系为

$$
\begin{aligned}
Q_{eq} &= Q \\
C_{eq} &= \frac{C_a}{n} \\
U_{eq} &= nU_a
\end{aligned}
\tag{7-9}
$$

2．压电元件并联

以3个压电元件并联为例，如图7-15（a）所示，将3个压电元件的正电荷极化面相连接，负电荷极化面相连接，分别引出两根连接导线，构成并联电路，如图7-15（b）所示。

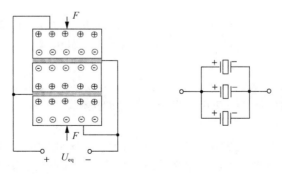

（a）压电元件并联示意图　　（b）压电元件并联电路

图7-15　压电元件并联

3个并联的压电元件与单个压电元件相比，在同样外力作用下，总电荷与总电容量均扩大为单个压电元件的3倍，输出电压与单个压电元件的相同。因此并联接法输出电荷大，电容量大，对应的时间常数大，适用于测量缓慢变化的信号及对电荷信号进行后续处理的测量电路，如后续配置电荷放大器，常见的电荷放大器芯片型号有 INA101、INA128、LTC6268等。

思考

为何3个相并联的压电元件与单个压电元件相比，在相同的外力作用下，总电荷与总电容量均扩大为单个压电元件的3倍？

由此推广到 n 个压电元件并联，相关特性参数关系为

$$Q_{eq} = nQ$$
$$C_{eq} = nC_a \qquad\qquad (7\text{-}10)$$
$$U_{eq} = U_a$$

7.5 压电式超声波传感器

7.5.1 超声波的物理属性

1．超声波的定义

超声波的物理属性

机械波由机械振动引起，通过质点振动在弹性介质中传播形成。人耳能够听到的振动频率为20Hz～20 kHz的机械波，称为声波；人耳听不到的振动频率低于20 Hz的机械波，称为次声波；人耳听不到的频率高于20 kHz的机械波，称为超声波。

2．超声波的类型

超声波按照传播方式的不同分为体波与导波两种类型。体波是在无限均匀介质中传播的声波；导波是声波在介质中的不连续交界面间产生多次往复反射，并进一步产生复杂的干涉和几何弥散的波。根据传播时质点的振动方向相对于波的传播方向的不同，超声波主要分为纵波、横波、表面波、板波几种类型。

（1）纵波

纵波也称为疏密波，属于体波。纵波的质点振动方向与波的传播方向一致。纵波能够在固体、液体和气体3种介质中传播，一般用于钢板、锻件的探伤。

（2）横波

横波也称为切变波，属于体波。横波的质点振动方向与波的传播方向垂直。横波能够在固体和高黏滞液体中传播，一般用于焊缝、钢管的探伤。

（3）表面波

表面波属于导波。表面波的振动轨迹为椭圆形，椭圆轨迹的长轴垂直于传播方向，短轴平行于传播方向。表面波只能在固体介质的表面传播，其振幅会随着深度的增加而迅速衰减，一般用于薄板、薄壁钢管的探伤。需要注意的是，由于表面波的能量随深度的增加而迅速衰减，一般只能用于发现距离工件表面两倍波长深度内的缺陷。

（4）板波

板波也称为兰姆波，属于导波。板波只能在厚度与其波长相当的薄型固体平板中传播。板波在薄板表面的质点振动可视为纵波和横波的组合，振动轨迹为椭圆形。

根据质点在薄板中心的振动方向和在薄板上下表面振动的相位关系，板波分为对称型（S型）板波和非对称型（A型）板波。对称型板波的特点为：质点在薄板中心做纵向振动，在薄板上下表面做椭圆振动；上下表面的板波相位相反，相对于中心对称。非对称型板波的特点为：质点在薄板中心做横向振动，在薄板上下表面做椭圆运动；上下表面的板波相位相同，相对于中心不对称。

板波一般用于薄板、薄壁钢管的钢板分层、划痕、裂纹等缺陷检测。

3．超声波的传播特性

超声波在介质中的传播速度与介质的弹性常数和介质密度相关，并且还受环境温度的影响。不同类型的超声波在不同介质中的传播速度不同，通常介质密度越高，传播速度越快。例如，纵波在不同介质中的传播速度（室温）如表7-1所示。

表7-1　纵波在不同介质中的传播速度（室温）

介质	纵波传播速度/(m/s)
空气	344
淡水	1430
海水	1500
石英玻璃	5370
钢铁	5800

需要注意的是，不同类型的超声波在同一种固体材料中传播时，纵波的传播速度最快，约为横波传播速度的2倍；而表面波的传播速度最慢，约为横波波速的0.9倍。

在介质和温度确定的条件下，超声波的传播速度 v 与超声波波长 λ、频率 f 的关系为

$$v = \lambda f \tag{7-11}$$

由式（7-11）可知，当超声波的频率确定时，波长越长，超声波的传播速度越快。

需要注意的是，超声波的传播速度会受到环境温度的影响，对应的关系为

$$v = v_0 + 0.607T \tag{7-12}$$

式中，v_0 表示 0 ℃时超声波的速度，为332 m/s；T 表示实际环境温度，单位为℃。

由式（7-12）可知，温度波动会影响超声波的传播速度。温度越高，超声波的传播速度越快。

例如，温度为 0 ℃时，超声波的速度是332 m/s；当温度升至 30 ℃时，超声波的速度变为350 m/s。两种温度下超声波速度相差18 m/s。因此在实际工程应用中，一般借助温度传感器对超声波的传播速度进行补偿。

4．超声波在传播介质中的衰减

在介质中传播时，随着传播距离的增加，超声波的能量将逐渐衰减。其能量衰减程度与超声波的扩散、散射、吸收、频率等因素密切相关，对应的声压衰减规律函数为

$$P_x = P_0 e^{-ax} \tag{7-13}$$

式中，P_x 表示距离声源 x 处的声压；P_0 表示声源处的声压；e 表示自然常数；α 表示衰减系数。

对应的声强衰减规律函数为

$$I_x = I_0 e^{-2\alpha x} \qquad\qquad\qquad (7\text{-}14)$$

式中，I_x表示距离声源x处的声强；I_0表示声源处的声强。

5．超声波的反射与折射特性

当超声波从一种介质传播到另一种介质时，会发生反射、折射现象，这一现象与光波相似，分别遵循超声波的反射定律和折射定律。超声波的反射与折射示意图如图7-16所示。

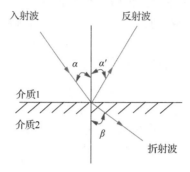

图7-16　超声波的反射与折射示意图

反射定律是指超声波入射角α的正弦与反射角α'的正弦之比等于入射波所处介质的波速v与反射波所处介质的波速v_1之比，即

$$\frac{\sin\alpha}{\sin\alpha'} = \frac{v}{v_1} \qquad\qquad\qquad (7\text{-}15)$$

折射定律是指超声波入射角α的正弦与折射角β的正弦之比等于入射波所处介质的波速v与折射波所处介质的波速v_2之比，即

$$\frac{\sin\alpha}{\sin\beta} = \frac{v}{v_2} \qquad\qquad\qquad (7\text{-}16)$$

7.5.2　超声波传感器的工作原理

超声波传感器的
工作原理

超声波传感器也称为超声波换能器或者超声波探头。根据超声波产生原理的不同，超声波传感器主要有压电式、磁致伸缩式两种类型。其中，压电式超声波传感器的应用最为广泛，其发射探头的工作原理是逆压电效应，接收探头的工作原理是正压电效应。

根据超声波探头结构形式的不同，超声波传感器可分为收发一体型和收发分体型两种。收发一体型是指超声波发射和接收公用一个探头，即单探头；收发分体型是指传感器有一个超声波发射探头和一个超声波接收探头，即双探头，如图7-17所示。

（a）收发一体型　　　　　　　　　　（b）收发分体型

图7-17　超声波探头实物图

根据产生波形的不同，超声波探头分为纵波探头、横波探头、表面波探头、兰姆波探头 4 种类型。根据发射接收超声波角度的不同，超声波探头分为直探头和斜探头两种形态。

超声波传感器有透射法和反射法两种检测方式。透射法检测方式是将发射探头和接收探头放置在被测物体的两侧，反射法检测方式是将发射探头和接收探头放置在被测物体的同一侧。例如，采用超声波收发一体型探头，应用反射法检测板材厚度，示意图如图 7-18 所示。

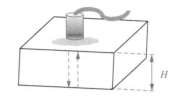

图 7-18 超声波反射法检测板材厚度示意图

思考

可以选用收发分体型超声波测量板材厚度吗？具体如何安装？

如图 7-18 所示，检测过程如下：将收发一体型超声波探头紧贴被测板材表面，首先发射超声波；发射出的超声波传播到板材内部的底部被反射回来，超声波探头再接收反射回来的超声波。因此只要获得超声波探头从发射超声波到接收反射回来的超声波的时间差 t，就可以计算得到板材的厚度 H，计算公式为

$$H = \frac{vt}{2} \tag{7-17}$$

能够检测板材厚度的超声波传感器检测系统的主体硬件构成如图 7-19 所示。

图 7-19 所示的超声波板材厚度检测系统各部分功能模块的作用和主要工作原理如下。

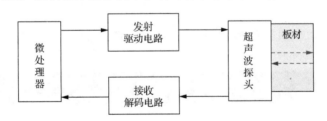

图 7-19 超声波板材厚度检测系统的硬件结构框图

① 微处理器输出特定频率的数字脉冲信号或正弦波信号，驱动超声波探头发射超声波。使用较多的超声波频率为 20kHz、25kHz、28kHz、33kHz、40kHz、60kHz、80kHz、100kHz 等，以适用不同的测量场景需要。例如，实现距离检测或障碍物检测的常用超声波频率是 40kHz。

② 超声波发射驱动电路通常采用反相器增强驱动电流。

③ 超声波收发一体型探头发射超声波后，在板材尺寸远大于超声波波长的条件下，超声波在板材内部可以实现直线传播；当超声波到达板材底部，即与其他材料的分界面处后会被反射回来，由超声波收发一体型探头接收；经由接收解码电路解码后，送至微处理器进行进一步的数据分析处理。

需要注意的是，接收解码电路可以选用能够实现解码功能的集成芯片。例如，对40kHz的超声波进行解码，通常选用CX20106芯片。

7.5.3 超声波传感器的检测盲区

收发一体型的超声波探头兼具发射与接收的功能。发射超声波脉冲需要一定的时间，发射结束后也会存在一个时长为1~2.5 ms的衰减振荡，称为余震或拖尾。在这段时间内，超声波探头将无法有效区分是反射回波还是余震脉冲。为了避免受到余震脉冲的干扰，收发一体型的超声波测距系统通常会在发射超声波脉冲信号后设置一定时长的延迟时间，过了延迟时间后，超声波探头再进入对反射超声波的接收状态。由上述分析可知，在这段延迟时间内，超声波传输的路径不能被有效检测到，从而形成盲区。

收发分体型的超声波传感器也存在盲区问题。因为虽然超声波发射探头和超声波接收探头分开一定间距放置，但是受到实际安装空间的限制，安装距离不够大，导致超声波接收探头仍然会受到一定程度的余震干扰。此外，由于超声波收、发探头通常并列放置，因此超声波接收探头也能够接收到部分刚发射（即未经反射）的超声波，称为衍射波。为了避免此问题的发生，通常会在安装时特意设置一定范围的盲区，用于屏蔽衍射信号。

通常情况下，超声波传感器的测量量程小，对应的盲区就小；测量量程大，对应的盲区就大。减小超声波盲区的措施很多，从硬件角度考虑，可以通过增大超声波探头的直径和改变超声波探头的倾斜角度来实现。对于分体型探头，还可以通过提高超声波信号的脉冲频率来实现，因为超声波频率越高，信号穿透力越弱，所以对分体型超声波接收探头的干扰就越小。在软件方面，可以通过软件滤波方式来减小盲区。例如，采用自适应滤波算法去除小的信号噪声干扰，实现对有效信息的保留，这样也可以达到减小盲区干扰影响、提高检测准确度的目的。

🔗 思考

在选择使用超声波检测障碍物距离时，需要考虑哪些因素？

✏️ 本章小结

本章结合工程案例对正压电效应和逆压电效应进行了详细说明，对压电材料的分类、主要类型的压电特性、等效电路、压电效应机理、压电元件的串联和并联电路特性进行了具体介绍。

石英晶体重点掌握x轴、y轴、z轴3个轴向的压电特性，压电陶瓷重点理解内部极化处理的必要性、极化过程以及极化处理后的压电效应。

对超声波的定义、类型划分、不同介质中的传播速度、信号的衰减以及发射定律和折射定律进行了全面介绍，对由压电元件构成的超声波传感器的结构构成、类型与工作原理进行了详细解析，对超声波传感器的检测盲区进行了分析，并从硬件和软件两个角度提供了解决问题的思路。

本章习题

1. 简述正压电效应与逆压电效应的区别。

2. 总结石英晶体的压电效应机理，分别简述 x、y、z 这 3 个轴向的压电特性。

3. 简述对压电元件进行极化处理的必要性。

4. 绘制 2 个同特性、同参数的压电元件串联、并联的等效电路图，并给出总的电容量、电压量与电荷量的关系式。

5. 简述超声波传感器与压电式传感器的关联性。

6. 总结提炼纵波、横波、表面波和板波的特性差别。

7. 简述超声波传感器检测盲区存在的原因及处理措施。

8. 简述超声波进行温度补偿的必要性。

9. 分析采用超声波传感器进行无损探伤检测的原理。

第 **8** 章

光电式传感器

　　光电式传感器是一种以光电器件作为转换元件，将光信号转换为电信号的传感器，可对被测量进行非接触式测量，在现代信息通信、生物医学、建筑工程、机械制造、汽车电子、石油化工、航空航天、电力、国防、安防监控等领域发挥着重要作用。本章重点介绍内、外光电效应和常用光电器件的基本光电特性以及光纤传感器、光电式编码器和计量光栅传感器等典型光电式传感器的结构构成、工作原理及应用特性。

知识目标

① 掌握光电式传感器的一般构成；

② 掌握内光电效应（光电导效应、光生伏特效应）、外光电效应的定义；

③ 掌握光敏电阻、光电二极管、光电三极管、光电管、光电倍增管和光电池等光电器件的光电效应；

④ 掌握光纤的结构构成、主要参数、类型划分以及光的全反射原理；

⑤ 掌握光纤传感器的结构构成、类型划分和工作原理；

⑥ 掌握光电式编码器的类型划分；

⑦ 掌握增量式光电编码器和绝对式光电编码器的结构构成、工作原理和工作特性；

⑧ 掌握光栅的类型划分；

⑨ 掌握计量光栅传感器的结构构成和工作原理；

⑩ 掌握莫尔条纹的形成机理和线位移检测原理。

能力目标

① 结合实际工程需要，选择合适类型的光电器件、光纤传感器、光电式编码器和计量光栅传感器，并能够正确应用；

② 理解增量式光电编码器与绝对式光电编码器的特性差异。

重点与难点

① 光纤的光全反射原理;
② 莫尔条纹的测量原理。

8.1 光电式传感器概述

光电式传感器是利用光电器件的光电效应,将光信号转换为电阻、电荷、电压或电流等信号,借助测量转换电路和信号调理电路,实现对光照度、浑浊度、温度、压力、速度、位移、加速度、图像和气体成分等非电量的测量。光电式传感器具有响应速度快、准确度高、分辨率高、可靠性高、功耗低、非接触式测量等优点。随着现代信息技术、新能源技术、人工智能技术的迅速推进,光电式传感器将被广泛应用于智能制造、智能交通、智能电网、智能可穿戴设备等领域,应用前景广阔。

光电式传感器一般由光源、光学通路、光电器件、测量转换电路与信号调理电路组成,结构框图如图8-1所示。

图8-1 光电式传感器的结构框图

（1）光源

如果被测量直接是光信号,光电式传感器不需要配置光源,如对环境自然光的光照度的检测;如果被测量是温度、压力、速度等非光信号,光电式传感器需要根据被测量的特点配置光源,常用的光源有激光器、卤钨灯、发光二极管或高压钠灯等。光源发出的光可以是可见光,也可以是不可见光。其中,激光是一种应用广泛且前景广阔的新型光源。与普通光源相比较,激光具有单色性、方向性好、亮度高等优势,在工业、医疗、通信、军事等领域应用非常广泛。例如,以激光器为光源的激光雷达探测仪被广泛应用于地形测绘、自动驾驶、气象勘测等。激光是原子中的电子吸收能量后,从低能级跃迁到高能级,再从高能级回落到低能级时释放的能量以光子形式放出的光,即原子受激辐射的光,因此被命名为激光。

激光按照波长的不同分为可见激光、近红外激光、远红外激光3大类。发射激光的激光器种类非常丰富,包括红激光器、蓝激光器、绿激光器、二氧化碳激光器和远红外液体激光器等。

思考

请挖掘激光检测在无人驾驶汽车和军事中的应用案例。

光电式传感器配置的光源需要根据被测量的检测需要,满足以下特性要求。

① 满足光谱特性要求。例如,红外线扫描仪会发出不可见的红外光,照射到条形码上后反射回来,被光电器件接收,以此实现检测。

② 满足发光强度要求。如果光源强度过低,光电器件转换得到的电信号就偏弱,需要配置放大电路;如果光源强度过高,容易增加光电器件的非线性,并且会产生不必要的能源损耗。

③ 满足稳定性要求。不同应用场景的光电式传感器对光源的稳定性要求不同。如果是对测量对象的个数或转速进行检测，只需要保证不产生漏脉冲或伪脉冲即可，对光源的稳定性要求不高；如果是对相位、强度、亮度等调制光信号进行检测，则对光的稳定性要求比较严格。

④ 满足对光源发光效率与空间分布的要求。有些应用场景的光电式传感器对光源的发光效率以及空间分布等有具体要求，需要配置特定结构或特殊形状的光源。

需要注意的是，有的光电式传感器的光源发生器能够对光实现调制，称为内调制。例如，红外线对管发射器发出的红外光是加载了二进制遥控编码信息的、特定频率的红外脉冲调制信号。

（2）光学通路

光学通路的主要作用是将被测量的变化转换为光参量的变化，如光强、振幅、频率、相位、偏振方向、传播方向等的变化，让光波成为携带被测量信息的载体，实现对光信号的外调制。光学通路的主要构成是一些光学器件，如透镜、反射镜、分束器、偏振器、滤光片、码盘、光栅、光成像系统等。

（3）光电器件

光电器件是光电式传感器的转换元件，基于光电效应将光信号转换为电阻、电荷、电压或电流等信号。常用的光电器件有光敏电阻、光电二极管、光电三极管、光电管、光电倍增管、光电池等。各种光电器件的光电效应机理不同。

（4）测量转换电路与信号调理电路

测量转换电路的作用是将光电器件转换获得的电阻变化或电荷变化转换成电压、电流、频率等信号的变化，信号调理电路的作用是将电压、电流等电信号进行放大、整形或滤波等处理。

8.2 光电效应

光电效应

光电器件的工作原理基于光电效应。光电效应分为外光电效应和内光电效应两种类型。

8.2.1 外光电效应

外光电效应是指在光的照射激发下，材料内部电子逸出物质表面向外发射的现象。受到光能激发并逸出物质表面的电子称为光电子。

由物理光学知识可知，光具有波粒二象性，既具有波动性，也具有粒子性。从光的粒子性角度看，光是传递电磁相互作用的基本粒子，因此也称其为光子，每个光子的能量 ε 正比于光子的频率 ν，光子的频率越高，能量就越高，即

$$\varepsilon = h\nu \tag{8-1}$$

式中，h 表示普朗克常数，h $= 6.626 \times 10^{-34}$ J·s。

外光电效应证明了光具有粒子性，光照射物体可以视为具有一定能量的一连串的光子在轰击物质原子。当物质原子结构中的电子吸收了入射光子的能量，克服了物质原子核对其的束缚力，就会逸出物质表面，成为光电子。此过程对应的能量关系可以由爱因斯坦的光电效应公式表达，即

$$h\nu = \frac{1}{2}m_e v_0^2 + W_0 \tag{8-2}$$

式中，$m_e \approx 9.10938 \times 10^{-31}\text{kg}$ 表示电子的静止质量；v_0 表示电子逸出时的初速度；W_0 表示电子的逸出功。

式（8-2）表明，入射光子的能量一部分转换为电子克服原子核束缚所做的功，一部分转换为电子的逸出动能。由此可知，光子的能量必须大于电子的逸出功才可能产生光电子。因此物质产生光电效应会对应光子的一个最低频率，称为红限频率，即

$$h\nu_0 = W_0 \tag{8-3}$$

式中，ν_0 表示光电材料产生光电效应的红限频率，不同的物质有不同的红限频率值。

由式（8-3）可知，某种物质受到光的照射能否产生光电效应，激发生成光电子，是以红限频率为临界值的：当入射光的频率低于红限频率时，无论入射光多强，都不能激发生成光电子；当入射光的频率高于红限频率时，不论入射光多弱，都有可能激发生成光电子。需要注意的是，频率为红限频率的光波波长称为临界波长。

8.2.2　内光电效应

内光电效应是指在光的照射下，物质的导电特性发生变化或者是产生了光生电动势的现象。因此内光电效应分为光电导效应和光生伏特效应两种类型。由于半导体材料的内光电效应比导体显著，因此应用较多。

（1）光电导效应

光电导效应是指在光的照射作用下，半导体材料的电导率发生变化的现象。

半导体材料的光电导效应机理如下：在光的照射下，半导体材料内部较多的电子吸收了光子的能量，挣脱共价键的束缚成为自由电子，并同步生成空穴。即在光的照射下，半导体材料内部激发生成了较多的自由电子-空穴对，提高了半导体材料内部载流子的浓度，引起电导率的下降，进而引起阻值的减小，从而增强了导电能力。

（2）光生伏特效应

光生伏特效应简称光伏效应，是指在光的照射下，杂质半导体材料内部激发生成了大量的自由电子-空穴对，即增加了杂质半导体材料内部 P 区与 N 区的少数载流子的浓度。如图 8-2 所示，在 PN 结内电场力的作用下，P 区与 N 区两侧区域少子产生了漂移运动：空穴漂移到 P 区，自由电子漂移到 N 区。最终在 P 区边界附近有大量带正电荷的空穴积聚，N 区边界附近有大量带负电荷的自由电子积聚，从而形成电位差，产生了电动势，建立起与 PN 结内电场方向相反的光生电场，光生电场的方向由 P 区指向 N 区。

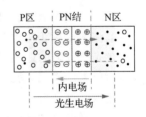

图 8-2　杂质半导体材料中光生伏特效应示意图

8.3　光电器件

8.3.1　光敏电阻

光敏电阻简称光电阻，又称为光导管，是一种均质的半导体光电器件。

光电器件

光敏电阻的工作原理是光电导效应，可以感受可见光和不可见光，具有灵敏度高、体积小、机械强度高、寿命长、价格低、光谱响应范围宽等优点，实物图如图8-3（a）所示。

1．结构构成

光敏电阻一般由金属梳状电极、半导体光敏材料、基板构成，如图8-3（b）所示。金属电极一般做成梳齿状，以提高测量灵敏度；半导体光敏材料分布在两个梳齿形电极之间，与金属电极紧密接触；基板多为陶瓷基板或玻璃基板；顶部为受光面，一般选用透明的有机玻璃或树脂胶覆盖，有的光敏电阻的受光面配置有面向特定光谱的滤光片。

光敏电阻的电路图形符号如图8-3（c）所示。

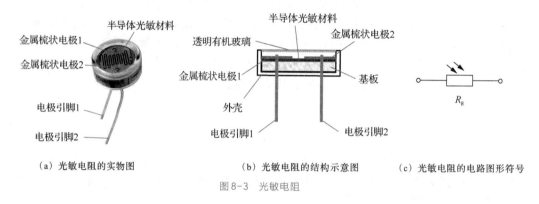

（a）光敏电阻的实物图　　　　　（b）光敏电阻的结构示意图　　　　　（c）光敏电阻的电路图形符号

图8-3　光敏电阻

2．光敏材料

常用的光敏材料有硅、锗、硫化镉、锑化铟、硫化铅、硫化铝、硒化镉、硒化铅等半导体材料。例如，用碲化铅、硒化铅、锑化铟、硫化铅等材料制作的光敏电阻对红外光敏感；用硫化镉、硒化镉等材料制作的光敏电阻对紫外光敏感；用硒、硫化镉、硒化镉、碲化镉、砷化镓、硅、硫化锌等材料制作的光敏电阻对可见光敏感。

3．主要参数

（1）亮电流和亮电阻

在一定的外加电压下，光敏电阻在光的照射下产生的支路电流称为亮电流。外加电压与亮电流之比称为亮电阻。光敏电阻的亮电阻阻值较小，一般为$100\ \Omega\sim200\ \mathrm{k}\Omega$，亮电流较大。在光敏电阻的近似线性区域，在恒定的外加电压作用下，亮电流随着光照度或光通量的增强而增大。而当光强度恒定不变时，亮电流与外加电压成近似线性关系。需要注意的是，不同光敏电阻材料、不同光强度对应的伏安特性曲线不同。

（2）暗电流和暗电阻

在一定的外加电压下，光敏电阻在没有光照射时产生的支路电流称为暗电流。外加电压与暗电流之比称为暗电阻。光敏电阻的暗电阻一般大于$1\mathrm{M}\Omega$，甚至高于$100\mathrm{M}\Omega$，暗电流很小。

（3）光电流

光电流定义为亮电流与暗电流的差。

（4）灵敏度

光敏电阻的灵敏度通常定义为有光照射和无光照射的光敏电阻阻值的相对变化。

4．光照特性

光敏电阻的光照特性是指光电流i和光通量Φ之间的特性关系，如图8-4所示。

由图8-4可知，光敏电阻的光照特性曲线为非线性，因此光敏电阻常用于开关式的光电测量控制场景。例如，公共场所的光控开关，当环境光弱时启动照明灯，当环境光强时关闭照明灯，电路图如图8-5所示。

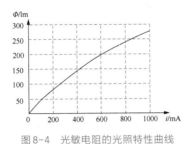

图8-4 光敏电阻的光照特性曲线

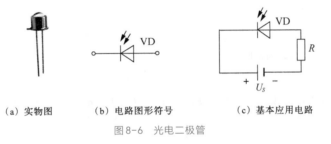

图8-5 光敏电阻光控开关应用电路

8.3.2 光电二极管与光电三极管

光电二极管和光电三极管的工作原理均为光生伏特效应。

1．光电二极管

光电二极管也称为光敏二极管，与普通二极管结构相似，是由一个PN结构成的半导体器件，也具有单向导电特性。需要注意的是，光电二极管的PN结的结面积相对较大，目的是更好地接收入射光。光电二极管的实物图、电路图形符号以及基本应用电路如图8-6所示。

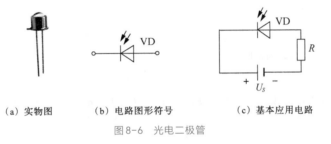

（a）实物图　（b）电路图形符号　（c）基本应用电路

图8-6 光电二极管

光电二极管工作在反向偏置状态。当没有光照射时，反向电阻很大，反向电流很小，一般为$10^{-11}\sim10^{-7}$A，即暗电流；当有光照射时，产生光生伏特效应，在反向偏置电压的作用下，外电场与PN结内电场方向一致，增大了PN结的结面积，增强了PN结内电场，促成P区与N区两侧区域少子的大量漂移运动，即P区的自由电子向N区漂移，N区的空穴向P区漂移，与外电路构成电流的闭环回路，对应的电流即光电流。光照度越强，光电流就越大，光电流与光照度成正比。

光电二极管被广泛应用于光信号通信系统、自动光控系统以及医学血氧检测系统等。

2．光电三极管

光电三极管也称为光敏晶体管，和普通三极管结构相似，由两个PN结构成，也分为PNP型和NPN型两种，也具有电流放大作用。需要注意的是，光电三极管的基区面积较大，作为光窗口，在入射光的照射下会产生光生伏特效应，形成基极电流，即光电流。因此光电三极管一般不引出基极引线，即使引出基极引线也可以不使用，或者配合外电路实现温度补偿，以减小暗电流。光电三极管的实物图片、电路图形符号以及基本应用电路图如图8-7所示。

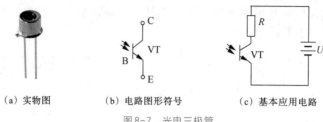

（a）实物图　　　（b）电路图形符号　　　（c）基本应用电路

图8-7　光电三极管

光电三极管的集电极电流 i_C 与管压降 u_{CE} 对应的伏安特性曲线（输出特性曲线）如图8-8（a）所示。由特性曲线可知，光电三极管存在线性放大区，集电极电流为基极电流（光电流） i_B 的 β 倍，即光电三极管对转换获得的光电流具有线性放大作用。因此，光电三极管可视为一个光电二极管和一个普通三极管串联电路的等效。根据图8-8（b）所示的光电三极管的基极电流 i_B 与光照度 E 对应的特性曲线可知，基极电流与光照度成近似比例关系，因此集电极电流必然与光照度成近似线性的放大关系。

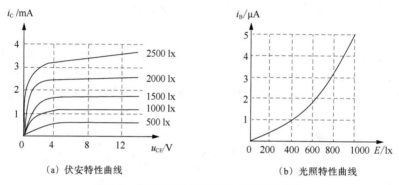

（a）伏安特性曲线　　　　　　　（b）光照特性曲线

图8-8　光电三极管伏安特性与光照特性曲线

光电三极管被广泛应用于标准溶液吸光度的检测、物质品质的检测，并可用于制造光电开关、光电调制器等。

8.3.3　光电管

1．结构与材料

光电管的工作原理是外光电效应。光电管的典型结构是中心阳极型，即在球形玻璃容器的中心位置放置球形、环形或柱状等金属材料作为阳极。阳极材料由于需要承受来自阴极的高能光电子流的轰击，需要具有高熔点、高热传导能力以及较强的耐腐蚀性，常用的阳极材料有镍、钼、钛、不锈钢等。在球形玻璃容器内壁涂一层光电子逸出功较小的金属或金属化合物作为阴极，也可以直接制作独立的半球形或圆柱状阴极。光电管的阴极材料需要具有较高的光电发射效率，能够有效地将光能转换为电能。常见的阴极材料有钨、银、铜、铝等金属材料或锑化三铯、银氧铯等。其中，钨的光电子发射能力强，稳定性好，比较常用。

2．类型与检测原理

（1）反射型光电管和透射型光电管

根据入射光到达阴极激发生成的光电子发射方向的不同，光电管分为反射型和透射型两种类型，结构示意图及电路图形符号如图8-9所示。

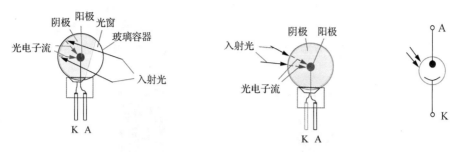

（a）反射型光电管的结构示意图　　　（b）透射型光电管的结构示意图　　　（c）电路图形符号

图8-9　光电管

图8-9（a）所示的反射型光电管的阴极通常较厚。当光通过玻璃容器的光窗照射到阴极上时，激发生成的光电子流的发射方向与入射光方向呈反射角度。

图8-9（b）所示的透射型光电管阴极较薄。当入射光通过透明玻璃容器直接照射到阴极上时，激发生成的光电子流直接由阴极的非受光面发射出，与入射光的方向一致。

（2）真空光电管和充气光电管

根据光电管玻璃容器内是否充入低压惰性气体，光电管又分为真空光电管和充气光电管两种类型。

真空光电管受到光的照射激发生成的光电子流在光电管阳极与阴极施加的外电场力的作用下，由阴极向阳极做加速运动，最后被阳极接收，如图8-10（a）所示。

充气光电管是在玻璃容器内充入低压惰性气体，如氩气或氩氖混合气体。受到光的照射，阴极激发生成的光电子流在外电场力的作用下向阳极加速运动过程中，会与容器内充斥的惰性气体原子发生碰撞，产生电离现象；电离产生的电子和光电子共同在电场力的作用下被阳极接收，电离产生的正离子会反向运动被阴极接收，因此在阳极检测电路会形成数倍于真空光电管的光电流，如图8-10（b）所示。因此，充气光电管比真空光电管的测量灵敏度一般高5～10倍。

（a）真空光电管的工作原理示意图　　　（b）充气光电管的工作原理示意图

图8-10　真空光电管与充气光电管的工作原理示意图

光电管主要应用于光谱分析、光学通信、光学遥控、环境监测、医疗诊断以及工业控制等领域。

8.3.4　光电倍增管

1．特点与类型

光电倍增管是一种真空管光电器件，具有光电流放大作用，可以检测紫外光、可见光、近红外光，具有灵敏度高、增益高、噪声低、频带宽、响应快等优点，被广泛应用于测量微弱光信号的场合，应用领域非常广泛，如高能物理与天体粒子物理学实验领域以及考古、军事、医学、地质、生物、艺术、天文学、冶金、化学、农业等领域。根据入射光窗位置的不同，光电倍增管分为端窗型和侧窗型两种类型，实物图片如图8-11所示。

（a）端窗型　　　　　　　（b）侧窗型

图8-11　光电倍增管实物图片

2．结构构成与工作原理解析

光电倍增管的核心构成为光窗、阴极、电子光学输入系统、若干倍增电极（也称为次阴极或打拿极）、阳极，其工作原理是外光电效应，工作原理示意图如图8-12所示。

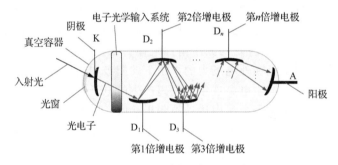

图8-12　光电倍增管的工作原理示意图

工作原理：入射光透过光窗照射到真空管内的光电阴极，激发生成光电子，也称为一次电子。一次电子经过电子光学输入系统实现聚焦，进入第1倍增电极，在高压电场进行加速后，高速轰击第1倍增电极，激发出数量比一次电子数量还多的电子。这种现象称为二次电子发射，即二次电子发射是指通过电子流或离子流轰击物体表面，使之发射电子的过程。二次发射的电子称为次级电子或二次电子。一般一个电子能激发出2～10个二次电子。然后二次电子进入第2倍增电极，继续被高压电场加速，高速轰击第2倍增电极，激发出更多的二次电子。二次电子会依次在后续各级倍增电极被逐级倍增，数量不断激增，直至最后被阳极收集后转换成电压信号输出。阳极收集的电子数量与输入光照射阴极激发生成的光电子数量成比例关系，约为几万倍至几百万倍。因此即使是非常微弱的光信号，经由光电倍增管检测转换后，也可以获得很强的输出电信号。

3．主要参数

（1）阴极光照灵敏度

光电倍增管的阴极光照灵敏度 S_K 定义为阴极输出的光电流 i_k 与入射到阴极上的光通量

Φ 的比值，即

$$S_K = \frac{i_K}{\Phi} \qquad (8-4)$$

式中，S_K 的单位为 $\mu A / lm$。

（2）阳极光照灵敏度

光电倍增管的阳极光照灵敏度 S_A 定义为光电倍增管在接收分布温度为 2856 K 的光照射时，阳极输出电流 i_A 与入射光的光通量 Φ 的比值，即

$$S_A = \frac{i_A}{\Phi} \qquad (8-5)$$

式中，S_A 的单位为 A / lm。

（3）电流增益

光电倍增管的电流增益 β 定义为光电倍增管的阳极输出电流 i_A 与阴极光电流 i_K 的比值，即

$$\beta = \frac{i_A}{i_K} \qquad (8-6)$$

需要注意的是，光电倍增管的电流增益非常大，在使用时要注意避免输入高强度的光线，容易超出光电倍增管的测量范围，造成器件的损坏。

光电倍增管倍增电极的级数一般为几级到几十级，具体数量取决于厂家对电流增益的设计要求。此外，倍增电极环节需要直流高压供电，通常是通过电阻串联构成分压器，为各级倍增电极供电。光电倍增管阳极和阴极之间总的电压范围一般为 700～3000 V，最高电压可以达到 5000 V，相邻倍增电极之间的电位差一般为 100 V 左右。

8.3.5 光电池

1. 类型与构成

光电池是利用光生伏特效应将太阳光辐射能直接转换为直流电能的光电器件，也称为太阳能电池或光伏电池。根据材料的不同，光电池种类很多，如硅光电池、硒光电池、硫化铊光电池、砷化镓光电池等。光电池的结构组成示意图、电路图形符号以及实物图片如图 8-13 所示。

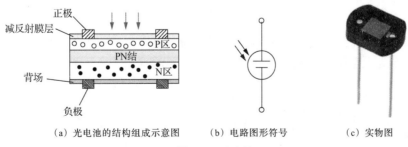

（a）光电池的结构组成示意图　（b）电路图形符号　（c）实物图

图 8-13　光电池

由图 8-13（a）可知，在 N 型杂质半导体材料的衬底之上，通过扩散硼，形成极薄的 P 型杂质半导体区域，两个区域之间形成 PN 结；当有太阳光透过减反射膜层照射到半导体材料上时，将在 P 区与 N 区激发生成许多自由电子-空穴对；在 PN 结内电场和背场的配合下，

两侧区域的少子向对方区域漂移；最终在P区形成带正电的空穴积聚，在N区形成带负电的电子积聚，从而在两侧区域建立起与光照强度相关的电动势，即光生伏特效应。当与外电路构成闭合回路后，将有光电流输出。需要注意的是，光电池的输出电流为直流电流。

2．光照特性

光电池在不同的光照度下，其光电流和光生电动势呈现不同的变化规律。以硅光电池为例，其开路电压和短路电流与光照度的关系特性曲线如图8-14所示。

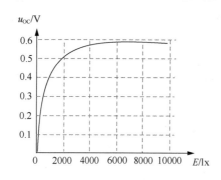
（a）开路电压与光照度的关系特性曲线

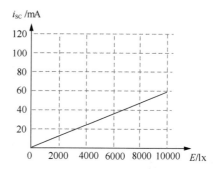
（b）短路电流与光照度的关系特性曲线

图8-14　光电池的光照特性

由图8-14（a）可知，光电池的开路电压与光照度成近似对数关系，非线性。当光照度由0开始增大时，开路电压迅速变大。当光照度超过2000 lx后，开路电压上升幅度变缓，最后逐渐趋于饱和，基本保持不变。由图8-14（b）可知，光电池的短路电流与光照度成较好的线性关系。因此，当光电池的被测量为开关量时，视光电池为电压源；当测量与光照度成比例关系的非电量时，视光电池为电流源。

需要注意的是，光电池的开路电压和短路电流会随温度的变化而变化，开路电压随温度的增加下降速度较快，为负温度系数；短路电流随温度的上升会缓慢地增加，为正温度系数。因此，使用光电池时需要考虑温度漂移问题，并采取补偿措施。例如，可以将光电池和一些参考元件如热敏电阻一同使用，通过测量温度的变化来修正光电池的输出。此外，也可以借助一些算法或数学模型来预测温度变化对光电池输出的影响，并依此进行补偿。

3．应用

光电池在科研、生产、生活中的应用主要分为两个方面：一方面是将太阳能直接转换为直流电能，作为太空探测器或便携式野外使用仪器的重要能源；另一方面是实现信号检测，用于照度计、光度计、浊度计、比色计、烟度计等检测仪器或用于航标灯或路灯的自动开关控制等。

思考

光电池与光电二极管的异同点是什么？

8.4 光纤传感器

8.4.1 光纤传感器概述

光纤传感器概述

1．特点与应用

光纤传感器是光导纤维传感器的简称。光纤传感器是一种新型传感器，于20世纪70年代随着光纤技术和光通信技术的发展而迅速发展。光纤传感器具有灵敏度高、抗电磁干扰能力强、电气绝缘性能好、传输距离远、耐腐蚀、耐高温、化学稳定性好、安全性高、结构简单、维护方便、性价比高等诸多优点，当前已被广泛应用于航空航天、医疗、建筑、制造、食品、环保、化工与制药、石油和天然气等行业领域，可以对温度、压力、应变、位移、速度、加速度、流量、振动、电压、电流、磁场、核辐射、pH值、荧光、DNA等诸多参量进行测量，具有非常广阔的研发与应用前景。

2．构成与基本工作原理

光纤传感器一般由光源、光纤、光调制器、光电器件以及信号解调电路与信号调理电路等组成，结构框图如图8-15所示。

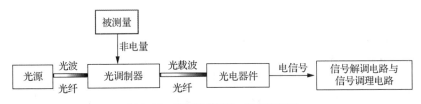

图8-15 光纤传感器的一般构成框图

由图8-15可知，光调制器的作用是将被测量的信息加载到光源发出的光波上，即将被测量的变化调制为光的强度、波长、频率、相位、偏振态等某一特征参数的变化。光调制器输出的是光载波，经过光纤传输至光电器件，将光信号转换为电信号。其中，有的光电器件在进行光电转换的同时可以直接实现对光强度调制信号或频率调制信号的解调，因此不需要配置信号解调电路；有的光电器件不能对载波电信号实现解调，则需要配置信号解调电路，如鉴频器、鉴相器等。根据解调获得的电信号的特点和后续数据处理的需要，选择配置整形、滤波、放大等信号调理电路。

3．类型划分

光纤传感器的重要组成为光纤。根据光纤实际发挥作用的不同，光纤传感器分为功能型和非功能型两种类型。

功能型光纤传感器中的光纤不仅用于传输光信号，还用于对光信号实现调制；而非功能型光纤传感器中的光纤只用于传输光信号。因此非功能型光纤传感器，其光纤是不连续的，一般分为入射光纤和出射光纤两部分。入射光纤是指将光源发出的光传输至光调制器的光纤，其一端连接光源，另一端连接光调制器；出射光纤用于传输被调制的光载波，将其从光调制器送至光电器件，其一端连接光调制器，另一端连接光电器件。

根据调制的光特征参数的不同，光纤传感器可分为强度调制型光纤传感器、相位调制型光纤传感器、频率调制型光纤传感器和偏振调制型光纤传感器等。

8.4.2　光纤的结构与光传输原理

光纤是光导纤维的简称，是一种主要由石英、玻璃、塑料、氟化物和有机液体等材料制作的、多层介质结构的柱状光波导，利用全反射原理约束引导光波在其内部沿轴线方向进行传输。光纤传输具有衰减小、频带宽、抗电磁干扰能力强、安全性高、保密性好、质量小等一系列优点，在远距离传输和高温、高湿环境中具有电缆通信、微波通信无法比拟的优势。光纤通信已经成为现代通信网络的主要传输手段。

1．光纤的结构

光纤也可以表述为光纤线，通常是一种多层介质结构的同心圆柱体。需要注意的是，部分光纤纤芯的横截面为方形、矩形、多边形、环形或椭圆形。光纤主体包括纤芯、包层和保护层3部分，构成示意如图8-16所示。

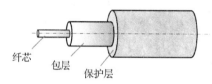

纤芯　包层　保护层

图8-16　光纤构成示意图

（1）纤芯

纤芯位于光纤结构的中心，是进行光波传输的核心，其制作材料当前主要有石英、玻璃或塑料，一般会在材料中掺入微量的二氧化锗或五氧化二磷，以提高纤芯材料的光折射率，更好地传输光波。纤芯的折射率一般是1.463～1.467（由具体的纤芯材料决定）。纤芯的直径一般为几微米至一百微米左右，不同类型、不同传输模式的光纤的纤芯直径不同。

（2）包层

包层是覆盖于纤芯外层的透明材料，通常为硅氧化物或氟化物，一般会掺入微量的三氧化二硼或四氟化硅，以降低包层对光的折射率，确保包层的折射率低于纤芯的折射率，防止光波逸出光纤，以实现光在纤芯内部的全反射传输。包层的折射率一般是1.45～1.46（由具体的包层材料决定）。包层可以是单层或多层结构，其材料需满足均匀性好、一致性高、抗拉强度高、抗冲击性能好、化学稳定性好、耐高温等特性要求。

（3）保护层

保护层覆盖于包层外层，主要作用是保护纤芯和包层不受外界机械力的损坏，使光纤能够适应各种敷设场合的压力。保护层一般由涂覆层和护套两部分构成。涂覆层一般采用聚乙烯、聚丙烯、硅橡胶等材料，目的是增加光纤的机械强度和柔韧性。护套一般是不同颜色的塑料套管，有两个用途：一是保护纤芯和包层；二是方便区分不同的光纤线，方便光纤接续。

需要注意的是，在实际的工程应用中，为了确保光纤线既要有足够的机械强度，又要具有可弯曲性和柔韧性，还需具备防水、防潮等功能，通常还要在保护层的基础上添加钢丝等加强件以及阻水材料等。内部的光纤线有的为单股，有的是多股光纤线的集合，即构成了光缆。光缆中多股光纤一般为不同颜色。光缆的结构示意图如图8-17所示。

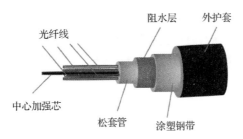

图 8-17 光缆的结构示意图

2. 光传输全反射传输的原理

光信号能够在光纤内部实现传输的理论基础是几何光学的全反射原理，如图 8-18 所示。

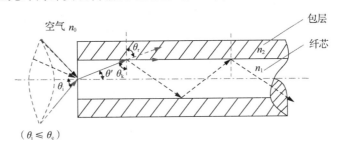

图 8-18 光纤内部光全反射传输的原理示意图

由图 8-18 可知，空气的折射率为 n_0，纤芯的折射率为 n_1，包层的折射率为 n_2。为了保证光在纤芯内部实现全发射，需要满足 $n_1 > n_2$。

当入射光在光纤的端面以入射角 θ_i 从空气中射入纤芯后，光发生折射，折射角为 θ'。在此需要注意的是，光纤与空气的接触面一般覆盖一层增透膜，以减少入射光在光纤端面的反射。当发生折射后的入射光沿直线传输至纤芯与包层的交界面处时，光由纤芯入射到包层的入射角为 θ_k。通常一部分光将被反射回纤芯，另一部分光在包层内发生折射，折射角为 θ_r。

根据光的折射定律，即斯涅耳定律，可以得到光纤端面入射角 θ_i 和纤芯折射角 θ' 的正弦与空气和纤芯的折射率的比值关系式，即

$$\frac{\sin\theta_i}{\sin\theta'} = \frac{n_1}{n_0} \tag{8-7}$$

同理，可以获得纤芯与包层的临界面处光的入射角 θ_k 和包层折射角 θ_r 的正弦与纤芯和包层的折射率的比值关系，即

$$\frac{\sin\theta_k}{\sin\theta_r} = \frac{n_2}{n_1} \tag{8-8}$$

光纤材料决定了纤芯与包层的折射率。在此前提条件下，若将光的入射角 θ_i 减小，则由式（8-7）可知，纤芯折射角 θ' 会随之减小。由图 8-18 可知，θ_k 与 θ' 两角呈互余关系，因此纤芯与包层临界面处的入射角 θ_k 会增大，而对应的光进入包层的折射角 θ_r 的值会随之增大。随着入射角 θ_i 的进一步减小，直至包层内光的折射角 θ_r 值增大至 90° 时，折射光将沿着纤芯与包层的临界面方向传输，即光没有折射到包层内部，也没有反射到纤芯内部，称其为临界状态（图 8-18 中纤芯内部折线呈现的状态）。此时，空气与纤芯临界面处的入射角 θ_i 以 θ_c 表征，定义为临界角。

随着入射角 θ_i 的进一步减小，只要 $\theta_i < \theta_c$，光线就不会在包层介质内部发生折射，而是被全反射回纤芯介质中，并且会在纤芯内部不断发生光的全反射，实现光信号的传输，直至光信号从光纤的另一端面射出（图 8-18 中虚线光线呈现的状态）。

通过对光纤内部光全反射传输过程的分析，结合式（8-7）与式（8-8），可以得到临界角 θ_c 正弦的求解式，即

$$\sin\theta_c = \frac{n_1}{n_0}\sin\theta' = \frac{n_1}{n_0}\cos\theta_k = \frac{n_1}{n_0}\sqrt{1 - \left(\frac{n_2}{n_1}\sin\theta_r\right)^2} = \frac{1}{n_0}\sqrt{n_1^2 - n_2^2} \qquad (8-9)$$

由式（8-9）可知，在空气折射率 $n_0 \approx 1$ 的情况下，临界角 θ_c 的正弦求解式为

$$\sin\theta_c = \sqrt{n_1^2 - n_2^2} \qquad (8-10)$$

由图 8-18 和光全反射过程的分析可知，在光纤和空气的临界面，只要入射角在 $2\theta_c$ 对应的锥形区域内的入射光，均可以在光纤内部实现全反射传输。因此，临界角 θ_c 的正弦被定义为光纤的数值孔径，用字母 NA（Numerical Aperture，数值孔径）表示，即

$$NA = \sin\theta_c \qquad (8-11)$$

光纤的数值孔径 NA 反映的是光纤的集光能力，数值越大，集光能力就越强。但是需要注意的是，数值孔径值越大，由于色散导致的光信号的畸变也会越大，因此数值孔径的参数取值需要综合考虑设定。

8.4.3 光纤的类型

光纤的类型

1. 根据纤芯材料的不同进行分类

根据纤芯材料的不同，可将光纤分为石英光纤、玻璃光纤、塑料光纤、氟化物光纤、有机液体光纤等。

2. 根据光传输模式的不同进行分类

根据光在光纤内部传输模式的不同，可将光纤分为单模光纤和多模光纤两种类型。

（1）单模光纤

单模光纤的传输模式单一，主要为直接传输方式，如图 8-19（a）所示。需要注意的是，当单模光纤发生弯曲时，光会在弯曲处发生全反射。单模光纤的纤芯直径较小，直径范围一般为 8.0～10 μm。单模光纤较少发生色散，具有光信号衰减率低、信号畸变小、传输速度大、线性度好、灵敏度高等优点，适合远程、大容量通信系统的信号传输，传输距离可达 5 km 以上。

（2）多模光纤

多模光纤可以容许不同模式的光在同一根光纤中传输，传输模式可多达数百个。根据纤芯的折射率在横截面上径向分布特点的不同，可将多模光纤分为阶跃折射率型和渐变折射率型两种。多模光纤的纤芯直径较大，一般为 50～100 μm，通常比较常用的是 50 μm、62.5 μm、100 μm 这 3 种直径规格。多模光纤具有纤芯面积大和易于制造、连接、耦合等优点，但是色散较大，与单模光纤相比传输距离较短。

阶跃折射率型和渐变折射率型两种多模光纤内部的光传输示意图如图 8-19（b）和图 8-19（c）所示。

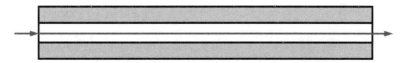

（a）单模光纤内部的光传输示意图

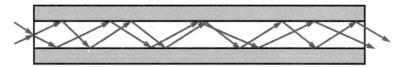

（b）阶跃折射率型多模光纤的光传输示意图

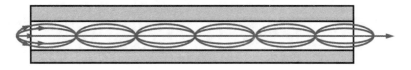

（c）渐变折射率型多模光纤的光传输示意图

图8-19 单模和多模光纤内部的光传输示意图

8.4.4 光纤传感器的典型应用

光纤传感器的典型应用案例是对微位移的测量，如可以用于监控混凝土或岩石的裂缝以及使用过程中机器移动的微位移或者振动。

光纤位移传感器中的光纤通常采用 Y 型结构的多模光纤耦合器，如图 8-20 所示。Y 型分叉分别为入射光纤（光源光纤）和出射光纤（接收光纤），合并端为传感器检测探头。

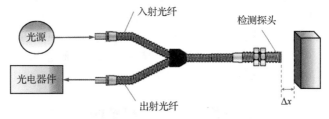

图8-20 Y型光纤位移传感器的结构示意图

如图 8-20 所示，光源发出的光经入射光纤全反射至光纤检测探头端。当被测物体紧靠检测探头时，光不能反射到出射光纤；而当被测物体逐渐远离检测探头时，出射光纤将接收到反射的光。出射光纤获得的光通量的大小与出射光纤和入射光纤两个数值孔径锥形区域交叠部分的光照面积成正相关，如图 8-21（a）所示。随着位移的继续增大，出射光纤接收到的光通量逐渐增大，在达到峰值点后会逐渐下降。出射光纤获得的光强经过光电器件的光电转换，最终转换成电压信号输出。电压与位移对应的特性曲线如图 8-21（b）所示。

思考

图 8-20 所示的光纤位移传感器属于光的内调制还是外调制？

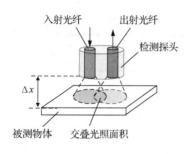 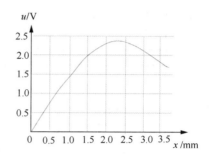

（a）检测探头端检测原理示意图　　　　　　（b）电压与位移特性曲线

图 8-21　Y 型光纤位移传感器的检测原理和电压与位移特性曲线

8.5　光电式编码器

8.5.1　光电式编码器概述

　　光电式编码器属于数字编码器的典型类型之一。数字编码器是一种将直线运动或转角运动直接转换为数字信号的传感器，能够实现角度、长度、速度、位置等参量的测量，在生产、生活、科研、军工、医疗等领域被广泛应用。典型的工程应用案例有大型船舶的舵叶和螺旋桨上下垂直运动的同步控制、军舰雷达转角与仰角的控制、大型水利闸门的开度控制和左右升降同步控制等。

　　数字编码器根据检测原理的不同分为光电式编码器、磁电式编码器、感应式编码器、电容式编码器 4 种；根据刻度方法和输出信号形式的不同，分为增量式编码器、绝对式编码器和混合式编码器 3 种。

　　光电式编码器具有测量准确度高、分辨率高、抗干扰能力强、可靠性高、寿命长以及能适应高温、低温、强磁恶劣工作环境等优点。增量式光电编码器和绝对式光电编码器两种典型的光电式传感器的实物图如图 8-22 所示。

（a）增量式　　　　　　（b）绝对式

图 8-22　光电式编码器的实物图

8.5.2　增量式光电编码器

1．一般构成

　　增量式光电编码器又称为脉冲盘式编码器，是一种将旋转位移转换为数字脉冲信号的旋转式传感器。增量式光电编码器一般包括光源、码盘、光电

增量式光电
编码器

器件、整形电路、编码或计数电路等，结构框图如图8-23所示。

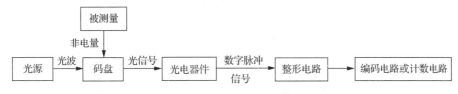

图8-23　增量式光电编码器的结构框图

如图8-24（a）所示，光源通过码盘上的光栅孔照射到光电器件上，根据是否对应光栅孔，光电器件输出高、低电平，经过整形电路得到标准的数字脉冲信号。根据具体的检测需要，可以另外配置光栏板。光栏板上设置有零位标志孔，可以实现相对基准点的定位功能。光栏板上也可以设置辨向孔，实现对码盘旋转方向的判断，如图8-24（b）所示。

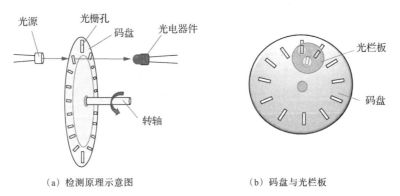

（a）检测原理示意图　　　　　　　　　　　　（b）码盘与光栏板

图8-24　增量式光电编码器

2．类型划分

根据光栅圈数的不同，增量式光电编码器的码盘分为单通道、双通道、三通道3种类型。

（1）单通道增量式光电编码器

单通道增量式光电编码器的码盘只有一圈光栅，如图8-25（a）所示；只有一对光电扫描系统，只有一路输出数字脉冲信号的通道，输出的数字脉冲信号如图8-25（b）所示。后续设备根据单位时间检测到的脉冲数以及编码器的分辨率，可以计算获得机械轴运动的角速度或线速度。需要注意的是，单通道增量编码器可以测量转速，但是不能确定旋转方向。

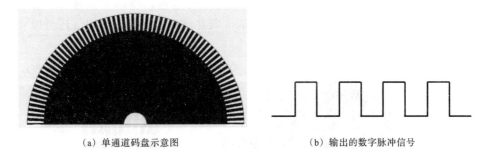

（a）单通道码盘示意图　　　　　　　　　　　　（b）输出的数字脉冲信号

图8-25　单通道增量式光电编码器的码盘与输出信号

（2）双通道增量式光电编码器

双通道增量式光电编码器的码盘具有两圈光栅，且以90°相位差排列，即内、外两圈光栅均对应错开半条缝宽，如图8-26所示。双通道增量式光电编码器有两对光电扫描系统，对应A、B两相输出脉冲信号通道，如图8-27所示。可以通过比较A相和B相的数字脉冲信号的时序关系来判别码盘的旋转方向。需要注意的是，双通道增量式光电编码器不具有基准点定位功能。

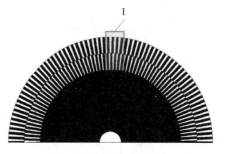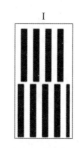

（a）双通道码盘示意图　　　　　　　　　　（b）光栅局部放大视图

图8-26　双通道增量式光电编码器的码盘示意与光栅局部放大图

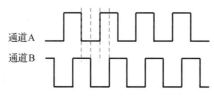

图8-27　双通道增量式光电编码器输出的数字脉冲信号波形图

双通道增量式光电编码器A相与B相输出数字脉冲的时序关系与码盘的旋转方向存在对应关系，见表8-1。

表8-1　双通道增量式光电编码器A、B相的时序关系与码盘的旋转方向

码盘顺时针旋转		码盘逆时针旋转	
A相通道	B相通道	A相通道	B相通道
1	1	1	1
0	1	1	0
0	0	0	0
1	0	0	1

（3）三通道增量式光电编码器

三通道增量式光电编码器的码盘在双通道增量式光电编码器码盘两圈光栅的基础上增加了一个零位标志，如图8-28所示，对应Z相信号输出通道，也称为零通道，用于实现基准点定位。因此，三通道增量式光电编码器既能实现速度测量、转向判定，还可以实现相对于基准点的定位。

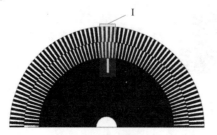

（a）三通道码盘示意图　　　　　　　　　　（b）光栅局部放大视图

图8-28　三通道增量式光电编码器的码盘示意图与光栅局部放大视图

三通道增量式光电编码器 A、B、Z 三相通道输出的数字脉冲信号的波形时序图如图 8-29 所示。

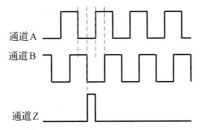

图 8-29 三通道增量式光电编码器输出的数字脉冲信号波形图

需要注意的是，增量式光电编码器每产生一个输出脉冲信号，就对应一个相对位移增量，但是不能提供绝对的位置信息。

3．主要参数

增量式光电编码器的主要特性参数是分辨力与分辨率。

（1）分辨力

增量式光电编码器能分辨的最小角度称为分辨力。分辨力和码盘上光栅孔的数量，即狭缝条纹数或刻线数 n 有关，对应的关系式为

$$\alpha = \frac{360°}{n} \tag{8-12}$$

式中，α 表示分辨力，即增量式光电编码器能分辨的最小角度。

（2）分辨率

增量式光电编码器的分辨率有多种表达形式，如原始分辨率、差值分辨率、倍频分辨率等。

原始分辨率主要用码盘上光栅孔的数量来表示。最简单的表示方法是以码盘光栅孔的数量 n 的倒数 $1/n$ 来表征。其他比较常用的表示方式有 PPR（Pulse Per Revolution，每转 1 圈的脉冲数）、CPR（Count Per Revolution，每转 1 圈的计数）、每圈刻线数、最小步距等。例如，分辨率为 555～6000 PPR 或者分辨率为 100～3600 CPR。需要注意的是，PPR 也可以表示为 P/R，例如，分辨率为 100～10000 P/R。

4．输出方式

为了满足不同负载的驱动需求，提高远距离信号传输能力与抗干扰能力，并考虑编码器与后续电路的电平匹配问题，增量式光电编码器的信号输出方式较多，主要有 NPN 型或 PNP 型三极管集电极开路输出、电压输出、线驱动输出、互补型输出和推挽式输出等几种方式。

需要注意的是，增量式光电编码器的输出可以自由组合。例如，一路信号输出可以选择 A 相，也可以选择 B 相；两路信号输出可以选择 A 相和 B 相，也可以选择 A 相和 Z 相；三路信号输出为 A 相、B 相和 Z 相；也可以实现六路信号输出，即 A 相、B 相、Z 相、$\overline{\text{A}}$ 相、$\overline{\text{B}}$ 相和 $\overline{\text{Z}}$ 相。

5．典型应用

增量式光电编码器在工业加工制造领域应用广泛。例如，应用于电梯，可以检测电梯的位置和速度，确保电梯的平稳运行和精确控制；应用于纺织机械，可以测量纱线的速度和长度，确保纺织品的质量和生产效率；应用于注油机，可以监测注油机的油量，确保油箱的

正确注油量，防止油箱溢出；应用于切割机械，可以测量材料的长度和位置，确保切割的精度和效率；应用于印刷机械，可以测量印刷的位置和速度，提高印刷的精度和质量；应用于包装机械，可以测量包装的位置和速度，确保包装的精确和高效。

8.5.3 绝对式光电编码器

1．一般构成

绝对式光电编码器的整体结构构成与增量式光电编码器相似，主要区别在于码盘上不是光栅孔，而是由透光或不透光的区域组成，从码盘外圈到内圈沿径向由低位到高位按确定的二进制编码进行布局。因此，通过光电器件转换得到的光电信号直接就是二进制数字编码。

码盘从外圈到内圈对应的码道条数就是二进制数字编码的位数。例如，BCD（Binary-Coded Decimal，二进制编码的十进制）码的码盘示意图如图8-30（a）所示，码盘上的透光和不透光区按照BCD码（8421码）进行布局。码盘对应4条码道，因此二进制编码的位数为4，对应2^4个编码。由此可知，码盘上的码道条数越多，编码数量就越多，分辨率也就越高。对于有N条码道的码盘，对应的编码数量为2^N个。

绝对式光电编码器

绝对式光电编码器不需要配置计数器，在转轴的任意位置都可以有唯一确定的数字编码与之对应；可以提供唯一绝对的位置，不需要有相对参考点；无须记忆，不受停电影响，掉电后位置信息也不会丢失；没有累积误差。因此，绝对式光电编码器抗干扰能力强，数据可靠性高。

需要注意的是，对于BCD码码盘，当码盘转在两码段边缘交替位置时，容易产生读数误差。例如，当码盘由位置0111转向1000时，由于4位二进制数都要发生变化，但限于码盘实际的结构特点，可能会将数码误识别为1111、1011、1101、……、0001等，从而造成测量数据误差。此种误差称为非单值性误差。

解决非单值性误差的常见方法有两种。

① 在BCD码码盘的最外圈增加一圈信号位，信号位的位置正好与状态分界线错开，如图8-30（b）所示。这样可以确保只有在信号位处的光电器件采集到信号后才能读数，因此可以有效避免产生非单值性误差。

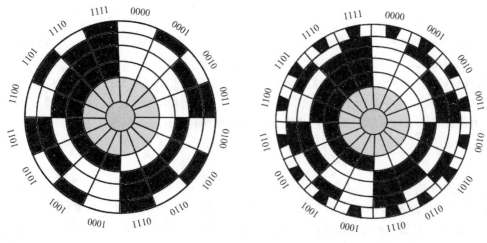

(a) BCD码码盘示意图　　　　　(b) 添加信号位的BCD码码盘

图8-30　绝对式光电编码器的BCD码码盘

② 码盘采用格雷码（循环码）进行布局，如图8-31所示。格雷码的优点在于相邻两个代码之间只有1位二进制数发生变化，在码盘旋转进行代码过渡时不会发生错码问题。

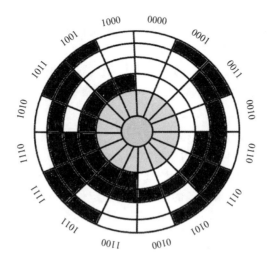

图8-31　绝对式光电编码器的格雷码码盘

思考

除了书中提到的方法，还有其他可以消除非单值性误差的方法吗？

2．类型划分

绝对式光电编码器根据测量角度与范围的不同分为单圈与多圈2种类型。

（1）单圈绝对式光电编码器

单圈绝对式光电编码器只能测量360°或者180°以内的旋转角度，提供唯一的编码。当转动角度超过设定量程时，编码开始重复。

（2）多圈绝对式光电编码器

多圈绝对式光电编码器借助钟表齿轮机械的工作原理，在中心码盘的基础上，通过齿轮啮合传动机械增加一组或多组码盘。当中心码盘旋转时，会通过齿轮啮合传动带动另外的码盘旋转，这样就可以测量大于360°的角度。多圈绝对式光电编码器的编码依然由机械位置确定，每个位置对应的编码唯一且不重复，无须记忆。

3．主要参数

绝对式光电编码器所能分辨的最小角度α（即分辨率）与码盘上的码道条数N相关，对应的关系式为

$$\alpha = \frac{360°}{2^N} \tag{8-13}$$

绝对式光电编码器的分辨率为$1/2^N$。但是在实际应用中，绝对式光电编码器的分辨率通常直接以二进制编码的位数N来表示，如8位、10位、12位等。

4．输出方式

绝对式光电编码器有多种信号输出方式，常用的有以下3种方式。

① 并行信号输出方式：将数字编码数据并行输出。数据编码有几位就需要几根数据传输线，占用几个微处理器的I/O口，传输速率高。码盘编码多为格雷码，适用于近距离数据传输，传输距离一般在10m以内。

② 串行信号输出方式：数据通过一条数据线按位依次输出，占用微处理器I/O资源少，传输速率比并行信号输出方式慢；适用于远距离数据传输。

③ 现场总线输出方式：适用于多个绝对式光电编码器共同使用，需要统一的总线接口，常用的现场总线接口有CAN（Controller Area Network，控制器局域网络）、RS485、RS422等。

5．典型应用

绝对式光电编码器被广泛应用于工业生产、交通监测、医学检测等领域。例如，应用于钢铁冶炼过程中转炉氧枪和钢包车的位置监测；应用于地铁列车门禁和变速控制，以实时监测车门的位置状态和列车的速度；应用于CT（Computed Tomography，电子计算机断层扫描）、核磁共振、X光等医学检测设备的运动控制和定位，以提高影像质量；应用于腹腔镜和内窥镜手术器械的位置、动作监测，帮助医生进行精准的手术操作。

思考

分析总结增量式编码器与光电式编码器的异同点。

8.6 计量光栅传感器

计量光栅传感器概述

8.6.1 计量光栅传感器概述

计量光栅传感器是栅式传感器的重要分支之一，主要利用光的干涉现象形成的莫尔条纹实现对线位移、角位移、速度、加速度、振动等被测量的测量。计量光栅传感器的核心组成包括光源、光路系统、主光栅（标尺光栅）、副光栅（指示光栅）和光电器件。后续可根据数据处理需要配置放大、分相（未标出）、整形、细分、辨向、计数等数据处理电路。计量光栅传感器的一般结构框图如图8-32所示。

图8-32 计量光栅传感器的一般结构框图

（1）主光栅

主光栅也称为标尺光栅，一般安装在被测物体上，用于感受被测量的变化。

（2）副光栅

副光栅也称为指示光栅。在使用时，副光栅一般和光路系统、光电器件固定安装在一起。

（3）光电器件

光电器件的作用是将莫尔条纹光信号的变化转换为近似按正弦规律变化的电信号。

计量光栅传感器主要应用于航空航天、船舶、工业加工制造等领域，并且可以对建筑、桥梁、隧道、大坝等基础设施进行安全监测。

8.6.2 光栅概述

1．光栅的结构和类型

图 8-33 光栅示意图

（1）光栅的结构

光栅是一种由大量等宽度、等间距的平行狭缝、刻痕或反光面构成的光学器件，其制造方法有光刻法、干涉曝光法、电子束曝光法等。例如，光刻法就是在长条形或圆形的光学玻璃基片、金属镀膜玻璃基片或金属基片上，均匀制作等宽度、等间距、分布细密的刻线。刻线不透明不能透光，两条刻线之间的光滑部分透明，可以透光，相当于一条狭缝，如图 8-33 所示。

图 8-33 中，光栅线的宽度 a 和光栅线的间距 b 之和称为光栅线的栅距 W，也称为光栅常数。每毫米长度内的栅线数量称为栅线密度、槽线密度或线纹密度。

（2）光栅的类型

根据制造材料的不同，光栅分为玻璃光栅、金属光栅、塑料光栅等类型。根据工作原理的不同，光栅分为物理光栅和计量光栅两大类型。

① 物理光栅。物理光栅刻线细密，栅线密度一般为 200～500 条/mm，栅距通常为 2～5 μm。物理光栅主要利用光的衍射现象，多应用于光谱的分析和光波波长的测量。

② 计量光栅。计量光栅的刻线与物理光栅相比相对较粗，计量光栅的栅线密度一般为 10～250 条/mm，栅距通常为 4 μm～0.1 mm。计量光栅主要利用光的干涉现象形成的莫尔条纹实现检测，被广泛应用在高精度的长度测量以及数控机床等领域的几何尺寸、位移、速度、加速度等的测量。

下面具体介绍计量光栅。

2．计量光栅的类型

计量光栅的类型非常多，主要类别划分如图 8-34 所示。

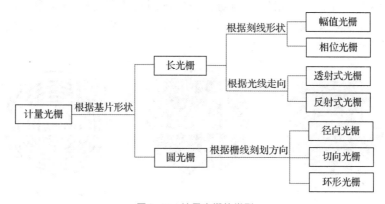

图 8-34 计量光栅的类型

由图8-34可知，根据计量光栅基片形状的不同，计量光栅可分为长光栅和圆光栅2种类型。

（1）长光栅

长光栅也称为直线光栅或光栅尺，图8-33所示即长光栅，主要适用于长度和线位移的测量。

根据刻线形状的不同，长光栅可分为幅值光栅（黑白光栅）和相位光栅（闪耀光栅）2种类型。

① 幅值光栅。幅值光栅主要由一系列平行的等宽度、等间距的狭缝或刻线组成。幅值光栅的主要作用是控制光束的亮度和对比度，因此幅值光栅也称为黑白光栅。

② 相位光栅。相位光栅的基底上有一系列栅格刻槽，刻槽的形状可以是锯齿形状或梯形。当光束通过相位光栅时，不同位置的光束会因为相位差而发生干涉，光栅的光能量会集中在预定的方向上，即某一光谱级上。从这一方向进行检测时，光谱的强度最大，这种现象称为闪耀。因此相位光栅也被称为闪耀光栅。

根据光线走向的不同，长光栅可分为透射式光栅和反射式光栅2种类型。

① 透射式光栅。透射式光栅的两刻线之间透光，相当于狭缝，光线透过狭缝后形成莫尔条纹。其栅线密度一般为100条/mm、125条/mm、250条/mm等，分辨率相对较高，如图8-35（a）所示。

② 反射式光栅。反射式光栅的栅线刻在具有很强光反射能力的金属基片上，如不锈钢基片或者在玻璃基片上镀金属膜。光线照到光栅上会被反射，形成莫尔条纹。其栅线密度一般为4条/mm、10条/mm、25条/mm等，分辨率相对较低，如图8-35（b）所示。

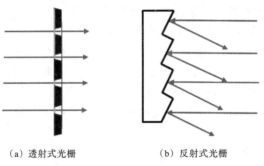

（a）透射式光栅　　　　　　　　（b）反射式光栅

图8-35　透射式光栅与反射式光栅

（2）圆光栅

圆光栅也称为光栅盘。根据栅线刻划方向的不同具体分为径向光栅、切向光栅和环形光栅3种类型，如图8-36所示。需要注意的是，圆光栅一般为黑白透射式光栅，均属于透射型，主要适用于角度或角位移的测量。

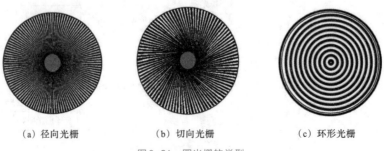

（a）径向光栅　　　　　　　（b）切向光栅　　　　　　　（c）环形光栅

图8-36　圆光栅的类型

圆光栅除了和长光栅一样具有栅距等特征参数外，还具有一个重要且独有的参数栅距角α。α即圆光栅两相邻刻线的夹角，如图8-37所示。

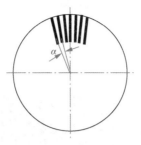

图8-37　圆光栅的栅距角

8.6.3　莫尔条纹及其测量原理

莫尔条纹及其
测量原理

计量光栅传感器主要利用光栅产生的莫尔条纹实现对被测量的测量。

1．莫尔条纹的形成

Moire为法语单词，含义是水波纹。中国的丝绸于16世纪就已传入法国，人们发现两块薄的绸缎相叠放时，缎面上会呈现出水波样的图案，就以法语Moire为图案命名。1874年，英国物理学家约翰·威廉·斯特拉特，即瑞利勋爵，首次明确了莫尔条纹特有图案变化的光学原理，并将其应用于工程测量。莫尔条纹实质是两个空间、频率相近的周期性光栅纹样重叠后产生的干涉影像。光的干涉现象是指两列或几列光波在空间相遇叠加，在某些区域始终加强，在另一些区域则始终削弱，形成稳定的光的强、弱分布的现象，如图8-38所示。

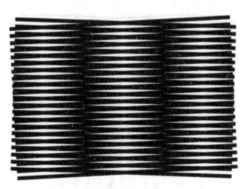

图8-38　莫尔条纹形成示例

莫尔条纹现象在实际的生产、生活中比较常见，例如，手机与电脑的屏幕以及某些布料的表面很容易出现莫尔条纹现象。

利用莫尔条纹现象可以实现传感信号检测，也可以实现纸币的防伪，还可以利用莫尔条纹独特的光学特点设计制作美观的图案。

思考

挖掘实际生产、生活中存在的莫尔条纹现象或应用莫尔条纹的案例。

由长光栅形成的莫尔条纹，根据两光栅的栅距是否相等和有无夹角，分为横向莫尔条纹、纵向莫尔条纹、斜向莫尔条纹3种类型，如图8-39所示。

① 横向莫尔条纹的形成条件：两块光栅的栅距相等，成较小夹角叠加。

② 纵向莫尔条纹的形成条件：两块光栅的栅距不相等，但数值接近，无夹角叠加。

需要注意的是，当两个光栅的栅距相等且无夹角叠加时，则会形成光闸莫尔条纹，属于纵向莫尔条纹的特例。

（a）横向莫尔条纹　　　　　（b）纵向莫尔条纹　　　　　（c）斜向莫尔条纹

图8-39　长光栅的莫尔条纹类型

③ 斜向莫尔条纹的形成条件：两块光栅栅距接近但不相等，成较小夹角叠加。

2. 莫尔条纹的测量原理

下面以横向莫尔条纹检测位移为例分析莫尔条纹的测量原理。如图8-40所示，光栅位移传感器的主光栅（标尺光栅）与副光栅（指示光栅）的栅距相等，成较小夹角θ叠加。以主光栅为标准器，在近似垂直于主栅线的方向上，会显现出比栅距W大得多的明暗相间的条纹，如图8-39（a）所示：光线从两块光栅重叠区域的间隙中通过形成亮带，而在两块光栅错开的区域不能透过光形成暗带。相邻的两条亮带或两条暗带之间的距离称为莫尔条纹间距B_H。由于θ值很小，条纹与栅线方向近似垂直，因此称为横向莫尔条纹。

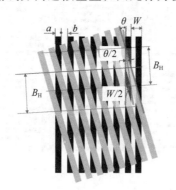

图8-40　莫尔条纹测量原理解析图

图8-40所示光栅的栅线宽度与栅线间距相等，即$a = b = W/2$，主光栅与副光栅的栅线夹角为θ，取值很小。根据图8-40中的$\theta/2$、$W/2$、B_H3个参量构成的直角三角形，可得

$$B_H = \frac{\dfrac{W}{2}}{\sin\left(\dfrac{\theta}{2}\right)} \approx \frac{W}{\theta} \tag{8-14}$$

由式（8-14）可知，莫尔条纹间距 B_H 由光栅的栅距 W 和两个光栅线的夹角 θ 决定。需要注意的是，式（8-14）中，W 和 B_H 的单位均为 mm，θ 的单位为 rad。

由式（8-14）可以转换得到莫尔条纹间距 B_H 和光栅的栅距 W 之比，定义为放大倍数 K，即

$$K = \frac{B_H}{W} = \frac{1}{\theta} \tag{8-15}$$

由式（8-15）可知，当光栅的栅距 W 确定不变时，θ 越小，B_H 越大，相当于将栅距 W 放大了 $1/\theta$ 倍。

例题 8-1 有一直线光栅，栅线密度为 250 条/mm，主光栅与副光栅的夹角 θ 为 3.5°。试求光栅的栅距 W、莫尔条纹的宽度 B_H 以及放大倍数 K。

解 $W = \dfrac{1}{250} = 0.004 \text{ mm}$

$$\theta = \frac{3.5° \times 3.14}{180} = 0.0611 \text{ rad}$$

$$B_H = \frac{W}{\theta} = \frac{0.004 \text{ mm}}{0.0611 \text{ rad}} \approx 0.065 \text{ mm}$$

$$K = \frac{B_H}{W} = \frac{1}{\theta} = \frac{1}{0.0611} \approx 16$$

3．横向莫尔条纹的基本特性

（1）运动关系对应特性

当主光栅和副光栅发生水平相对移动时，莫尔条纹将沿着垂直于光栅移动的方向移动，即纵向移动。并且当光栅相对移动一个栅距时，莫尔条纹正好移动一个间距。如果光栅相对移动方向改变，莫尔条纹的移动方向也随之改变：当固定一个光栅，另一个光栅向右移动时，莫尔条纹将向上移动；反之，莫尔条纹向下移动。因此可以通过测量莫尔条纹的移动量和移动方向来获得主光栅或副光栅的相对位移量和位移方向，进而得到被测量的变化。

（2）位移放大特性

由式（8-15）可知，莫尔条纹具有位移放大作用，放大倍数 $K = 1/\theta$，相当于把栅距 W 放大 $1/\theta$ 倍。即虽然光栅的栅距很小，但是莫尔条纹却清晰可辨，便于测量。

（3）误差平均效应

计量光栅传感器的光电器件接收到的是许多光栅共同作用后的光信号。因此，根据误差平均效应理论可知，若其中某一栅线的加工误差为 δ_0，则由它引起的光栅测量系统总的误差 Δ 仅为 $\delta_0/\sqrt{n}$，其中 n 是光电器件能够有效接收到的莫尔条纹区域对应的光栅条数。

例题 8-2 由于制作工艺的问题，某一条长光栅的栅线存在位置误差 δ_0 为 1 mm，栅线密度为 50 条/mm，光电器件有效接收宽度为 4 mm。试求总的系统误差 Δ。

解 光电器件所能接收到的有效光栅线条数 n 为

$$n = 50 \times 4 = 200 \text{ 条}$$

总的系统误差 Δ 为

$$\Delta = \frac{\delta_0}{\sqrt{n}} = \frac{1}{\sqrt{200}} \approx 0.71 \text{ mm}$$

（4）计量光栅传感器输出信号特点

计量光栅传感器的主光栅与副光栅发生相对位移时会产生莫尔条纹，光电器件会将接收到莫尔条纹移动时的光强变化转换成电压信号输出。输出电压 u_o 与位移量 x 成近似正弦函数关系，即

$$u_o = U_o + U_m \sin\left(\frac{\pi}{2} + \frac{2\pi x}{W}\right) \tag{8-16}$$

其中，U_o 表示输出电压的直流电压分量；U_m 表示输出电压的交流电压分量的幅值；W 表示光栅的栅距。

输出电压 u_o 的波形图如图 8-41 所示。

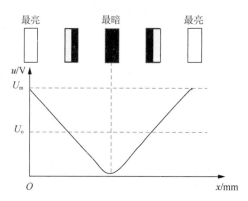

图 8-41　计量光栅传感器的输出电压 u_o 波形图

将此输出电压信号放大、整形，使其变为方波，经微分电路转换成脉冲信号，再经过辨向电路和计数器计数，就可以在显示器上以数字形式实时显示位移量的大小。位移量 x 与脉冲数 N 和光栅栅距 W 的关系式为

$$x = NW \tag{8-17}$$

8.6.4　计量光栅传感器的典型应用

基于莫尔条纹测量原理构成的计量光栅传感器的典型应用如下。

（1）机械加工制造领域

计量光栅传感器可实现直线位移和角位移的静态、动态精密测量。

① 计量光栅传感器可以对机床的微位移量进行测量，有助于机床位置和姿态的及时修正调整，保证加工精度。

② 计量光栅传感器可以对机器人的姿态和运动轨迹进行测量，保证机器人操作运行的准确性和稳定性。

（2）地震预测

计量光栅传感器可以通过监测地壳应力的变化来预测地震，如监测地壳上岩石的微小移动量或岩石的受力情况。

（3）光学仪器制造

计量光栅传感器可以高精度地测量光电器件的位置和角度，同时还可以检测出光电器件表面形貌的微小变化，从而保证光学仪器制造的精度和稳定性。

✎ 本章小结

本章重点对内、外光电效应以及典型光电器件和典型光电式传感器进行了详细的分析说明。

① 光电效应分为外光电效应和内光电效应，内光电效应又分为光电导效应和光生伏特效应两种类型。

② 常用的光电器件为光敏电阻、光电二极管、光电三极管、光电管、光电倍增管和光电池。本章结合各种光电器件的结构特点，介绍了其光电效应机理及其典型应用。

③ 典型的光电式传感器包括光纤传感器、光电式编码器和计量光栅传感器。光纤传感器的重点内容是光纤的构成、类型划分及光纤内部的光全反射传输原理；光电式编码器的重点内容是增量式光电编码器和绝对式光电编码器的码盘结构与特点及其检测原理和工作特性；计量光栅传感器的重点内容是光栅的构成特点和类型划分以及莫尔条纹产生的条件及其对应特性。

✐ 本章习题

1．分析外光电效应与内光电效应的区别。

2．分析光电导效应与光生伏特效应的异同点。

3．总结光敏电阻的光电特性。

4．分析光电管与光电倍增管的光电特性异同点。

5．分析真空光电管和充气光电管工作原理的异同点。

6．分析光电池与光电二极管的光电特性区别。

7．简述光纤传输光信号的全反射原理。

8．简述数值孔径的定义。

9．分析功能型光纤传感器和非功能型光纤传感器的区别。

10．简述光纤与光缆的区别。

11．分别从码盘结构、输出信号特点、工作特性差异 3 个方面分析总结增量式光电编码器与绝对式光电编码器的区别。

12．有一个长光栅，栅线密度为 200 条/mm，主光栅与副光栅的夹角 θ 为 1.5°。求光栅的栅距 W 和莫尔条纹的宽度 B_{H}。

13．简述莫尔条纹的类型划分及各个类型的特点。

14．红外线遥控是目前应用非常广泛的一种通信和遥控手段，许多家用电器（电视机、空调、风扇等）和玩具的信号控制都采用红外线遥控方式。请自行选择一种红外线遥控方式的应用案例，简述其工作原理。

第 **9** 章

磁敏式传感器

　　磁敏式传感器是指能够感受磁场变化的传感器，被广泛应用于工业、医疗、军事、汽车电子、家用电器、环境监测等领域。本章从工作原理、材料构成、类型划分、主要特性及典型应用5个方面详细介绍霍尔传感器和磁敏电阻传感器两种典型类型的磁敏式传感器，将理论知识与工程实践紧密结合。

知识目标

① 掌握霍尔效应及其类型划分；

② 了解霍尔传感器的灵敏度和霍尔系数的定义及其意义；

③ 掌握开关型、线性型霍尔传感器的输出特性；

④ 掌握霍尔传感器不等位电势的定义及其补偿方法；

⑤ 掌握磁阻效应及其类型划分；

⑥ 掌握磁敏电阻传感器的 B-R 特性。

能力目标

① 能够准确理解霍尔效应与物理磁阻效应之间的联系与区别；

② 能够正确选择和应用霍尔传感器和磁敏电阻传感器。

重点与难点

① 霍尔效应与物理磁阻效应之间的联系与区别；

② 开关型、线性型霍尔传感器的输出特性；

③ 几何磁阻效应的工作机理。

9.1　磁敏式传感器概述

　　磁敏式传感器是指利用各种磁电物理效应（霍尔效应、磁阻效应）或磁电感应原理，将受到振动、位移、转速等非磁电信息影响的磁物理量（感应电动势、磁感应强度、磁通）的变化转换成可用电信号的传感器。

　　制作磁敏式传感器的材料非常丰富，主要有石墨烯、磁性金属材料、半导体材料等。

　　根据工作原理的不同，可将磁敏式传感器分为霍尔传感器、磁敏电阻传感器、磁电感应式传感器、磁致伸缩式磁敏传感器、韦根磁敏传感器、半导体结型磁敏传感器等多种类型。

　　磁敏式传感器具有测量精度高、稳定性好、响应速度快、可非接触式测量等优点，能够适应复杂环境下的参数测量，被广泛应用于电力电子设备、自动化控制、机器人、医疗设备等领域。典型应用案例如下。

　　（1）无刷电动机调速

　　磁敏式传感器可以对无刷电动机的转速、转子位置、电流等参数进行监测，从而实现无刷电机的自动调速。

　　（2）电力电网监控

　　磁敏式传感器可以检测电力电网中电压与电流等参量的变化，变压器、发电机等具体的电力设备的磁场变化、温度变化、位置变化等，对电力电网的运行状态进行监控，辅助电力电网的智能化管理。

　　（3）汽车电子

　　磁敏式传感器在汽车电子领域应用广泛，如检测发动机的运行状态，获得车辆的速度、加速度以及温度等参数；检测车辆的方向盘角度、车身倾斜角度等参数，获得汽车的位置和姿态，实现汽车的自动驾驶和导航等功能；用于汽车的碰撞保护和安全气囊控制系统，保护人员安全。

　　（4）医学检测

　　磁敏式传感器在现代医学检测领域应用较多。例如，磁控胶囊胃镜机器人利用磁敏式传感器实现对胃镜机器人位置和姿态的精确控制；脑磁图仪利用磁敏式传感器检测脑部神经元兴奋性突触后电位产生的电流形成的生物电磁场，以了解大脑的状态。

9.2　霍尔传感器

　　霍尔传感器的工作原理是基于霍尔效应的，是在霍尔元件的基础上添加配置一些功能电路制成，是一种将被测量变化导致的磁感应强度的变化转换成电压变化的传感器。霍尔传感器被广泛应用于微位移、加速度、转速、角度、流量等参量的测量，用于制作高斯计、钳形交流电流表、功率计、接近开关，还可用于对金属管道实现漏磁无损检测等。

9.2.1　霍尔效应

1．霍尔效应的类型

霍尔效应是指在外加磁场作用下或者在没有外加磁场的情况下，通电的

霍尔效应

导体或半导体材料在垂直于电流的方向产生电动势的现象。

霍尔效应根据具体形成机理的不同，主要分为经典霍尔效应、反常霍尔效应、量子霍尔效应、量子反常霍尔效应、自旋霍尔效应、量子自旋霍尔效应、热霍尔效应等类型。下面介绍部分霍尔效应。

（1）经典霍尔效应

经典霍尔效应也称为常规霍尔效应，于1879年由美国物理学家约翰·霍尔发现。其形成机理是：通电的导体或半导体材料处于外加磁场中时，由于磁场和电流的相互作用，载流子受到洛伦兹力的作用，运动轨迹发生偏转，在平行于外加电场的导体两侧出现正电荷和负电荷的积聚现象，产生霍尔电场，形成霍尔电势。霍尔效应在物理学和电子工程领域应用广泛，如用于转速、位置与位移等参量的检测等。

（2）反常霍尔效应

反常霍尔效应是指对通电的磁性导体或半导体材料不加外磁场，由材料本身自发磁化呈现霍尔效应。1881年，反常霍尔效应由美国物理学家约翰·霍尔在研究磁性金属的霍尔效应时发现。利用反常霍尔效应可以制作无磁场传感器，用于测量磁场或电流等物理量；还可以与自旋电子学相结合，制作自旋电子学器件。

（3）量子霍尔效应

量子霍尔效应是霍尔效应的量子力学版本，是一种用量子力学规律描述的物理现象。量子霍尔效应具体分为整数量子霍尔效应和分数量子霍尔效应两种类型。

1980年，德国物理学家冯·克利青在低温强磁场的二维电子系统中观察到霍尔电阻被量子化，从而发现整数量子霍尔效应，并因此荣获1985年的诺贝尔物理学奖。

1998年的诺贝尔物理学奖颁发给发现和解释了分数量子霍尔效应的美国物理学家崔琦、霍斯特·施特默和罗伯特·劳克林。

2005年，英国科学家安德烈·海姆和康斯坦丁·诺沃肖洛夫发现了石墨烯中的半整数量子霍尔效应，荣获了2010年的诺贝尔物理学奖。

量子霍尔效应是一种重要的量子力学现象，相关研究与拓扑物态、新型电子学、量子计算等科技前沿领域密切相关，具有广泛的应用前景和重要的研究价值。

（4）量子反常霍尔效应

量子反常霍尔效应是指在不需要外加磁场的情况下实现量子霍尔态的效应。量子反常霍尔效应是一种复杂的量子现象。

量子反常霍尔效应自1988年被提出后，许多理论物理学家先后提出了实现量子反常霍尔效应的各种方案，但是在实验上没有获得实质性进展。2013年，中国科学院薛其坤院士带领的实验团队通过制备高质量的、磁性掺杂的拓扑绝缘体薄膜，成功观测到了量子反常霍尔效应，被视为"世界基础研究领域的一项重要科学发现"。薛其坤院士因此项研究成果获得了2020年的菲列兹·伦敦奖，这是国际公认的低温物理领域最高奖。量子反常霍尔效应的实验验证为凝聚态物理领域带来了一些新的思路和方法，开启了新的应用前景，如可以用于新一代的低能耗、高速度的电子器件和自旋电子器件，为未来信息科技的发展带来新的机遇。薛其坤院士荣获2023年度巴克利奖和我国国家最高科学技术奖。

本小节重点介绍经典霍尔效应，有兴趣的读者可自行查阅资料了解其他霍尔效应。

2．经典霍尔效应

（1）霍尔效应的原理

经典霍尔效应简称霍尔效应，其原理解析图如图9-1所示，对N型杂质半导体材料

通以激励电流 I，并将其置于均匀磁场中，磁场方向与电流方向相垂直。需要注意的是，N 型杂质半导体材料中的多数载流子为带负电荷的自由电子。此 N 型杂质半导体材料即霍尔元件。

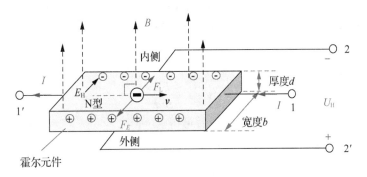

图9-1　霍尔效应原理解析图

根据洛伦兹力定律，自由电子在洛伦兹力 F_L 的作用下（左手定则），向半导体材料的内侧偏转，形成负电荷的积聚；而半导体材料的外侧会留下不能移动的正离子和带正电荷的空穴，形成正电荷的积聚。因此半导体材料的外侧与内侧之间就形成了一个内电场，称为霍尔电场 E。霍尔电场形成后，半导体材料中的自由电子在受到洛伦兹力 F_L 作用的同时也受到电场力 F_E 的作用，两种力的作用方向相反。随着自由电子的继续偏移，霍尔电场继续增强，电场力 F_E 继续增大，直至两种力大小相等，即 $F_E + F_L = 0$，霍尔电场处于动态平衡状态，电势差数值稳定。此时霍尔电场对应的电势差称为霍尔电势 U_H，此种电磁现象称为霍尔效应。

需要注意的是，在相同的磁场环境和外加电场条件下，金属材料比半导体材料的霍尔效应弱。近年来，科研人员已研制出由非金属导体材料石墨烯制作的霍尔元件，但由于当前石墨烯的大规模制备仍面临较多困难，制备成本高，且石墨烯的稳定性和相关特性还需要进一步深入研究，因此当前制作霍尔元件的主要材料仍是半导体材料。常用的半导体材料有硅、锗、砷化镓、锑化铟、砷化铟等。

（2）霍尔灵敏度与霍尔系数

如图 9-1 所示，当自由电子以恒定速度 v 运动时，在磁感应强度 B 稳定的均匀磁场中，若以正电荷受到的洛伦兹力方向为正，则单个自由电子受到的洛伦兹力 F_L 的求解式为

$$F_L = -evB \tag{9-1}$$

式中，$e = 1.6 \times 10^{-19} C$，表示单个自由电子的电荷量，也称为元电荷；$v$ 表示电子定向运动的平均速度；B 表示磁场的磁感应强度。

单个自由电子受到的电场力 F_E 的求解式为

$$F_E = (-e) E_H = -e \frac{U_H}{b} \tag{9-2}$$

式中，E_H 表示霍尔电场的电场强度；U_H 表示霍尔电势；b 表示霍尔元件的宽度，即霍尔电场正、负电极之间的距离。

当 N 型杂质半导体材料的霍尔电场达到动态平衡状态时，洛伦兹力 F_L 和电场力 F_E 两力大小相等，方向相反。只考虑大小关系，则

$$|F_L| = |F_E| \tag{9-3}$$

将式（9-1）、式（9-2）代入式（9-3），可得

$$vB = \frac{U_H}{b} \tag{9-4}$$

半导体材料内部电子电流的微观表达式为

$$I = -jS = -nevS = -nevbd \tag{9-5}$$

式中，j表示电流密度；S表示霍尔元件垂直于电流方向的横截面积；n表示单位体积内的自由电荷数；d表示霍尔元件的厚度。

由式（9-5）可得

$$v = -\frac{I}{nebd} \tag{9-6}$$

将式（9-6）代入式（9-4）中，整理后可得

$$U_H = -\frac{1}{ned} IB \tag{9-7}$$

式（9-7）可以表示为

$$U_H = K_H IB = R_H \frac{1}{d} IB \tag{9-8}$$

式中，$K_H = -1/ned$，表示霍尔灵敏度（单位：mV/mA·T），能够反映霍尔元件在单位激励电流和单位磁感应强度作用下产生的霍尔电势的大小；$R_H = -1/ne$，表示霍尔系数（单位：m³/C或 Ω·m/T），由霍尔元件材料的性质决定，反映材料霍尔效应的强与弱。

霍尔灵敏度K_H与霍尔系数R_H的关系为

$$K_H = \frac{R_H}{d} \tag{9-9}$$

由式（9-9）可知，当霍尔元件的材料确定后，其霍尔灵敏度K_H与霍尔元件的厚度d成反比。因此，霍尔元件通常制作成薄片形状，以提高霍尔灵敏度。

思考

将霍尔元件的材料改为P型杂质半导体，图9-1需要进行哪些改变？相关参量的推导式有哪些变化？

需要注意的是，式（9-8）中$U_H = K_H IB$的表达式是在磁场方向与激励电流方向相垂直、夹角是90°的前提下推导得来的。磁场方向与激励电流方向也可以成任意夹角θ（霍尔相位角），如图9-2所示。

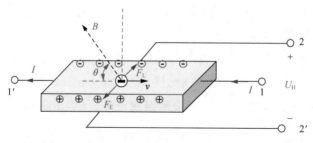

图9-2　霍尔相位角示意图

如图9-2所示，对应的霍尔电势的求解通式为

$$U_H = K_H IB\sin\theta \tag{9-10}$$

思考

如果霍尔相位角定义为磁场方向与霍尔元件法线方向的夹角，霍尔电势的求解通式需如何表达？

在霍尔灵敏度 K_H、激励电流 I 以及霍尔相位角 θ 确定的前提下，测量获得霍尔电势 U_H 后，根据式（9-10）计算获得磁感应强度 B，进而确定被测量的值。这就是霍尔传感器的数据处理思路。

9.2.2　霍尔元件与霍尔传感器

霍尔传感器的核心构成是霍尔元件。由霍尔效应的工作原理分析可知，霍尔元件是双端输入、双端输出的四端元件。霍尔元件的图形符号形式多样，常用的如图9-3所示。

霍尔元件与霍尔传感器

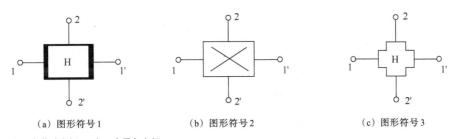

（a）图形符号1　　　（b）图形符号2　　　（c）图形符号3

注：1与1'为激励电极，2与2'为霍尔电极

图9-3　霍尔元件的图形符号

霍尔传感器是在霍尔元件的基础上根据不同功能需要集成辅助的功能电路，如集成放大电路、电压比较器等。霍尔传感器通常比霍尔元件具有更高的测量精度和稳定性，其封装形式丰富，引脚数量有3个、4个或更多，实物图片示例如图9-4所示。在使用前，需要借助对应的器件手册，明确霍尔传感器的封装形式、引脚排列方式以及各个引脚的功能。

（a）三引脚　　　（b）四引脚　　　（c）八引脚

图9-4　霍尔传感器实物图片示例

思考

请查阅资料，明确TO-92S封装形式的HL2102霍尔传感器的3个引脚的功能及主要特性的参数取值。

9.2.3 霍尔传感器的输出特性

根据输出特性的不同，霍尔传感器分为开关型和线性型两大类型。

1．开关型霍尔传感器

开关型霍尔传感器简称霍尔开关，输出信号为开关量，具有无触点、功耗低、使用寿命长、响应频率高等特点。霍尔开关的内部构成主要包括霍尔元件、稳压器、差分放大器、施密特触发器、集电极开路输出级等功能电路。根据输出端信号高、低电平切换与磁场南、北极关联性的不同，霍尔开关分为单极、双极和全极 3 种类型。

（1）单极霍尔开关

单极霍尔开关能感应识别磁场的一个固定磁极，即磁场南极（S极）或者磁场北极（N极）。单极霍尔开关主要应用于转速计、计数器、流量计以及电机控制等领域。常用的单极霍尔开关型号有 OH3144、MT4102、HL2102 等。下面以单极霍尔开关 HL2102 为例，解析单极霍尔开关的检测特性。

如图 9-5（a）所示，当磁场南极靠近 TO-92S 封装形式的霍尔开关的丝印面（型号标识面），且磁感应强度 B 达到霍尔开关的工作点 B_{OP}（导通阈值）后，霍尔开关输出端为低电平，呈导通状态，如图 9-5（b）所示，按左向实线箭头走向变化。当磁场南极逐渐远离，磁感应强度 B 的绝对值逐渐减小，减小至霍尔开关的释放点 B_{RP}（截止阈值）后，霍尔开关的输出端为高电平，呈关闭状态，如图 9-5（b）所示，按右向虚线箭头走向变化。需要注意的是，工作点 B_{OP} 和释放点 B_{RP} 两参数不重合，之间存在差值，称为回差，用 B_H 表示，即 $B_H = B_{OP} - B_{RP}$。回差的存在令霍尔开关电路的抗干扰能力增强。当没有磁场南极靠近或者是磁场北极靠近 HL2102 丝印层时，其输出端将一直保持高电平状态。需要注意的是，磁场的南极和北极在坐标系中的正、负是人为规定。

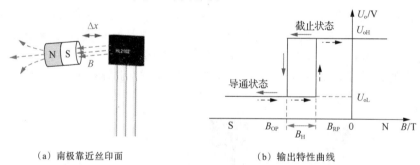

（a）南极靠近丝印面　　　　　　（b）输出特性曲线

图 9-5　TO-92S 封装形式的 HL2102

对于采用 SOT23-3 贴片封装形式的 HL2102，其丝印面对磁场北极（N极）的感应如图 9-6 所示。需要注意的是，其他型号的单极霍尔开关的感应极性可能与 HL2102 相反。

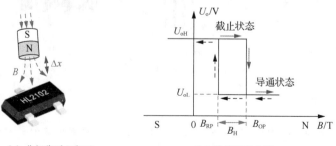

（a）北极靠近丝印面　　　　　　（b）输出特性曲线

图 9-6　SOT23-3 贴片封装形式的 HL2102

HL2102的基本应用电路如图9-7所示。由于HL2102的输出端为漏极开路，因此需要配置上拉电阻R。

（2）双极霍尔开关

双极霍尔开关通过磁场的两个磁极分别控制输出端的高、低电平状态，即霍尔开关对磁场的两个磁极对应不同的输出电平状态。根据磁场消失后是否保持原输出状态，双极霍尔开关分为锁存型和非锁存型两种类型。双极锁存型霍尔开关广泛应用于计算机、手机、数码相机、家用电器以及自动化生产线上的物料搬运系统等。常用的双极锁存型霍尔开关型号有SS466A、ME1177、A1221LUA、HAL513、CC6205、FS177等。下面以双极锁存型霍尔开关FS177为例进行讲述，其输出特性曲线如图9-8所示。

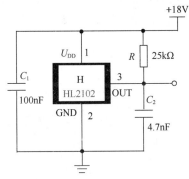

图9-7　HL2102的基本应用电路图

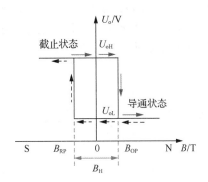

图9-8　双极锁存型霍尔开关FS177的输出特性曲线

当磁场北极靠近且达到FS177的工作点B_{OP}后，其输出端切换为低电平，如图9-8所示，按右向实线箭头走向变化。当磁场消失后，输出端保持低电平。当磁场南极靠近且达到FS177的释放点B_{RP}后，其输出端会切换为高电平，按左向虚线箭头走向变化。当磁场消失后，输出端保持高电平。FS177的典型应用是无刷直流电机的电子换向。

（3）全极霍尔开关

全极霍尔开关又称为无极性霍尔开关或全极开关，其工作特性是不区分磁场的南极或北极，通常只要有磁极靠近，且磁感应强度达到工作点后，其输出端就呈现低电平，如图9-9所示；只要磁极远离，且磁感应强度低于释放点后，其输出端就呈现高电平。

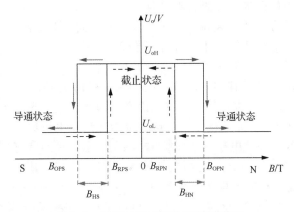

图9-9　全极霍尔开关的输出特性曲线图

全极霍尔开关主要应用于汽车、智能门锁、笔记本电脑、门磁报警器等的开关状态或位置监控，常用型号有HAL2201、AH463、OCH1661、A3213等。

思考

全极霍尔开关也可以响应磁场输出高电位，请结合图9-9绘制对应的输出特性曲线。

2. 线性型霍尔传感器

线性型霍尔传感器主要由霍尔元件、线性放大器、电压跟随器等功能电路构成，其输出量为模拟电压，与磁感应强度成比例关系。线性霍尔传感器可以应用于位移、位置、压力、力矩、应力、交流电流、交流电压等参量的测量，常用型号有SS495、A1236、CH605等。线性型霍尔传感器的输出特性曲线如图9-10所示。

由图9-10可知，线性型霍尔传感器在一定的磁感应强度范围内，输出电压与磁感应强度成线性关系。如果磁感应强度超出了线性区域，输出电压将趋于饱和。线性型霍尔传感器位移检测示意图如图9-11所示。

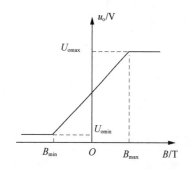

图9-10　线性型霍尔传感器的输出特性曲线图

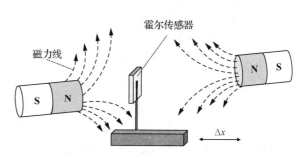

图9-11　线性型霍尔传感器位移检测示意图

9.2.4　不等位电势及其补偿

不等位电势及其补偿

由公式 $U_H = K_H IB\sin\theta$ 可知：当无磁场（即磁感应强度 $B = 0$）时，霍尔电势 $U_H = 0$。但在实际应用中，霍尔元件或霍尔传感器在 $B = 0$ 时，$U_H \neq 0$，此时对应的霍尔电势称为不等位电势。

不等位电势存在的主要原因如下。

① 霍尔电极安装位置不对称或者不在同一等电位面。

② 半导体材料不均匀或几何尺寸不均匀，导致电阻率不均匀。

③ 激励电极端接触不良，造成激励电流分布不均匀。

不等位电势与霍尔电势具有相同的数量级，在某些情况下，不等位电势甚至可能超过霍尔电势，是霍尔传感器产生零位误差的主要因素。因此在应用霍尔传感器时需尽量减小不等位电势的影响，进行补偿。常用的不等位电势补偿方法是电桥法。

霍尔元件可以等效为一个电桥。如图9-12（a）所示，理想状态下，电桥4个桥臂的电阻阻值相等，即 $R_1 = R_2 = R_3 = R_4$，电桥处于平衡状态，输出电压为0。实际的霍尔元件由于电极安装、接触问题或材料不均质的客观原因，对应的等效电桥中的4个桥臂电阻的阻值不相等，从而导致不等位电势的存在。因此，可以借助外接电阻电路实现补偿，令电桥平衡，从而减小不等位电势。补偿电路示例如图9-12（b）、图9-12（c）所示。实际应用中的电桥法补偿电路的结构形式很多，可以更新优化。

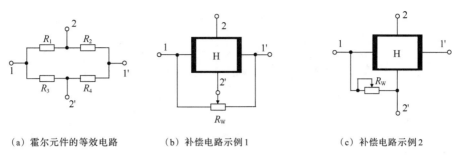

（a）霍尔元件的等效电路　　（b）补偿电路示例 1　　（c）补偿电路示例 2

图 9-12　霍尔元件的等效电路与不等位电势补偿电路示例

思考

霍尔元件的特性会受到环境温度变化的影响吗？提供结论依据。

9.3　磁敏电阻传感器

　　磁敏电阻传感器简称磁阻传感器，以磁阻元件为转换元件，基于磁阻效应，将磁场的变化转换为阻值的变化，被广泛应用于铁磁物质探伤、图形识别、直线位移、角位移、磁通量、压力、流量等的测量。

9.3.1　磁阻效应

磁阻效应

　　磁阻效应是指导体或半导体材料的电阻值随外加磁场的变化而变化的现象。根据具体机理的不同，磁阻效应分为常磁阻效应、巨磁阻效应、超巨磁阻效应、异向磁阻效应、穿隧磁阻效应等。其中常磁阻效应发现最早，1856年由英国物理学家威廉·汤姆森发现。后来科研工作者陆续发现了巨磁阻效应、超巨磁阻效应、异向磁阻效应和穿隧磁阻效应。各种磁阻效应的形成机理存在一定差异，但都具有巨大的应用价值与前景，对人类社会的生产、生活影响深远，成为社会进步发展的重要推动力。法国物理学家艾尔伯·费尔和德国物理学家皮特·克鲁伯格因为发现巨磁阻效应共同荣获2007年的诺贝尔物理学奖。

　　本节主要介绍常磁阻效应。常磁阻效应简称磁阻效应，分为物理磁阻效应和几何磁阻效应两种类型。

1．物理磁阻效应

　　物理磁阻效应又称为磁电阻率效应，是指导体或半导体材料的电阻率随着外加磁场的变化而变化的现象。

　　根据外加磁场和外加电场空间关系的不同，物理磁阻效应分为横向磁阻效应和纵向磁阻效应两种类型。如果外加磁场与外加电场相垂直，即外加磁场与导体电流相垂直，则对应的物理磁阻效应称为横向磁阻效应；如果外加磁场与外加电场相平行，则对应的物理磁阻效应称为纵向磁阻效应。一般纵向磁场不会引起载流子偏移，因而纵向磁阻效应不显著。

　　横向磁阻效应的原理解析图如图 9-13 所示。

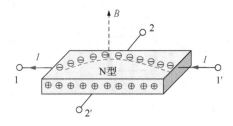

图9-13 横向磁阻效应的原理解析图

由9.2.1小节霍尔效应的原理解析可知，通电的导体或半导体材料在外加磁场作用下，内部载流子在垂直于磁场与电流的方向上，将受到洛伦兹力的作用发生偏转，之后随着偏转载流子数量的增加，会产生霍尔电场。动态平衡状态下的霍尔电场对应的电势即霍尔电势，此种现象为霍尔效应。而在这个过程中，需要注意的是载流子在洛伦兹力作用下发生的偏转导致了载流子在材料内部运动的路径变得弯曲延长，如图9-13所示的弯曲虚线。这将令载流子发生碰撞，导致散射的几率增大，电流密度降低，最终导致电阻率升高，电阻值增大，这种现象称为物理磁阻效应。

思考

简述霍尔效应与物理磁阻效应的联系与区别。

2．几何磁阻效应

几何磁阻效应是指在相同的磁场作用下，不同几何形状的半导体磁阻元件对应不同电阻阻值的现象，即磁阻效应的强弱与半导体材料的几何形状联系紧密。

几何磁阻效应的具体原理解析图如图9-14所示，通电的半导体磁阻元件在外加磁场作用下，内部载流子在垂直于磁场与激励电流的方向上，受到洛伦兹力 F_L 的作用发生偏转，继而形成霍尔电场，产生霍尔电势 U_H；同时有电场力 F_E 作用于载流子，方向与洛伦兹力 F_L 反向。由于磁阻元件1与1'的电极引脚端对霍尔电场起到短路作用，因此在靠近两电极引脚的区域霍尔电场非常弱，接近于0。此处 $F_L \gg F_E$，因此载流子运动方向相对于外加电场 U_{ext} 的方向偏转角度 α 较大，载流子在磁阻元件内部的运动路径延长，电阻值变大。

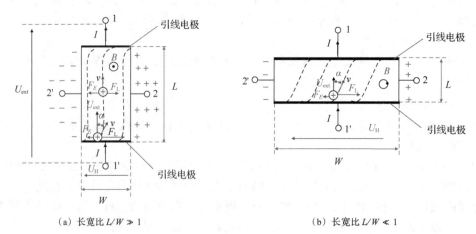

（a）长宽比 $L/W \gg 1$ （b）长宽比 $L/W \ll 1$

图9-14 几何磁阻效应的原理解析图

需要注意的是，与几何磁阻效应紧密相关的参量是磁阻元件几何形状的长宽比 L/W，其中与外加电场方向（电流方向）平行的边定义为长边 L，与外加电场方向垂直的边定义为宽边 W。

如果半导体磁阻元件的长宽比 $L/W \gg 1$，如图 9-14（a）所示，当载流子处于远离两电极引脚的区域时，受到的内电场力 F_E 与洛伦兹力 F_L 的作用效果相等，即 $F_L + F_E = 0$，则载流子的运动轨迹几乎不发生偏转，即 $\alpha \approx 0$。此时运动路径没有变化，电阻值无变化，几何磁阻效应较弱。

如果半导体磁阻元件的长宽比 $L/W \ll 1$，如图 9-14（b）所示，即使载流子不处于两电极引脚区域，但由于磁阻元件的宽度远小于其长度，依然会受到两电极引脚短路的影响，导致载流子受到的洛伦兹力 F_L 大于内电场力 F_E，因此载流子在磁阻元件内部各处的运动方向相对于外加电场 U_{ext} 的方向偏转角度 α 较大。此时运动路径延长，电阻值变化大，几何磁阻效应较强。

因此，在制作长方形半导体磁阻元件时，会增加许多平行等间距的金属条，即短路条，目的是将霍尔电场短路，增大磁阻元件内部载流子运动轨迹的偏转角度，增强磁阻效应，示意图如图 9-15 所示。

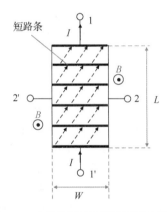

图 9-15 半导体磁阻元件短路栅格示意图

9.3.2 磁敏电阻元件

磁敏电阻元件

磁敏电阻元件简称磁阻元件（Magnetic Resistor，MR），是磁敏电阻传感器的核心转换元件。

1. 磁阻元件的材料和构成

磁阻元件的制作材料主要有石墨烯、磁性金属和半导体磁敏材料。磁性金属材料选用具有磁各向异性的镍-钴合金薄膜、镍-铁合金薄膜等材料，半导体磁敏材料选用电子迁移率大的锑化铟、砷化镓、砷化铟、锑化铟-锑化镍共晶复合材料以及锑化铟-铟共晶薄膜等。

实际工程应用中的半导体磁阻元件，考虑到几何磁阻效应，结构形式多样化，常见形状有长方形、栅格形、曲折形、圆盘形 4 种，结构示意图如图 9-16 所示。下面详细介绍栅格形半导体和圆盘形半导体磁阻元件。

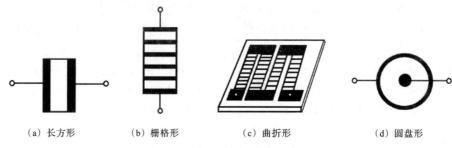

(a) 长方形　　　　(b) 栅格形　　　　(c) 曲折形　　　　(d) 圆盘形

图9-16　磁阻元件常见结构示意图

（1）栅格形半导体磁阻元件

栅格形半导体磁阻元件的结构解析图如图9-17所示，磁阻元件主体由基片、短路条、半导体电阻条、电极4部分组成。基片一般由0.1～0.5mm厚的云母片、玻璃片、陶瓷片或经氧化处理的硅片制成。电阻条一般是锑化铟、砷化镓等半导体材料。由多个金属短路条构成的栅格结构相当于多个磁阻元件的串联，增强了磁阻效应，提高了测量灵敏度。

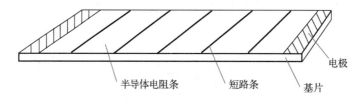

图9-17　栅格形半导体磁阻元件的结构解析图

（2）圆盘形半导体磁阻元件

圆盘形半导体磁阻元件也称为科尔宾元件，其形状是圆盘形，中心有1个电极，圆盘外沿是环形电极；电流绕径向流动，电流的横向是闭合的圆，霍尔电场被全部短路，对外不呈现霍尔效应。因此，科尔宾元件在外加磁场作用下磁阻效应非常显著，如图9-18所示。

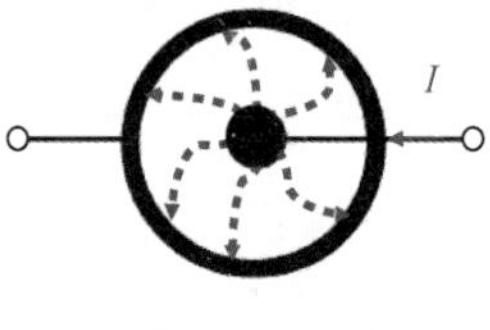

图9-18　科尔宾元件的磁阻效应示意图

2. 磁敏电阻的电路图形符号

磁敏电阻有3种常见的电路图形符号，如图9-19所示。

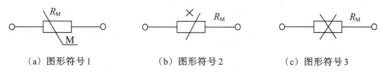

(a) 图形符号1　　　　(b) 图形符号2　　　　(c) 图形符号3

图9-19　磁敏电阻的电路图形符号

3. 磁阻元件的基本特性

磁阻元件一般用电阻率的相对变化 $\Delta\rho/\rho$ 反映磁阻效应的强度。在一定温度和磁感应强度下，磁电阻率 ρ_B 的求解式为

$$\rho_B = \rho_0(1 + 0.273\mu^2 B^2) \tag{9-11}$$

式中，ρ_B 表示磁感应强度为 B 时磁阻元件的电阻率；ρ_0 表示零磁场时磁阻元件的电阻率；μ 表示载流子的迁移率。

由式（9-11）可以得到磁阻元件电阻率相对变化的关系式，即

$$\frac{\Delta\rho}{\rho_0} = \frac{\rho_B - \rho_0}{\rho_0} = 0.273(\mu B)^2 \tag{9-12}$$

由式（9-12）可知，在磁感应强度 B 恒定时，载流子迁移率高的磁阻元件材料对应的磁阻效应会更加显著。

当磁感应强度 B 随着被测量的变化发生变化时，磁阻元件的磁阻比 R_B/R_0 与磁感应强度 B 的特性曲线如图 9-20 所示。

由图 9-20 可知，在磁感应强度 B 为 0.1T 的弱磁场中，B-R 特性曲线的非线性特征显著；当磁感应强度高于 0.1T 后，B-R 特性曲线的线性度良好。

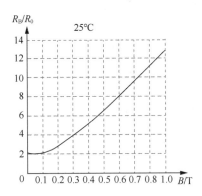

图 9-20　磁阻元件 B-R 特性曲线

4．磁阻元件的应用

磁阻元件的用途非常广泛，典型应用如下。

① 用作磁敏电阻传感器的核心转换元件，可以实现位移、磁场、速度、角度等非电量的测量。

② 用于制作开关磁阻电机，广泛应用于电动车、纺织工业、煤矿、家电等领域。

③ 用于构建模拟运算电路，实现线性、非线性运算，如乘法、除法、平方、立方等运算。

④ 用于制作磁阻随机存储器（Magneto-resistive Random Access Memory，MRAM）——一种非易失性的随机数据存储器，利用磁性薄膜材料的电阻随薄膜磁化方向的不同发生变化来实现数据存储。磁阻随机存储器于 20 世纪 90 年代开始兴起，与动态随机存储器（Dynamic Random Access Memory，DRAM）和闪存（Flash）相比，磁阻随机存储器具有更高的耐用性和更快的读/写速度，功耗更低。磁阻随机存储器是未来通用存储器的重要技术之一。

9.3.3　磁敏电阻传感器的应用

1．结构构成与应用特性

磁敏电阻传感器主要由磁场源、磁阻元件和测量转换电路等构成，一般结构框图如图 9-21 所示。

磁敏电阻传感器的应用

图 9-21　磁敏电阻传感器的一般结构框图

需要注意的是，半导体磁阻元件的磁阻效应也受到温度变化的影响，在实际工程应用中，一般将两个无磁场时磁阻阻值相同的磁阻元件相串联，构成一个三端差分磁敏电阻传感器，配合直流双臂电桥测量转换电路，在提高测量灵敏度的同时实现对温度的补偿。其内部电路连接和实物图分别如图9-22（a）、图9-22（b）所示。

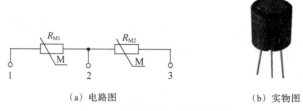

（a）电路图　　　　　　　　　（b）实物图

图9-22　三端差分磁敏电阻传感器

由三端差分磁敏电阻传感器构成的直线微位移检测电路示意图如图9-23（a）所示，配置的测量转换电路为直流双臂电桥电路，如图9-23（b）所示。

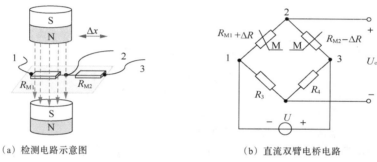

（a）检测电路示意图　　　　　　　（b）直流双臂电桥电路

图9-23　三端差分磁敏电阻直线位移检测示例

如图9-23（a）所示，磁钢与被测对象连接，当被测对象产生左右相对位移时，带动磁钢左右移动。在移动过程中，磁阻元件 R_{M1}、R_{M2} 上的磁感应强度将同步呈现一个逐渐增大、一个逐渐减小的变化，即一个阻值增大，另一个阻值减小。将这两个磁阻元件接在如图9-23（b）所示的直流双臂电桥电路的相邻桥臂支路，即可对被测位移量实现差动检测，在提高测量灵敏度的同时也实现了两磁阻元件之间的温度补偿。

2．典型应用

磁敏电阻传感器具有测量灵敏度高、非接触式测量、抗干扰能力强等优点，应用非常广泛。典型应用案例有用于工业生产中的各种测控系统，如交流变换器、频率变换器、功率电压变换器等设备，对关键参量实现精准测量；各种计量设备，如磁场强度测量仪、位移测量仪、频率测量仪及功率因数测量仪等，用于对汽车、飞机的发动机转速、方向盘转角等各种关键参量的测量。

✏ 本章小结

本章重点介绍了霍尔传感器和磁敏电阻传感器两种典型类型的磁敏式传感器。

霍尔传感器的核心转换元件是霍尔元件，其基本工作原理是霍尔效应。根据形成机理的不同，可将霍尔效应分成很多类型。本章重点分析介绍了经典霍尔效应。

　　霍尔传感器在霍尔元件的基础上增加了功能电路，根据输出特性的不同分为开关型和线性型。开关型霍尔传感器根据输出端高、低电平切换与磁场南、北极关联性的不同，具体分为单极、双极和全极 3 种类型。通过输出特性曲线图可以了解各种类型的开关型霍尔传感器的工作特性。实际应用中的霍尔元件或霍尔传感器在 $B = 0$ 时，$U_H \neq 0$，此时对应的霍尔电势称为不等位电势。不等位电势的存在会影响霍尔传感器数据检测的准确度，因此需要进行补偿，常用方法是电桥补偿法。

　　磁敏电阻传感器的核心转换元件是磁敏电阻元件，简称磁阻元件，其工作原理基于磁阻效应。根据具体形成机理的不同，可将磁阻效应分成很多类型。本章重点介绍了常磁阻效应对应的物理磁阻效应和几何磁阻效应的工作机理，并对磁阻元件的材料构成、结构特点和应用做了详细介绍。

📝 本章习题

　　1. 简述霍尔效应产生的机理。

　　2. 以 P 型杂质半导体材料制作的霍尔元件为分析对象，绘制霍尔效应原理解析图，推导霍尔灵敏度和霍尔系数的表达式。

　　3. 已知一个霍尔元件的激励电流 I 为 2 A，所处磁场的磁感应强度 B 为 4×10^{-3} T，电流方向与磁场方向的夹角 θ 为 80°，霍尔元件的厚度 d 为 3 mm，霍尔系数 R_H 为 0.6 Ω·m/T。试求霍尔电势 U_H。

　　4. 总结霍尔效应和物理磁阻效应的联系与区别。

　　5. 简述霍尔元件不等位电势存在的原因及其补偿的必要性。

　　6. 找寻一个霍尔传感器在汽车电子领域的典型应用案例，分析此案例中的霍尔传感器属于开关型还是线性型，并提供分析依据。

　　7. 设计一个应用霍尔传感器检测小车轮速的测量装置，并描述测量机构的构成。

　　8. 总结物理磁阻效应和几何磁阻效应的异同点。

　　9. 思考如何应用磁敏电阻传感器实现液位测量，并设计测量机构。

第 **10** 章

化学传感器与生物传感器

化学传感器是用于检测化学物质浓度或成分的传感器，生物传感器是用于检测生物物质浓度或成分的传感器。两种类型的传感器被广泛应用于大气污染监测、矿产资源探测、气象观测、生鲜存储、食品质量检测、医学诊断等领域。本章详细介绍了化学传感器和生物传感器的工作原理、基本构成、类型划分及典型应用，特别介绍了新型柔性生物传感器的基本概念、特性及其应用。

知识目标

① 掌握化学传感器的定义及其类型划分；

② 掌握 pH 酸度计的基本构成及其工作原理；

③ 掌握离子敏场效应管传感器的基本构成及其工作原理；

④ 掌握气敏传感器的基本工作原理与主要类型；

⑤ 掌握湿敏传感器的基本工作原理与主要类型；

⑥ 掌握生物传感器的定义及其类型划分；

⑦ 掌握酶传感器的基本工作原理与主要类型；

⑧ 掌握微生物传感器的基本工作原理与主要类型；

⑨ 掌握免疫传感器的基本工作原理与主要类型；

⑩ 掌握柔性生物传感器与柔性生物电传感器的基本概念与工作原理。

能力目标

① 能够理解化学传感器与生物传感器的关联性；

② 掌握 pH 酸度计的应用特性；

③ 掌握离子敏场效应管的应用特性；

④ 掌握主要类型的气敏传感器与湿敏传感器的应用特性；

⑤ 掌握酶传感器、微生物传感器、免疫传感器的应用特性。

① pH酸度计（简称pH计）的指示电极与参比电极的区别；

② 离子敏场效应管的工作原理；

③ 微生物传感器和免疫传感器的工作原理。

10.1 化学传感器

化学传感器概述

10.1.1　化学传感器概述

1．化学传感器的定义

化学传感器技术交叉融合了化学、生物学、电学、光学、力学、声学、热学、半导体技术、微电子技术、薄膜技术等多个学科门类。我国现行标准《传感器通用术语》（GB/T 7665—2005）中对化学传感器的定义是"能感受规定的化学量并转换成可用输出信号的传感器"。

2．化学传感器的应用

化学传感器的应用非常广泛，主要体现在以下几个方面。

（1）环保领域

化学传感器可用于检测大气、水体和土壤中的有毒、有害物质，如二氧化碳、二氧化硫、氮氧化物、甲醛、苯等有害气体和重金属离子等。

（2）医疗领域

化学传感器在医疗领域主要用于病理检测和药物分析，如检测生物体内的葡萄糖、乳酸、尿酸、肌酐等生化指标；检测药物与受体结合的变化，掌握药物的活性、药效等信息。

（3）公共安全领域

化学传感器可用于检测公共领域可能泄漏的有毒、有害化学物质，如氯气、氨气、硫化氢等。

（4）工业生产领域

化学传感器可用于监测化学工业生产过程中的原料、中间体和产品的成分和浓度，为生产过程的控制和优化提供重要数据支持。

（5）基础研究领域

化学传感器在基础研究领域中发挥着重要作用，是科研仪器的核心部件，用于研究化学反应机理、探测新物质等。

3．化学传感器的构成

化学传感器的一般构成框图如图10-1所示。

图10-1　化学传感器的一般构成框图

（1）分子识别元件

分子识别元件即敏感元件，也称为感受器，作用是感受被测量的变化。分子识别元件由具有化学敏感特性的材料制成，能够对特定的化学物质或离子产生响应。

（2）分离器

分离器的作用是利用混合物中各组分的不同性质将其分离，以便后续进行更加准确的化学分析或检测。需要注意的是，分离器不是所有化学传感器必须具有的部分。是否需要分离器取决于具体的化学传感器类型和应用场景。

（3）转换元件

转换元件的作用是将敏感元件产生的化学信号转换为可用的电信号。转换元件基于物理、化学等各种原理，将敏感元件产生的化学信号转换成电位、电流、电阻、电容等参量的变化。可根据后续信号处理的需要决定是否配置测量转换电路或信号调理电路。

4．化学传感器的类型划分

化学传感器类型很多，主要类型如图10-2所示。

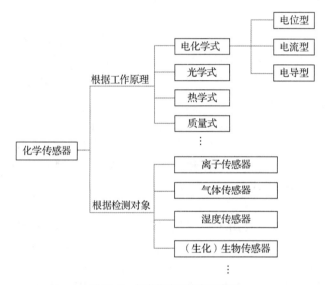

图10-2　化学传感器的主要类型

由图10-2可知，根据工作原理的不同，化学传感器可分为电化学式、光学式、热学式、质量式等几种类型。

（1）电化学式化学传感器

电化学式化学传感器工作原理是电化学原理。此种类型的传感器通常包含一个或多个电极，当被测物质与电极接触时，会发生电化学反应，产生电流或电位的变化。

电化学式化学传感器又可具体分为电位型化学传感器、电流型化学传感器、电导型化学传感器3种。

① 电位型化学传感器。电位型化学传感器又称为电势型化学传感器，是将溶解于电解质溶液中的离子作用于离子电极，产生电势输出，从而实现对离子浓度的检测。

② 电流型化学传感器。电流型化学传感器是保持电极和电解质溶液的界面为一个恒定电位，将被测物质直接氧化或还原，然后将流过外电路的电流作为传感器的检测信号，从而实现对被测化学物质的检测。

③ 电导型化学传感器。电导型化学传感器以被测物氧化或还原后的电解质溶液电导的变化作为传感器的检测信号，从而实现对被测化学物质的检测。

（2）光学式化学传感器

光学式化学传感器的工作原理是物质与光的相互作用。此种类型的传感器通常包含一个或多个光学元件，如光源、光电器件等。当被测物质与光学元件相互作用时，会发生光的吸收、散射、反射等变化。通过检测这些变化，可以获得待测物质浓度或性质的相关信息。

（3）热学式化学传感器

热学式化学传感器的工作原理是物质的热学性质。此种类型的传感器通常包含一个或多个热敏元件，如金属热电阻、热电偶、热敏电阻等。当被测物质与热敏元件接触时，会发生热量交换，导致热敏元件的温度发生变化，进而阻值发生变化，从而实现对被测物质的测量。

（4）质量式化学传感器

质量式化学传感器的工作原理是基于物质的质量变化。此种类型的传感器通常包含一个或多个质量敏感元件，如压电元件、电阻应变片等。当被测物质与质量敏感元件接触时，会导致质量敏感元件的质量发生变化，从而产生电信号或阻值的变化。

根据检测对象的不同，化学传感器可以分为离子传感器、气体传感器、湿度传感器和生物传感器等类型。

（1）离子传感器

离子传感器也称为离子选择性电极（Ion Selective Electrode，ISE），其基本原理是离子识别，即利用固定在敏感膜上的离子识别材料与溶液中某种特定的离子产生选择性的响应，对应产生的膜电位随溶液中被测离子浓度的变化而变化。

（2）气体传感器

气体传感器是指能够对气体的成分或浓度信息进行检测的传感器。根据工作原理的不同分类，气体传感器分为电位型气体传感器、电流型气体传感器、电导型气体传感器、半导体气体传感器、金属氧化物气体传感器、有机半导体气体传感器、固体电解质型气体传感器、光纤气体传感器、光干涉式气体传感器等类型。

思考

化学传感器在检测被测物质的过程中一定会发生化学反应吗？

（3）湿度传感器

湿度传感器是指能够检测特定环境中水汽含量的传感器。根据工作原理的不同，湿度传感器可分为金属氧化物湿度传感器、有机半导体湿度传感器、固体电解质湿度传感器、电解质式湿度传感器、陶瓷湿度传感器、光纤湿度传感器、电导式湿度传感器等。

思考

生物传感器与化学传感器的联系与区别是什么？

（4）生物传感器

生物传感器是指对生物物质敏感并能够将其转换为可用电信号的传感器，工作原理基于生化反应。生物传感器属于化学传感器的一个分支，有关生物传感器的具体内容见10.2节。

10.1.2 离子传感器

离子传感器

1．离子传感器概述

离子传感器是一种利用离子选择电极将溶液中特定离子浓度转换成可用电信号的传感器，具有选择性好、灵敏度高、响应速度快、使用寿命长等特点。离子传感器通常由离子选择电极和参比电极组成，通过测量离子选择电极和参比电极之间的膜电位来检测离子浓度。

膜电位是指将离子选择电极浸入含有一定活度的待测离子溶液中时，在敏感膜的内外两个相界面处产生的电位差（电势差）。因此，膜电位是跨膜电位，即膜电压。

膜电位产生的实质原因是离子的交换和扩散，其值为膜内界面电位和膜与外部电解质溶液形成的外界面电位的代数和。

离子传感器感应膜的类型很多，根据材料构成与特点的不同分为玻璃膜、难溶性盐膜、液体离子交换膜、固体离子交换膜、中性载体膜、高分子膜等多种类型。其中高分子膜使用较多的是聚氯乙烯膜。

2．离子传感器的典型应用

（1）工业废水水质监测

离子传感器可以检测工厂排放废水中的离子浓度，以确保其符合环保法规的要求。

（2）河水水质监测

离子传感器可以用于监测河流、湖泊等水体中的离子浓度，评估水质和污染情况，以保证生活饮用水源和水产养殖水源的品质。

（3）液体食品和药品自动生产过程品质监测

离子传感器可以用于液体食品和药品生产过程中的品质监测，如检测液体食品中的酸度、糖度、关键离子浓度等重要指标以及药品生产过程中的关键离子浓度。这些指标的检测有助于保证产品质量。

3．pH酸度计

氢离子浓度指数（pondus Hydrogenii，pH）是指单位体积被测溶液中 H^+（氢离子）的含量。pH可以用来表示溶液的酸碱度，数值越小，溶液酸性越强；数值越大，溶液碱性越强。

pH酸度计简称pH计，是一种用于检测溶液酸碱度的电化学传感器，是离子传感器的典型应用。pH酸度计被广泛应用于医疗、食品、化工、石油、造纸、冶金、环保等行业。

pH酸度计的基本工作原理是：将一个连有内参比电极的可逆氢离子指示电极（膜电极）和一个参比电极（外参比电极）同时浸入到待测溶液中构成原电池，在一定温度下，指示电极与参比电极之间产生的膜电位与 H^+ 的活度成比例关系。需要注意的是，H^+ 活度表示的是溶液中 H^+ 参与化学反应的有效浓度。

（1）pH酸度计的电极

pH酸度计的电极由两个电极组成，一个为指示电极，另一个为参比电极。

① pH指示电极。pH指示电极对被测溶液中 H^+ 活度有响应，因此也被称为选择电极、工作电极或测量电极。根据测量机理的不同，pH指示电极分为氢电极、锑电极和玻璃电极等几种类型，其中常用的是玻璃电极。

pH玻璃电极的实物图和结构示意图分别如图10-3（a）、图10-3（b）所示。pH玻璃电极的主要构成包括电极帽、电极套管、内参比溶液、内参比电极和玻璃球膜。其中玻璃球膜为核心，一般呈球泡状，对H^+具有选择性响应。玻璃膜的主要成分是二氧化硅（SiO_2），同时还含有不同的金属氧化物，如氧化钠（Na_2O）、氧化钾（K_2O）、氧化钙（CaO）等。玻璃球膜的厚度一般为0.1～0.2 mm。电极套管可以是塑料，也可以是玻璃，内部充入内参比溶液，通常是一种饱和盐溶液，如饱和氯化钾（KCl）溶液。内参比溶液中插入的电极称为内参比电极，一般为银/氯化银（Ag-AgCl）电极。

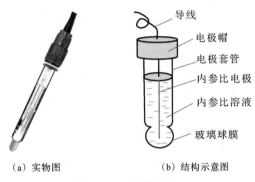

（a）实物图　　　（b）结构示意图

图10-3　pH玻璃电极

② 参比电极。参比电极对溶液中的H^+活度无响应，其作用是提供已知、恒定的电极电位。结构构成与工作电极相似，主要由电极帽、电极套管、参比溶液、参比电极和参比隔膜构成。常用的参比电极有硫酸亚汞（Hg_2SO_4）电极、甘汞（氯化亚汞，Hg_2Cl_2）电极和银/氯化银（Ag-AgCl）电极等几种。参比溶液一般是饱和氯化钾（KCl）溶液。参比电极实物图如图10-4（a）所示。

在检测pH值时，pH玻璃电极和参比电极需要同时置于被测溶液中，并配置测量仪表，即可实现pH值的测量。检测示意图如图10-4（b）所示。

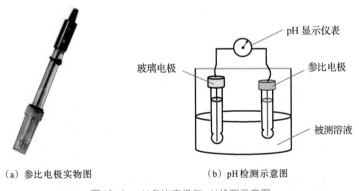

（a）参比电极实物图　　　（b）pH检测示意图

图10-4　pH参比电极与pH检测示意图

③ pH复合电极。为了实际应用的方便，将pH玻璃电极和参比电极组合在一起的电极称为pH复合电极。pH复合电极主要由电极帽、电极套管、外参比电极（参比电极）、外参比溶液、玻璃球膜、内参比电极、内参比溶液以及可以实现温度自补偿的温度传感器构成，结构示意图如图10-5所示。

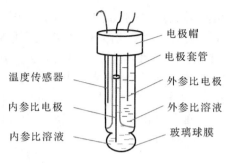

图 10-5　pH 复合电极的结构示意图

思考

pH 复合电极中内参比电极和外参比电极各自的作用是什么？哪一种是指示电极，哪一种是参比电极？

（2）pH 计的检测原理（膜电位产生机理）

pH 玻璃电极膜电位的产生机理主要基于离子交换理论。pH 玻璃电极在使用之前必须在水中浸泡一定的时间。浸泡时玻璃球膜内、外表面将形成溶胀的硅酸盐层，也称为水合硅胶层或水化凝胶层、水化硅胶层，简称水化层。水化层形成过程缓慢，因此在使用 pH 玻璃电极前，需要将其放入水溶液中进行充分浸泡。初次使用前浸泡时间需要达到 24 h，让玻璃球膜表面的 Na^+（也可以是其他金属离子，由玻璃球膜的成分决定）与水中的 H^+ 进行充分交换，从而形成动态平衡状态的水化层。水化层的形成是产生膜电位的必要条件。

水化层形成后，玻璃球膜包括 3 层结构：膜的内侧和外侧均为水化层，膜的中间为干玻璃层，如图 10-6 所示。水化层一般的厚度为 0.01～10 μm，干玻璃层的一般厚度为 80～100μm。

图 10-6　玻璃球膜分层示意图

将形成水化层的 pH 玻璃电极浸入被测溶液中，由于水化层表面的 H^+ 活度和被测溶液中的 H^+ 活度不同，存在活度差，因此 H^+ 将从活度大的一侧区域向活度小的一侧区域扩散，从而改变水化层和被测溶液两者之间对应的固液二相界面的电荷分布，产生相界电位，称其为外相界电位。同理，pH 玻璃球膜的内侧与内参比溶液之间同样会产生相界电位，称其为内相界电位。两相界面电位的代数和即膜电位。需要注意的是，玻璃球膜两侧相界电位的产生不是因为电子的得失，而是由于 H^+ 在被测溶液和水化层之间扩散导致。

经热力学证明：玻璃球膜的内、外相界电位与每个相界面的 H^+ 活度密切相关，遵守能斯特方程。当温度为 25℃（298K）时，玻璃球膜内、外相界电位对应的能斯特方程式分别为

$$U_{外} = k_1 + 0.05916\lg\left(a_1/a_1'\right) \tag{10-1}$$

$$U_{内} = k_2 + 0.05916\lg\left(a_2/a_2'\right) \tag{10-2}$$

式中，$U_{外}$、$U_{内}$ 分别表示外相界电位和内相界电位；k_1、k_2 分别表示由玻璃球膜外表面、内表面性质决定的常数，通常 $k_1 = k_2$；a_1、a_2 分别表示被测溶液、内参比溶液的 H^+ 活度；a_1'、a_2' 分别表示玻璃球膜外层水化层、内层水化层表面的 H^+ 活度。

由于玻璃球膜内、外表面的性质基本相同，因此 $k_1 = k_2$，$a_1' = a_2'$，玻璃球膜的膜电位 $U_{膜}$ 的求解式为

$$U_{膜} = U_{外} - U_{内} = 0.05916\lg\left(a_1/a_2\right) \tag{10-3}$$

由于内参比溶液中的 H^+ 活度是确定的值，即 a_2 是已知的恒定值，因此式（10-3）可以转换为

$$U_{膜} = k' + 0.05916\lg a_1 \tag{10-4}$$

式中，k' 是由玻璃球膜电极本身性质决定的常数。

被测溶液 pH 值 pH_x 与 H^+ 活度 a_1 之间的关系式为

$$pH_x = -\lg a_1 \tag{10-5}$$

根据式（10-5）、式（10-4）可得

$$U_{膜} = k' - 0.05916 pH_x \tag{10-6}$$

由式（10-6）可知，pH 玻璃电极的膜电位 $U_{膜}$ 与被测溶液中的 pH_x 成线性关系。因此，只要通过 pH 指示电极和参比电极测量获得膜电位 $U_{膜}$，就可以求解获得被测溶液中的 pH_x。

（3）不对称电位

由式（10-3）可知，如果玻璃球膜内参比溶液和被测溶液的 H^+ 活度相同，即 $a_1 = a_2$，则 $U_{膜} = 0$。但在实际应用中，$U_{膜} \neq 0$，存在一个很小的膜电位，此电位称为不对称电位。不对称电位的存在主要是由于玻璃膜内外表面的含钠量、表面张力以及机械和化学损伤等存在细微差异导致。减小不对称电位的有效措施之一是在检测前将 pH 玻璃电极在水溶液中长时间浸泡，可以浸泡 24 h 以上。

4．离子敏场效应管传感器

离子敏场效应管（Ion Sensitive Field Effect Transistor，ISFET）传感器也称为场效应离子传感器，是一种基于场效应对离子进行选择响应的离子传感器，被广泛应用于生物医学、环境监测和食品安全等领域。

（1）结构构成

从结构构成来看，离子敏场效应管传感器是由离子选择性电极与金属-氧化物-半导体场效应管（Metal-Oxide-Semiconductor Field-Effect Transistor，MOSFET）组合而成的，是对特定离子敏感的离子传感器，其结构示意图如图 10-7 所示。

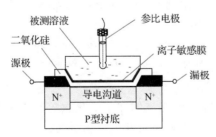

图 10-7　离子敏场效应管传感器的结构示意图

由图 10-7 可知，离子敏场效应管传感器以 P 型杂质半导体材料做衬底，采用扩散工艺制作出两个高掺杂的 N^+ 区，分别称为源极（S）和漏极（D）。在漏极和源极之间的 P 型衬底

表面，覆盖着一层薄的二氧化硅（SiO_2）绝缘层。与绝缘栅型场效应管相比，离子敏场效应管的绝缘层上方没有金属栅极，而是含有待测离子的溶液。绝缘层与溶液之间是离子敏感膜，故离子敏感膜即离子敏场效应管传感器的栅极。离子敏感膜有固态、液态两种类型。离子敏场效应管传感器利用被测溶液中离子的选择作用来改变栅极电位，进而控制漏源电流的变化，实现对被测离子浓度的检测。

（2）检测原理

离子敏场效应管传感器在进行离子活度检测时，被测溶液与离子敏感膜接触处会产生界面电势（界面电位），其大小取决于溶液中被测离子的活度。这一界面电势的大小会直接影响栅极与源极之间的开启电压（阈值电压）$U_{GS(th)}$ 的值。开启电压 $U_{GS(th)}$ 和被测离子活度 a_i 之间的关系遵守能斯特方程，即

$$U_{GS(th)} = U_0 + \frac{RT}{nF} \lg\left(a_i / a_0\right) \tag{10-7}$$

式中，U_0 表示参比电极的电势；$R \approx 8.31439\ \text{J}/(\text{mol} \cdot \text{K})$ 表示气体常数；T 表示绝对温度；n 表示离子电荷数；$F = 96500\ \text{C/mol}$ 表示法拉第常数；a_0 表示参比溶液的离子活度。

在离子敏场效应管传感器确定、参考电极电势已知的前提下，式（10-7）可以简化为

$$U_{GS(th)} = C + S \lg a_i \tag{10-8}$$

式中，C 与 S 两个参量为常数。

由式（10-8）可知，离子敏场效应管传感器的 $U_{GS(th)}$ 与被测离子活度 a_i 的对数成线性比例关系。

根据 N 沟道增强型场效应管的工作原理，当漏源电压 u_{DS} 为常量时，漏极电流 i_D 与栅源电压 u_{GS} 之间的近似关系式如式（10-9）中的第 1 等式所示。

$$i_D = I_{DO}\left(\frac{u_{GS}}{U_{GS(th)}} - 1\right)^2 = K\left(U_{GS} - U_{GS(th)}\right)^2 = K\left(U_{GS} - (C + S \lg a_i)\right)^2 \tag{10-9}$$

式中，i_D 表示漏极电流；u_{GS} 表示栅源电压；I_{DO} 表示 $u_{GS} = 2U_{GS(th)}$ 时的 i_D 值；$U_{GS(th)}$ 表示开启电压；K 为常数。

由式（10-9）可知，当 u_{GS} 为常量 U_{GS} 时，漏极电流 i_D 与被测离子活度 a_i 成确定函数关系。

10.1.3 气敏传感器

气敏传感器

1. 气敏传感器概述

气敏传感器也称为气体传感器，是用于检测气体类别、成分和浓度的传感器。气敏传感器最典型的应用领域是环境监测和火灾预警。

（1）环境监测

气敏传感器可以对室内或室外空气中的甲醛、二氧化碳、挥发性有机化合物等气体进行检测，在空气质量监测与工业废气处理方面发挥着重要作用。

（2）火灾预警

气敏传感器可以检测烟雾、可燃气体和一氧化碳等与火灾隐患、火灾预警高度相关的气体，因此被广泛应用于住宅、商业建筑和工业场所的火灾预警系统。

2. 气敏传感器的类型划分

气敏传感器类型划分依据很多，主要类型划分如图10-8所示。根据测量原理的不同，气敏传感器主要分为电化学式气敏传感器、燃烧式气敏传感器、光干涉式气敏传感器、

半导体式气敏传感器、热传导式气敏传感器、红外线式气敏传感器、激光式气敏传感器等类型。

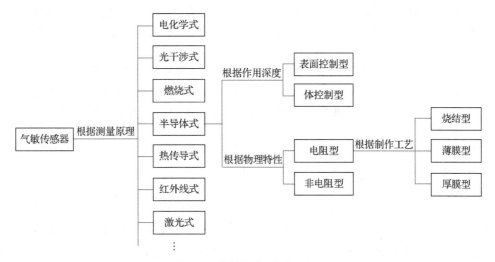

图10-8　气敏传感器的主要类型

（1）电化学式气敏传感器

电化学式气敏传感器的测量原理是电化学反应，随着被测气体浓度的不同产生电流或电势的变化，可用于氧气（O_2）、氢气（H_2）、一氧化碳（CO）、二氧化碳（CO_2）、氮气（N_2）、甲烷（CH_4）、乙醇（C_2H_5OH）、二氧化硫（SO_2）等气体的检测。例如，电化学氢气传感器的结构组成与燃料电池相同，由正、负电极和电解液构成。当氢气通过电解液时，发生可逆化学反应，产生与氢气浓度成比例关系的电流。电化学式气敏传感器主要用于工业、医疗、交通安全领域。氧气电化学式气敏传感器实物图如图10-9（a）所示。

（2）半导体式气敏传感器

半导体式气敏传感器的测量原理：当与气体接触时，半导体材料的电导率等参数发生变化，从而实现对待测气体成分和浓度的检测。

半导体式气敏传感器具有灵敏度高、响应时间和恢复时间快、价格低、使用寿命长等优点，并且品种繁多，适用面广，简单易用，主要用于住宅、宾馆等的空气质量检测，当前在智能家居中被广泛应用。常用的半导体式气敏传感器的型号包括MQ-2、MQ-3、MQ-4、MQ-5、MQ-6、MQ-7、MQ-8等MQ系列和TGS2600、TGS2602、TGS2611、TGS2612、TGS2620等TGS系列。甲烷半导体式气敏传感器的实物图如图10-9（b）所示。

（a）氧气电化学式气敏传感器　　　　（b）甲烷半导体式气敏传感器

图10-9　电化学式与半导体式气敏传感器实物图

半导体式气敏传感器常用的半导体材料主要有二氧化锡（SnO_2）和氧化锌（ZnO）。其中，二氧化锡被最早发现，应用非常广泛。

根据半导体材料与被测气体相互作用时产生的变化是只限于半导体表面还是深入到半导体内部，半导体式气敏传感器分为表面控制型和体控制型两种类型。

① 表面控制型。表面控制型半导体气敏传感器是将气体分子吸附在半导体表面，引起半导体表面电子活性发生变化，从而导致其电导率发生变化。此种类型的传感器通常适用于检测分子半径较小的气体，如氧气（O_2）、氢气（H_2）等。

② 体控制型。体控制型半导体气敏传感器的测量原理是：气体分子进入到半导体内部，与半导体内部的原子或离子发生反应，引起半导体内部载流子浓度发生变化，从而导致半导体材料的电导率发生变化。此种类型的传感器适用于检测分子半径较大的气体，如乙醇、甲烷等。

根据与气体接触时半导体材料物理参数变化的不同，半导体式气敏传感器分为电阻型和非电阻型两种类型。

① 电阻型

电阻型半导体气敏传感器利用半导体材料接触气体时阻值发生变化来检测气体的成分或浓度，如由二氧化锡（SnO_2）、二氧化锰（MnO_2）等金属氧化物制作的气敏传感器。

根据制造工艺的不同，电阻型半导体气敏传感器具体分为烧结型、薄膜型和厚膜型3种类型。

烧结型半导体气敏传感器将一定比例的二氧化锡（SnO_2）、氧化锌（ZnO）等金属氧化物材料和金属铂（Pt）、铅（Pb）等掺杂剂用水或黏合剂调和并研磨均匀；然后将混合好的膏状物倒入模具，埋入加热丝和测量电极，用传统的制陶方法进行烧结；最后将加热丝和电极焊在管座上，加上外壳制作而成。

薄膜型半导体气敏传感器采用蒸发或溅射的方法，在处理好的石英基片上制作一层金属氧化物半导体薄膜，引出电极引线。

厚膜型半导体气敏传感器将二氧化锡（SnO_2）、氧化锌（ZnO）等金属氧化物与一定比例的硅凝胶混合，制作成能印刷的厚膜胶；然后把厚膜胶用丝网印制到装有铂电极的氧化铝（Al_2O_3）基片上，再经过 $1 \sim 2\,h$ 的 $400 \sim 800\,℃$ 高温烧结制作而成。

② 非电阻型

非电阻型半导体气敏传感器主要利用半导体材料的一些物理效应与器件特性来检测气体。例如，利用肖特基二极管的伏安特性和金属氧化物半导体场效应管阈值电压的变化等特性实现气体检测。

（3）燃烧式气敏传感器

燃烧式气敏传感器利用可燃烧气体在燃烧时发出的热量或电流的变化实现对气体浓度的检测。根据燃烧方式的差异，燃烧式气敏传感器分为催化式燃烧气敏传感器和接触式燃烧气敏传感器两种类型。燃烧式气敏传感器可以检测的气体类型非常多，如甲烷、一氧化碳、乙醇、瓦斯、煤气、氟利昂、醚、醛、酮、苯、甲苯、汽油、柴油等。

（4）光干涉式气敏传感器

光干涉式气敏传感器是一种利用光的干涉现象来检测气体浓度的传感器，它基于光在不同成分、浓度、温度的气体中传播时光折射率的变化来检测气体的成分和浓度。光干涉式气敏传感器具有灵敏度高、响应速度快、稳定性好等优点，可应用于环境保护、石油化工、医疗卫生、食品安全等领域的气体检测，如可以用来检测大气中的污染气体浓度，可以用来监测工业生产过程中的气体成分和浓度，可以用来监测患者呼吸气体中的成分和浓度，可以用来检测食品包装中的气体成分和浓度。

（5）热传导式气敏传感器

热传导式气敏传感器基于不同气体在热传导过程中热传导率的变化来检测气体的浓度，通常由加热元件和温度传感器构成。加热元件将气体加热到一定的温度，然后通过温度传感器测量气体的温度。根据测量得到的温度变化量，可以计算气体的浓度。

在实际应用中，热传导式气敏传感器具有检测范围大、稳定性好、使用寿命长、检测气体范围广、可靠性高、结构简单、易于使用和维护等优点，被广泛应用于医疗卫生、环境保护、石油化工、食品安全等领域的气体检测。

（6）红外线式气敏传感器

不同气体只吸收特定波段的光，如二氧化碳（CO_2）气体吸收 4.26 μm 波长的红外线，二氧化硫（SO_2）气体吸收 7.4 μm 波长的红外线。红外线式气敏传感器就是利用被测气体对特定波段红外辐射的吸收特性实现对气体浓度和成分的检测的。

红外线式气敏传感器通常由红外线发射器和红外线接收器组成，主要用于检测气体化合物，如甲醛（CH_4）、二氧化碳（CO_2）、一氧化碳（CO）、二氧化硫（SO_2）、氨气（NH_3）等。

（7）激光气敏传感器

激光气敏传感器也是利用不同气体只吸收特定波段的光来实现对气体的检测，通常由激光发射器、光学系统、光电元件和信号处理系统组成。激光发射器发射出一定波长的激光，通过光学系统聚焦到被测气体；气体分子吸收特定波长的激光能量，产生光谱吸收现象；透过气体的激光信号由光电元件转换为电信号，经信号处理后，即可获得气体的浓度信息。

激光气敏传感器的研究应用始于 20 世纪 80 年代，属于新型传感器。由于激光气敏传感器具有灵敏度高、选择性好、响应速度快、测量范围广等优点，当前已被广泛应用于工业生产、环境保护、医疗诊断、能源开发等多个领域。

思考

智能家居系统中可以选配哪些类型的气敏传感器？

10.1.4　湿敏传感器

1．湿敏传感器概述

湿敏传感器也称为湿度传感器，其敏感元件能够感受空气中水蒸气含量的变化，通过转换元件的化学或物理参数的变化，实现对水蒸气含量的检测。

生产、生活、医疗、科研、农业、畜牧等领域对空气湿度参数均有一定的要求。例如，在人类活动的室内、室外空间，若环境湿度适中，可以给身处其中的人提供较好的体感舒适度。环境湿度过高或过低，都会给人造成不舒适的感觉，并且还容易引发人体健康问题。湿度过高，容易滋生霉菌和细菌；湿度过低，容易引发呼吸道疾病和皮肤干燥等问题。此外，在药品和食品存储场所、在电子产品加工制作场所、纺织品生产场所、农业种植场所、畜牧养殖等场所，都对环境湿度有要求。

2．湿度的定义与表达方式

湿度是指空气中水蒸气的含量。湿度的表达方式较多，常用的表达方式有绝对湿度

（Absolute Humidity，AH）、相对湿度（Relative Humidity，RH）和露点温度。

（1）绝对湿度

绝对湿度是指在一定的温度和压力下，单位体积空气中所含水蒸气的质量，定义式为

$$H_a = \frac{m_v}{V}$$

（10-10）

式中，H_a 表示被测空气的绝对湿度，单位为 g/m^3 或 kg/m^3；m_v 表示被测空气中水蒸气的质量；V 表示被测空气的总体积。

（2）相对湿度

相对湿度有 3 种定义描述。

① 被测空气中水蒸气的气压与相同温度下饱和水蒸气气压的百分比。

② 被测空气的绝对湿度与相同温度下可能达到的最大绝对湿度的百分比。

③ 被测空气中水蒸气分压与相同温度下水蒸气的饱和分压的百分比，对应表达式为

$$H_r = \frac{P_v}{P_s} \times 100\%$$

（10-11）

式中，H_r 表示被测空气的相对湿度，无量纲；P_v 表示特定温度下被测空气实际含的水蒸气的分压；P_s 表示相同温度下水蒸气的饱和分压。

（3）露点温度

露点温度是指在一定的大气压下，当空气中的水蒸气未达到饱和时，通过降低环境温度令空气中的水蒸气达到饱和时的温度。若空气温度在露点温度的基础上继续下降，则空气中的水蒸气将凝结成露珠。

根据露点温度的描述性定义可知，在空气相对湿度达到100%时，此时对应的气温即露点温度。当空气的水蒸气未达到饱和时，对应的气温一定高于露点温度。因此可以露点温度与实际气温的差值来表示空气中水蒸气偏离饱和的程度。故露点温度也是表示空气相对湿度的一个重要指标。

3. 湿敏传感器的类型

湿敏传感器类型很多，主要类型如图10-10所示。

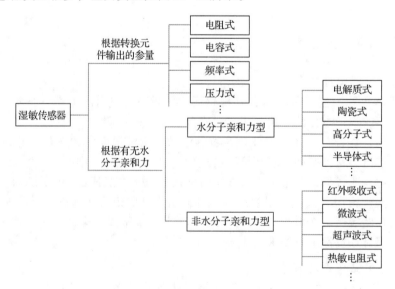

图 10-10　湿敏传感器的主要类型

思考

哪一种类型的电容式传感器适合于检测湿度？

根据转换元件输出量量的不同，湿敏传感器可以分为电阻式湿敏传感器、电容式湿敏传感器、频率式湿敏传感器、压力式湿敏传感器等类型。

（1）电阻式湿敏传感器

电阻式湿敏传感器通过转换元件将空气中水蒸气含量的变化转换为阻值的变化。例如，常用的氯化锂电阻式湿敏传感器如图 10-11（a）所示，是在绝缘基片上覆盖一层氯化锂薄膜。当空气湿度变化时，传感器两个电极引脚间的阻值将随之发生变化。阻值变化与湿度变化在一定的湿度范围内成线性比例关系。

电阻式湿敏传感器具有稳定性好、线性度高、使用寿命长、成本低等优点，被广泛应用于冷链、食品加工等领域。

（2）电容式湿敏传感器

电容式湿敏传感器通过转换元件将空气中水蒸气的含量变化转换为电容值的变化，湿度敏感元件作为电介质层。电容式湿敏传感器具有灵敏度高、产品互换性好、响应速度快、易于集成化、可以 MEMS 工艺制作等优点，被广泛应用在空气调节器、加湿器、除湿器等电器中。电容式湿敏传感器的实物图如图 10-11（b）所示。

（a）氯化锂电阻式湿敏传感器　　　　　（b）电容式湿敏传感器

图 10-11　电阻式与电容式湿敏传感器的实物图

（3）频率式湿敏传感器

频率式湿敏传感器也称为共振式湿敏传感器，内部含有谐振模块。当被测空气水蒸气含量发生变化时，会改变谐振模块的谐振频率。频率式湿敏传感器具有灵敏度高、可靠性高、防污染等优点，被广泛应用于药品与食品存储场所的湿度监测。

（4）压力式湿敏传感器

压力式湿敏传感器是一种利用空气中水蒸气压力测量湿度的传感器。传感器内部装有吸湿片，吸湿片内部的水蒸气分压会随着空气湿度的增加而升高。因此可以根据吸湿片内、外空气的压差来实现对湿度的测量。压力式湿敏传感器具有响应速度快、稳定性好等优点，被广泛应用于气象、环保、科研等领域。

根据湿敏元件材料是否具有水分子亲和力，湿敏传感器分为水分子亲和力型和非水分子亲和力型两大类。

（1）水分子亲和力型湿敏传感器

水分子亲和力是指水分子易于吸附在固体外表并且能够渗透到固体内部的特性。利用水分子亲和力制作的传感器称为水分子亲和力型湿敏传感器。

水分子亲和力型湿敏传感根据所用湿敏材料的不同，可以细分为电解质式湿敏传感器、陶瓷式湿敏传感器、高分子式湿敏传感器、半导体式湿敏传感器等。

（2）非水分子亲和力型湿敏传感器

与水分子亲和力无关的湿敏传感器即非水分子亲和力型湿敏传感器。根据具体测量原理的不同，非水分子亲和力型湿敏传感器可以具体分为红外吸收式湿敏传感器、微波式湿敏传感器、超声波式湿敏传感器、热敏电阻式湿敏传感器等类型。

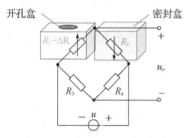

其中，热敏电阻式湿敏传感器的工作原理是热电阻效应。通常选用两个型号和特性相同的、负温度系数的热敏电阻（Negative Temperature Coefficient，NTC）作为湿度敏感元件，分别以 R_1 和 R_2 表示。将这两个热敏电阻分别接入桥式测量电路的相邻桥臂中，如图 10-12 所示，桥式电路的激励源令两个热敏电阻 R_1 和 R_2 保持在 200 ℃左右的恒定温度。需要注意的是，应将热敏电阻 R_1 置于与空气相接触的开孔的金属盒内；而将热敏电阻 R_2 置于密封的金属盒内，其内部封装干燥的空气。

图 10-12　热敏电阻式湿敏传感器的检测原理示意图

在进行湿度检测前，首先将 R_1 置于干燥空气中，调节电桥平衡，令电桥输出端电压为 0；然后将 R_1 置于含湿空气（被测空气）中，被测的含湿空气与干燥空气之间将产生热传导差，令 R_1 温度降低，电阻值增高；桥式测量电路输出端产生输出电压，此电压值与被测空气的绝对湿度成比例关系。

热敏电阻式湿敏传感器当前主要用于空调机的湿度检测、便携式绝对湿度表、直读式露点温度计、水分计等。

10.2　生物传感器

10.2.1　生物传感器概述

生物传感器概述

1．生物传感器的构成

生物传感器也称为生物量传感器，利用生物敏感活性材料作为生物敏感膜，对被测生物物质进行选择，然后通过基于物理、化学原理的转换元件，实现对生物物质的检测。生物传感器的一般构成框图如图 10-13 所示。

图 10-13　生物传感器的一般构成框图

生物传感器的核心构成为生物敏感膜和转换元件。其中，生物敏感膜为关键，直接决定着传感器的功能与性能。

（1）生物敏感膜

生物敏感膜也称为分子识别元件、生物受体或生物活性物质，一般由膜基体、膜材料、生物敏感材料3部分构成，也可以是膜基体和生物敏感材料两者的组合。根据材料的不同，生物敏感膜可以分为酶膜、组织膜、细胞膜、细胞器膜、微生物膜、免疫功能膜、杂合膜等具体类型。

① 膜基体。膜基体是敏感膜的载体，决定着生物传感器的使用寿命。膜基体常用的材料有3类：金属材料，如铂、金等；半导体材料，如石英、玻璃、硅、锗等；有机材料，如聚氯乙烯、硅橡胶等。

② 膜材料。膜材料是固化敏感材料的支持物，需要具备一定的韧性、刚性和化学或物理附着力。膜材料常用的材料有4类：无机物类，如活性碳、多孔玻璃、石墨、石英、硫化物等；天然生物材料类，如动植物细胞膜、卵磷脂、琼脂等；有机聚合物类，如聚氯乙烯、聚氟乙烯、硅橡胶等；人工合成的生物材料类，主要是由双亲有机化合物构成的双层脂膜，如磷脂等。

③ 生物敏感材料。生物敏感材料是生物传感器的核心，也被称为分子探针。生物敏感材料常用的材料有酶、抗体、抗原、微生物、细胞、动植物组织、DNA等。

（2）转换元件

转换元件的作用是将生物敏感膜选择、识别的生物信息通过电化学反应、压电效应、光电效应等转换为可用的电信号。常用的转换元件有电化学电极、热敏电阻、压电晶体、光纤、场效应管等。

2．生物传感器的类型

生物传感器类型很多，主要根据生物敏感膜的材料和转换元件的工作原理进行类型划分，如图10-14所示。

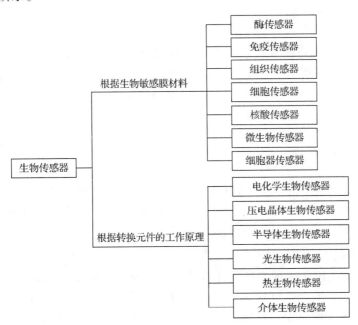

图10-14　生物传感器的主要类型

根据生物敏感膜材料的不同，生物传感器分为7大类型：酶传感器（Enzyme Sensor）、免疫传感器（Immuno Sensor）、组织传感器（Tissue-based Biosensor）、细胞传感器（Cell-based Biosensor）、（脱氧核糖）核酸传感器（Deoxyribonucleic Acid Biosensor，DNA Sensor）、微生物传感器（Microbiosensor）、细胞器传感器（Cell Organelle Sensor）。

根据转换元件工作原理的不同，生物传感器可以分为电化学生物传感器、压电晶体生物传感器、半导体生物传感器、光生物传感器、热生物传感器、介体生物传感器等。

3．生物传感器的典型应用

生物传感器被广泛应用于医学诊断、生命科学、现代农业、食品安全、环境监测等领域。

（1）生命科学

生物传感器可用于生物制药、蛋白质工程和生物学研究，通过对生物反应过程的检测来优化生物反应条件。

（2）医学诊断

生物传感器在医学诊断中发挥着非常重要的作用，被广泛应用于血糖、心电、血氧等生理参数检测，辅助医生诊断疾病。此外，生物传感器还可用于药物药理分析，例如，表面等离子共振（Surface Plasmon Resonance，SPR）生物传感器可以用于新药研发中分子药效活性基团的识别。

（3）现代农业

生物传感器可用于监测农作物的生长环境，通过检测土壤中的氮磷钾和其他营养元素的含量，确定农作物缺乏的营养物质，从而实现精准施肥。生物传感器还可用于畜牧养殖，对动物的生理和疾病进行检测。

（4）食品安全

生物传感器可以对农产品、食品中的农药残留、添加剂含量以及霉菌、毒素等进行检测，确保食品质量与食用安全。

（5）环境监测

生物传感器可用于检测空气、水和土壤中的各种污染物和有害物质，如重金属、细菌、PM2.5以及甲醛、甲烷、乙醇等挥发性有机物，以评估环境质量和治理污染物。此外，生物传感器还可用于军事安全、卫生防疫和犯罪调查，如化学武器检测、病原体检测和DNA鉴定。

10.2.2　酶传感器

酶传感器是应用较早的一类生物传感器，它以酶作为生物敏感材料，利用酶的催化作用在常温、常压下先将糖类、醇类、有机酸、氨基酸等生物分子氧化或分解，然后通过转换元件获得有用电信号，实现对目标物的定量测定。

1．酶的基本概念

酶是一种由活细胞产生的功能化蛋白质或核糖核酸（Ribonucleic Acid，RNA）。生物体内代谢过程中发生的生化反应绝大多数是在酶的催化下进行的。酶是一种能够加快生化反应速率并且具有催化专一性的生物催化剂，对其底物具有高度特异性和高度催化效能。酶是生物体进行新陈代谢的必要条件。需要注意的是，绝大部分酶是蛋白质，少部分为RNA。

2．酶的催化特性

（1）高效性

酶的催化效率非常高，能够加速生化反应的进行，令反应速率加快。酶的催化特性对比曲线图如图10-15所示。

图10-15中，纵坐标 x 为反应产物浓度（单位为 mol/L），横坐标 t 为时间（单位为 s）。酶催化曲线中的平衡点是指酶促反应达到平衡状态，酶催化产物浓度不再发生明显变化。

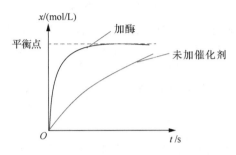

图10-15　酶的催化特性对比曲线图

（2）特异性

酶催化的特异性也称为酶催化的专一性，是指酶仅能作用于某一种底物或某类分子结构相似的底物，发生特定类型的生化反应，产生特定的产物。酶催化的特异性是由酶分子中的氨基酸序列和三维结构所决定的，它保证了酶在生物体内功能和作用的精确性和高效性。例如，淀粉酶只能催化淀粉的水解反应，而不能催化其他碳水化合物的水解反应；蛋白酶只能催化蛋白质的水解反应，而不能催化其他生物分子的水解反应。

（3）可调节性

酶的催化活性可以通过多种方式进行调节。例如，可以通过酶的合成调节、降解调节、变构调节、酶原激活以及调节蛋白等调控等方式调节酶的催化活性，以适应生物体内的不同需求。

① 酶的合成调节。酶的合成调节是一种长期性的调节方式，细胞通过调节酶的基因表达控制酶的合成量。此种调节方式通常涉及复杂的信号转导途径和基因转录调控机制。酶的合成调节主要包括酶的诱导和酶的阻遏两种类型。

酶的诱导是指当微生物细胞中存在某种底物或与底物结构类似的物质时，这些物质可以诱导相关酶的合成。被诱导合成的酶称为诱导酶。例如，当大肠杆菌培养在含有乳糖的培养基中时，乳糖会诱导 β-半乳糖苷酶的合成。

酶的阻遏是指当微生物细胞中某种代谢产物的浓度过高时，该产物可以阻遏相关酶的合成。被阻遏的酶称为阻遏酶。例如，当大肠杆菌培养在含有色氨酸的培养基中时，色氨酸会阻遏色氨酸合成酶的合成。

② 酶的降解调节。酶的降解调节是一种通过调节酶的降解速度来控制酶在细胞内含量的调节机制，是一种快速、短暂的调节方式。细胞通过调节酶的降解速率快速调整酶的活性。

此种调节方式通常会涉及酶的磷酸化、去磷酸化、乙酰化等共价修饰过程。例如，当细胞需要快速降低某种酶的活性时，可以通过对该酶进行磷酸化修饰，加速其降解过程。

③ 酶的变构调节。酶的变构调节也称为别构调节，是指小分子化合物与酶蛋白分子活性位点以外的某一部位特异结合，改变酶的构象和活性。变构调节分为正向调节和负向调节

两种类型。正向调节是指一种物质（通常是酶的底物或激活剂）能够促进酶的催化活性；负向调节是指一种物质（通常是酶的产物或抑制剂）能够抑制酶的催化活性。

酶的变构调节方式可以使细胞快速适应不同的环境条件，并对代谢过程进行精细的调节。

④ 酶原激活。酶原激活是指一些酶在合成初期以无活性的酶原形式存在，通过特定的激活过程将其转化为有活性的酶。酶原激活过程涉及酶分子结构的改变，使酶的活性中心区域得以形成或者暴露出来。

此种调节方式可以使细胞在需要时快速产生有活性的酶。例如，胰腺细胞合成并分泌的胰蛋白酶原是无活性的，但当其进入小肠后，会被肠激酶激活成有活性的胰蛋白酶，从而参与蛋白质的消化。

⑤ 调节蛋白。调节蛋白是指一些调节蛋白可以与酶结合，改变酶的构象或催化活性，从而调节代谢过程。此种调控方式通常快速、可逆，可以使细胞在需要时快速调整代谢过程。

酶的调节蛋白分为激活蛋白和抑制蛋白两种类型。激活蛋白通过与酶的结合增强酶的催化活性，抑制蛋白通过与酶的结合降低酶的催化活性。例如，在糖代谢中，葡萄糖激酶是糖酵解过程的关键酶之一，其活性受到葡萄糖和胰岛素的调节。而葡萄糖和胰岛素可以与葡萄糖激酶的调节蛋白结合，增强葡萄糖激酶的催化活性，促进糖酵解过程。

（4）不稳定性

酶活性的稳定性会受到 pH、温度、紫外线、重金属盐、抑制剂、激活剂等因素的影响。因此，酶的催化特性具有不稳定性。

3．酶传感器的典型应用

酶传感器的生物敏感膜是酶膜，它以电化学电极作为转换元件，将酶参与催化的糖类、醇类、有机酸、激素、氨基酸等生物分子分解或氧化反应过程中产生或消耗的化学物质转换为电信号输出，从而得出被测底物的浓度或成分。

例如，葡萄糖传感器的生物敏感膜是含有葡萄糖氧化酶的膜，在葡萄糖氧化酶（Glucose Oxidase，GOD）的催化下，葡萄糖（$C_6H_{12}O_6$）被氧化生成葡萄糖酸（$C_6H_{12}O_7$）和过氧化氢（H_2O_2），生化反应式为

$$C_6H_{12}O_6 + O_2 + H_2O \xrightarrow{GOD} 2C_6H_{12}O_7 + H_2O_2 \tag{10-12}$$

H_2O_2 在电极表面的催化剂的催化作用下分解为氧气和水，同时产生电子，对应的化学式为

$$H_2O_2 \rightarrow O_2 + 2H^+ + 2e \tag{10-13}$$

生成的电子在电极之间形成电流。通过测量此电流值的大小，可以计算 H_2O_2 的浓度，进而计算葡萄糖的含量。

10.2.3 微生物传感器

微生物传感器是利用细胞固定化技术将微生物活体固定在敏感膜上，在保证固定的微生物数量和活性恒定的情况下，通过转换元件检测微生物反应所消耗的溶解氧量或所产生的电极活性物质的量，间接得到被测底物的信息。

微生物主要包括原核微生物（细菌、蓝藻等）、真核微生物（酵母菌、霉菌等）和无细

胞生物（病毒、类病毒等）。微生物传感器与酶传感器的结构构成和工作原理相似，主要区别是以微生物活体代替了酶。

1. 微生物传感器的类型划分与工作原理

根据微生物生理特点的不同，微生物传感器可分为呼吸活性测定型微生物传感器和代谢活性测定型微生物传感器两种类型。

（1）呼吸活性测定型微生物传感器

呼吸活性测定型微生物传感器主要由固定化需氧性细菌膜和氧电极两部分构成，以细菌呼吸活性物质为基础测定被测物。使用时，将微生物传感器插入含有饱和溶解氧的溶液中，溶液中的有机物将受到细菌细胞的同化作用，使细菌细胞呼吸加强，导致扩散到电极表面的氧气量减少，电极之间产生的电流量也随之减小。当有机物由溶液向细菌膜扩散的速度达到恒定时，细菌的耗氧量也达到恒定，此时扩散到电极表面上的氧气量也恒定，从而产生恒定电流。恒定电流与溶液中有机物的浓度成确定的函数关系，从而实现对有机物浓度的检测。

（2）代谢活性测定型微生物传感器

代谢活性测定型微生物传感器主要由固定化的厌氧菌膜和转换元件构成，以细菌代谢活性物质为基础测定被测物。细菌摄取有机物后会产生各种代谢产物，如果代谢产物是氢、甲酸或各种还原型辅酶等，可以利用电流法进行检测；如果代谢产物是二氧化碳、有机酸（氢离子）等，可以利用电位法进行检测。根据检测的电流或电位参数，可以间接得到有机物浓度的信息。

2. 微生物传感器的典型应用

微生物传感器在工业、医疗、农业、食品、环保等领域应用非常广泛，典型应用如下。

（1）发酵工业

微生物传感器在发酵工业中被广泛应用。例如，在奶业、饮料、酒业、酱油和醋类酿造工业等生产过程中，需要微生物传感器检测原材料和代谢物质，以保证产品品质的稳定性。

（2）水体质量监测

对生活饮用水源、水产养殖水域、工业废水等进行有机物污染、生物学检测时应用较多的生物传感器为 BOD（Biochemical Oxygen Demand，生化需氧量）微生物传感器。BOD 微生物传感器利用微生物分解有机物会导致溶解氧减少的原理快速测定生化需氧量。

（3）医疗领域

微生物传感器在医疗领域的主要应用是检测血糖、病原体、核酸、药物浓度等，为疾病诊断和药理研究提供重要信息。

（4）食品工业

微生物传感器可以用于检测食品中的微生物污染和农药残留，保证食品安全。

（5）生物安全检测

微生物传感器可以用于生物恐怖袭击与生物战剂等生物威胁物质的检测。

10.2.4 免疫传感器

免疫传感器是一种将免疫分析与电化学传感器技术相结合的新型生物传感器，它巧妙地利用抗体与相应抗原间具有特异性识别和结合能力的原理设计而成。免疫传感器的基本原理是免疫学反应。

1．免疫学的基本概念

（1）免疫功能

免疫功能是指生物机体识别与清除外来入侵抗原以及体内突变或衰老细胞，维持机体内环境稳定的功能。免疫是生物机体的保护性生理反应。

生物机体的免疫具有自然免疫和获得性免疫两种类型。自然免疫也称为主动免疫，是指患者感染某些病毒后产生相应的免疫反应。自然免疫具有非特异性，能抵抗多种病原微生物的损害。获得性免疫也被称为特异性免疫或适应性免疫，是生物机体在后天感染（包括病愈或无症状的感染）或人工预防接种（如菌苗、疫苗、类毒素、免疫球蛋白等）后获得的抵抗感的能力。获得性免疫只针对一种病原体，并且是在微生物等抗原物质刺激后才形成的，能与该抗原起特异性反应。

（2）抗原

抗原是指能诱导生物机体发生免疫应答的物质。抗原具有免疫原性和反应原性两种性质。

① 免疫原性。免疫原性是指抗原刺激机体产生适应性免疫应答的性能，即抗原能刺激特定的免疫细胞，使免疫细胞活化、增殖、分化，最终产生免疫效应物质抗体和致敏淋巴细胞的特性。

② 反应原性。反应原性是指抗原与其诱导产生的免疫应答产物（抗体或致敏淋巴细胞）发生特异性结合的能力。抗原与对应的抗体或致敏淋巴细胞发生特异性反应后，形成抗原-抗体复合物或抗原-致敏淋巴细胞复合物，从而表现出反应原性。这种特性是免疫传感器的基本原理之一。

根据来源的不同，抗原可以分为3种类型。

① 天然抗原。天然抗原是指自然界中存在的抗原物质，包括细菌、真菌、病毒等微生物，动物血清、血细胞、细胞等的膜、胞质、胞核内的抗原物质，以及植物花粉等。这些天然抗原多数是蛋白质、多糖、核酸或它们的复合物。

② 人工抗原。人工抗原是指经过人工修饰或合成的抗原物质，可以是天然抗原的类似物或者是全新的抗原。人工抗原具有高度的特异性和可重复性，可用于研究抗原的构效关系和免疫应答机制。偶氮蛋白和基因重组乙肝表面抗原等都是常用的人工抗原。

③ 合成抗原。合成抗原是指通过化学合成方法制备的抗原，如多肽抗原、聚合抗原等。

（3）抗体

抗体是指机体由于抗原的刺激而产生的具有保护作用的球蛋白，也称为免疫球蛋白。

（4）抗原抗体反应

抗原抗体反应是指抗原与抗体之间发生的特异性结合反应。这种反应可发生在机体内部，也可发生在机体外部。因为抗体主要存在于血清中，抗原或抗体检测多采用血清作试验，所以体外抗原抗体反应也被称为血清反应。

抗原抗体反应具有4个显著特点。

① 特异性。抗原抗体的结合实质上由抗原决定簇和抗体分子的超变区之间空间结构的互补性所确定。抗原和抗体分子之间的结合是按照严格的互补性原则进行的，只有两者之间结构互补才能发生反应。因此，抗原与抗体的结合具有高度的特异性。

② 比例性。在抗原抗体进行特异性反应时，生成结合物的量与反应物的浓度有关。抗原抗体比例相当或抗原稍微过剩时反应最充分，形成的免疫复合物沉淀最多。而当抗原抗体比例超过范围时，反应速度和沉淀物量都会迅速降低甚至不出现抗原抗体反应。

③ 可逆性。可逆性是指抗原抗体结合形成复合物后，在一定条件下又可以解离，恢复为抗原与抗体的特性。由于抗原抗体反应是分子表面的非共价键结合，因此所形成的复合物并不牢固，可以随时解离，解离后的抗原抗体仍保持原来的理化特征和生物学活性。

④ 阶段性。抗原抗体反应分为两个阶段，即特异性结合阶段和可见阶段。在特异性结合阶段，抗原和抗体分子之间发生特异性结合，但是此时未形成可见的复合物；在可见阶段形成了可见的免疫复合物，可以通过沉淀、凝集等方式观察和检测。

2．免疫传感器的类型划分

免疫传感器依据转换元件的不同进行类型划分，主要类型有电化学免疫传感器、光纤免疫传感器、压电免疫传感器等。其中，电化学免疫传感器应用最为广泛。

电化学免疫传感器根据具体检测参量的不同，可以分为电位型免疫传感器、电流型免疫传感器、电导型免疫传感器、电容型免疫传感器等类型。

① 电位型免疫传感器。电位型免疫传感器的测量原理：先通过聚氯乙烯膜把抗体固定在金属电极上，然后用相应的抗原与之结合，抗体膜中的离子迁移率随之发生变化，从而使电极上的膜电位也相应发生变化。膜电位的变化值与待测物浓度之间存在对数关系，因此可以根据电位变化值进行换算，从而获得被测物质的浓度。

② 电流型免疫传感器。电流型免疫传感器的测量原理：提供恒定电压，被测物质通过氧化还原反应产生的电极之间的电流与电极表面的被测物质浓度呈线性比例关系。电流型免疫传感器具有灵敏度高、线性度好的优点。

③ 电导型免疫传感器。电导型免疫传感器的测量原理是：基于抗原与抗体特异性结合反应前后溶液电导的变化进行检测。在电导型免疫传感器中，将抗原或抗体固定在电极表面，然后将含有待测抗原或抗体的溶液滴加到电极表面；抗原与抗体发生特异性结合反应后会导致电极表面附近的溶液浓度和离子浓度发生变化，从而引起溶液电导的变化。通过检测溶液电导的变化，可以得到待测抗原或抗体的浓度。

电导型免疫传感器具有灵敏度高、响应时间短、无须标记等优点，但也存在一些局限性，如受溶液离子强度、pH值等因素的影响较大，并且对低浓度抗原或抗体的检测较为困难。

④ 电容型免疫传感器。电容型免疫传感器的工作原理是：基于抗原与抗体特异性结合反应引起的电容量变化进行检测。在电容型免疫传感器中，将抗原或抗体固定在电极表面；将含有待测抗原或抗体的溶液滴加到电极表面；抗原与抗体发生特异性结合反应后会导致电极表面附近的介电常数发生变化，从而引起电容量的变化。通过检测电容的变化，可以求解待测抗原或抗体的浓度。

⊠ 思考

当前实现核酸检测的典型生物传感器类型有哪些？

10.3 柔性生物传感器

柔性生物传感器
概述

10.3.1 柔性生物传感器概述

1. 柔性电子技术

柔性生物传感器（Flexible Wearable Biosensor）基于柔性电子（Flexible Electronic）技术。柔性电子技术是一种将有机材料、无机材料电子器件制作在柔性、可延性基板上的一门新兴交叉科学技术，融合机械、材料、电子、化学、物理、生物医学等多个学科门类，涉及精密制造、微纳加工、表面科学等多个领域的知识。

2. 柔性可穿戴传感器

柔性电子技术的重要应用之一是柔性可穿戴传感器。柔性可穿戴传感器的发展始于20世纪60年代，具有柔软、质轻、便携、可以直接贴合在人体皮肤或衣物上的性能优势，并且微型化、集成化程度高，当前已被广泛应用于军事、医疗、运动健康、VR与AR游戏娱乐等领域。

3. 柔性可穿戴生物传感器

柔性可穿戴生物传感器属于柔性可穿戴传感器的重要分支，可以实时、动态、持续、无创地监测生物体的生理参数，如呼吸频率、心率、心电、体温、血糖、乳糖等，为医疗诊断、健康管理、健身运动等提供重要的数据信息。目前，柔性可穿戴生物传感器已被应用到脑机接口、可穿戴医疗设备、智能健身设备、智能机器人等领域，其典型应用有智能手环、智能绷带、非植入式脑机接口、柔性血氧计、柔性可穿戴体温计等。柔性可穿戴生物传感器的典型应用案例如图10-16所示。

（a）智能手环　　　　　（b）智能绷带　　　　　（c）非植入式脑机接口

图10-16　柔性可穿戴生物传感器的典型应用案例

（1）智能手环

智能手环是一种应用广泛的可穿戴式智能设备，主要用于人们健身运动时的状态监测以及日常状态下的身体健康状况监测，实物示例如图10-16（a）所示。智能手环可以记录佩戴者的步数、卡路里消耗、呼吸频率等运动数据，方便佩戴者及时了解个人运动情况；可以用于监测佩戴者的睡眠情况，包括睡眠时间、深度睡眠时间、浅睡时间等，有助于佩戴者了解睡眠质量，改善睡眠习惯；可以用于家庭健康保健检测，监测佩戴者的心率、心电、血氧饱和度、血压等重要生理参数，方便佩戴者及时了解身体状况，发现身体异常，采取有效措施。

（2）智能绷带

智能绷带通常由液态结晶体纤维、水凝胶、纳米纤维等新型材料配合柔性可穿戴传感器设计制作而成，能根据伤口恶化或治愈的程度改变颜色，并且可以实时检测伤口处的温度、细菌类型、pH 值和炎症水平等信息，实物示例如图 10-16（b）所示。智能绷带主要面向慢性创面的治疗，适用于伤口愈合缓慢的老年人和糖尿病患者。

（3）脑机接口

脑机接口（Brain-Machine Interface，BMI，或 Brain Computer Interface，BCI）指在人或动物大脑与计算机或其他电子设备之间建立的、不依赖于常规大脑信息输出通路的一种全新通信和控制技术。脑机接口是构建"脑联网"的关键设备，分为植入式和非植入式两大类。非植入式脑机接口实物示例如图 10-16（c）所示。脑机接口是目前神经工程领域最活跃的科技前沿研究方向之一，在生物医学、神经康复和智能机器人等领域具有重要的研究意义和深远的应用潜力。当前，脑机接口技术已经可以帮助部分瘫痪患者通过个人大脑的思维意识来控制外部机械手臂，恢复生活自理能力，提高生活质量；可以通过大脑思维意识来控制无人机的飞行姿态。

10.3.2　柔性生物电传感器

1．生物电

生物电是指生物的器官、组织和细胞在生命活动过程中发生的电位和极性变化，是生物活性组织的一个基本特征。人体非常重要的生物电信号包括心电、肌电、脑电、眼电、胃电和视网膜电信号等。

2．柔性生物电传感器

对生物电信号实现检测的柔性生物传感器称为柔性生物电传感器。柔性生物电传感器是脑机接口技术中的关键构成。柔性生物电传感器的基本检测原理是基于生物体内部的电位差或电流。

（1）生物体内主要的电位差与电流

① 脑电波。脑电波简称脑电，是大脑神经细胞和周围神经元之间的电位差，由大脑皮层和神经细胞的电活动产生。脑电波可以反映大脑的意识状态、心理活动、认知过程以及睡眠和觉醒等生理功能。根据频率和振幅的不同，脑电波具体分为 δ 波、θ 波、α 波、β 波和 γ 波等。

② 神经元放电。神经元放电是指神经细胞在受到刺激时，细胞膜的电位发生变化发送电信号的过程。神经元放电是神经信号传递的基本方式之一，是大脑中电流的重要组成部分。

③ 离子电流。离子电流是由离子通道控制的电流，对细胞的活动和信号传导具有重要意义。离子通道是细胞膜上的一种蛋白质，其形成一个跨膜的孔道，允许特定的离子通过。离子在电化学梯度的驱动下从高浓度向低浓度移动，从而产生电流。

④ 神经递质释放。神经递质释放是指大脑中神经递质从突触小泡中释放到突触间隙的过程。神经递质释放会引起突触后膜的电位变化，从而产生电流。神经递质释放是神经信号传递的关键步骤之一。

⑤ 心电信号。生物体的心脏跳动是由窦房结发出兴奋信号，通过心脏的传导系统传导到心房、心室和心脏各个部位，引起心脏节律性的收缩和舒张。在心脏跳动过程中，心房和心室的肌细胞会产生电位变化，这些电位变化通过人体组织传播到体表，形成心电信号。

（2）生物电监测电极

生物电传感器是通过监测生物体内部的电位差或电流获得有效信息，因此其核心构成是生物电监测电极。生物电监测电极根据功能的不同，分为记录电极、参考电极和接地电极3种类型。生物电监测电极根据材料物理特性的不同，可分为湿电极、半干电极、硬质干电极和柔性电极。其中，柔性电极是柔性生物电传感器的核心构成。柔性电极与皮肤结合更加稳定、舒适，且佩戴方便，适用于不同形态的监测场景。

柔性电极形态多样化，有柔性微结构阵列电极、纺织电极等。

① 柔性微结构阵列电极。柔性微结构阵列电极主要由导电材料和柔性材料两部分组成，其中常用的导电材料有金属、金属合金、碳纳米管、石墨烯等，常用的柔性材料有聚酰亚胺、聚酯、聚酰肼、聚氨酯等高分子材料。

柔性微结构阵列电极的结构特点主要体现在其微纳尺度和形貌结构上，其电极通常由多个微米或纳米尺度的电极单元组成，每个电极单元可以独立地与生物组织或细胞进行电接触。2022年，我国首都医科大学、天津大学的科研人员与斯坦福大学合作，研发的柔性微结构阵列电极尺寸只有2 μm，可以作为脑机接口植入式电极。

② 纺织电极。纺织电极主要由导电纤维层和两层衬底层构成。其中，导电纤维层用于传输电信号，由导电性能良好的纤维材料制成，如金属纤维、碳纤维等；第一衬底层和第二衬底层基底主要由动植物纤维或部分化学纤维制成，主要起到支撑和保护导电纤维层的作用。

当前与柔性电子技术、柔性生物电传感器、柔性材料相关的研究属于科技前沿的研究热点。相关研究成果对于推动人类科技进步具有重要的意义，将对人类的生活方式产生重要和深远的影响。

✎ 本章小结

本章系统介绍了化学传感器、生物传感器以及新型柔性生物传感器的基本概念、类型划分、工作原理及其典型应用。

① pH酸度计是离子传感器的典型应用，其主体由指示电极（玻璃电极）与参比电极构成。两种电极的作用不同，在应用时需要共同使用。

② 离子敏场效应晶体管属于离子传感器，其结构构成、工作原理和绝缘栅型场效应管相似，主要区别在于以离子敏感膜代替了金属栅极。

③ 气敏传感器类型很多，可根据测量原理、作用深度、物理特性以及制作工艺等进行划分。

④ 湿度有3种常用的表达方式：绝对湿度、相对湿度和露点温度。湿敏传感器可以根据湿敏元件是否具有水分子亲和力或者其转换元件输出的参量不同进行类型划分。

⑤ 生物传感器的核心构成是生物敏感膜和转换元件。酶传感器、微生物传感器与免疫传感器的主要区别在于生物敏感膜的构成。

⑥ 柔性生物传感器是生物传感器发展的主要趋势，相关研究属于科技前沿研究热点，有关技术的突破与创新对人类的医疗、健康等将产生深远的影响。

📝 本章习题

1. 总结化学传感器与生物传感器的联系与区别。
2. 简述 pH 玻璃电极的作用及其应用特性。
3. 简述离子敏场效应管的结构特点及其工作原理。
4. 简述气敏传感器 MQ-3 的检测原理，并提供基本的应用电路原理图。
5. 分析露点温度可以表示空气相对湿度的依据。
6. 简述电阻式、电容式、频率式、压力式 4 种类型湿敏传感器的工作原理。
7. 简述生物敏感膜的作用。
8. 总结至少 4 项柔性生物传感器技术应用的典型案例。
9. 简述柔性生物传感器与柔性生物电传感器的联系与区别。
10. 总结柔性生物电传感器可以检测的生物体电信号类型。
11. 分别总结植入式与非植入式脑机接口的潜在应用领域。

附录A 传感器基础实验项目

实验一 电阻应变片直流电桥性能测量

1．实验目的

（1）理解电阻应变片的应变效应；

（2）观察电阻应变片的结构及其粘贴方式；

（3）掌握直流单臂电桥电路构成、工作原理及其电路性能；

（4）掌握直流双臂电桥电路构成、工作原理及其电路性能；

（5）掌握直流全桥电路构成、工作原理及其电路性能；

（6）比较直流单臂电桥、直流双臂电桥和直流全桥的电路性能差异。

2．实验原理

电阻应变片的工作原理基于"应变效应"。本实验实际上是构建了以悬臂梁作为弹性敏感元件的电阻应变片称重系统，对应的测量机构示意图如图A-1（a）所示。分别粘贴在悬臂梁上、下两个面的 4 个电阻应变片 R_1、R_2、R_3、R_4，布局通常如图 A-1（b）所示（有的设备两个应变片水平横向粘贴布局）。四个电阻应变片在砝码重力的作用下随着悬臂梁的弹性形变产生机械应变，从而发生阻值的变化。继而借助电桥测量转换电路将阻值的变化转换为电压的变化，实现砝码重力与输出电压的关系对应。

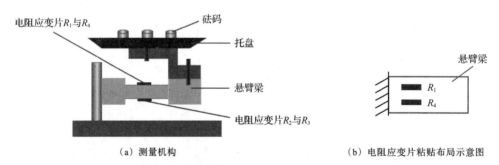

图A-1 电阻应变片称重系统测量机构示意图

本实验电阻应变片的测量转换电路为电桥电路。根据激励源交、直流性质的不同，电桥分为直流电桥和交流电桥两类。根据电阻应变片接入电桥数量的不同，具体对应单臂电桥、双臂电桥和全桥三种电路结构形式。本实验是对三种结构的直流电桥电路进行特性测量。

直流单臂电桥、直流双臂电桥和直流全桥的工作原理图分别如图 A-2（a）～图 A-2（c）所示。

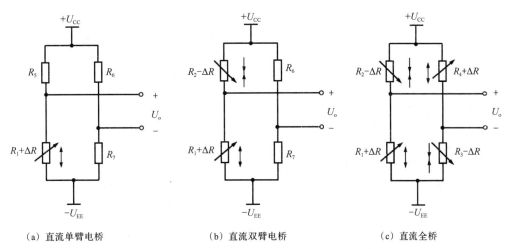

（a）直流单臂电桥　　　　　（b）直流双臂电桥　　　　　（c）直流全桥

图 A-2　电阻应变片直流电桥测量原理图

需要注意的是，当电阻应变片测量系统不受力的作用时，电桥应处于平衡状态，输出电压为零。电桥只有在受到力的作用时，输出端才有电压输出。三种结构的直流电桥电路在相同的激励源、相同的受力情况下，测量准确度依次提高，对应的输出电压表达式如下：

（1）直流单臂电桥：$U_o = \dfrac{1}{4}\dfrac{\Delta R}{R}U$；

（2）直流双臂电桥：$U_o = \dfrac{1}{2}\dfrac{\Delta R}{R}U$；

（3）直流全桥：$U_o = \dfrac{\Delta R}{R}U$。

其中，R 为电阻应变片不受力作用时的电阻阻值，常见阻值为120Ω和350Ω。具体阻值由实验测量机构中实际配置的电阻应变片决定；电桥直流激励可以由正、负对称直流电源供电，通常为±5V。直流电桥总的激励电压 U 求解式为 $U = U_{CC} - (-U_{EE})$。

本实验基于典型的电阻应变片电桥测量转换实验模块和集成运算放大器构成的信号放大电路实验模块开展实验，如图 A-3 所示。

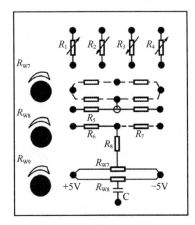

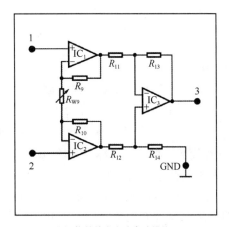

（a）电桥测量转换实验模块　　　　　（b）信号放大电路实验模块

图 A-3　电阻应变片电桥测量转换实验模块与信号放大电路实验模块

3．实验设备与器件

（1）电阻应变片及其电桥测量转换电路实验模块与信号放大电路实验模块；

（2）托盘与砝码（若干）；

（3）正、负对称直流电源；

（4）数字万用表或数字电压表；

（5）导线（若干）。

4．实验内容与步骤

（1）直流单臂电桥测量转换电路性能测量。

① 根据图 A-2（a）所示直流单臂电桥原理图，在 A-3（a）实验模块上用导线将实验模块中的电阻应变片 R_1 与固定阻值电阻 $R_5 \sim R_7$ 连接成为单臂电桥，并正确接入正、负对称直流电源，完成电阻应变片的直流单臂电桥测量转换电路的搭建。

② 信号放大电路"调零"。

a．先用导线将放大电路的两输入端"1"与"2"短接，将输出端"3"与接地端"GND"接至数字电压表。

b．给放大电路实验模块供电后，调节放大电路的增益调节电位器 R_{w9}，直至数字电压表显示为零，即保证当放大电路输入电压为零时，输出电压也为零，以提高测量数据的准确度。

③ 直流单臂电桥性能测量

a．用导线连接电阻应变片直流单臂电桥的两输出端和信号放大电路的两输入端。

需要注意的是要将"调零"时放大电路两输入端的短路导线去除。

b．直流单臂电桥"调零"。电阻应变片测量机构的托盘上不放置砝码，调节直流电桥的桥路平衡电位器 R_{w7}，令数字电压表显示为零。

c．称重测量。在托盘上放置一个砝码，读取数字电压表数值并记录于表 A-1 中。然后逐个增加托盘上的砝码，逐次读取、记录对应的数字电压表数值，直至 10 个砝码放置、测量完成。

表 A-1　直流单臂电桥性能测量实验数据

质量 W/g	0	20	40	60	80	100	120	140	160	180	200
输出电压 U_o/mV											

④ 关闭电源，拆除导线。

⑤ 根据表 A-1 测量的原始数据绘制电阻应变片直流单臂电桥的电压-质量实验曲线，并计算灵敏度和线性度两个静态性能指标值。

a．灵敏度 $k = \Delta U / \Delta W = (U_{O\max} - U_{O\min}) / (W_{\max} - W_{\min})$；

b．线性度 $\gamma_L = (\Delta Y_{L\max} / Y_{FS}) \times 100\%$。

（2）直流双臂电桥性能测量。

① 根据图 A-2（b）所示直流双臂电桥原理图，在 A-3（a）实验模块上用导线将实验模块中的电阻应变片 R_1、R_2 与固定阻值的电阻 R_6、R_7 连接成为双臂电桥电路，并正确接入正、负对称直流电源，完成电阻应变片的直流双臂电桥测量转换电路的搭建。

② 分别对信号放大电路和直流双臂电桥进行"调零"。

③ 在托盘上逐个添加放置砝码，读取数字电压表数值并记录于表 A-2 中，直至 10 个砝码放置、测量完成。

表A-2　直流双臂电桥性能测量实验数据

质量 W/g	0	20	40	60	80	100	120	140	160	180	200
输出电压 U_o/mV											

④ 关闭电源，拆除导线。

⑤ 根据表 A-2 测量的原始数据绘制电阻应变片直流双臂电桥电压-质量实验曲线，并计算灵敏度 k 和线性度 γ_L。

（3）直流全桥性能测量

① 根据图 A-2（c）所示直流全桥原理图，在图 A-3（a）实验模块上用导线将实验模块中的电阻应变片 R_1、R_2、R_3、R_4 连接成为直流全桥电路，并正确接入正、负对称直流电源，完成电阻应变片的直流全桥测量转换电路的搭建。

② 分别对信号放大电路和直流全桥进行"调零"。

③ 在托盘上逐个添加放置砝码，读取数字电压表数值并记录于表 A-3 中，直至 10 个砝码加完。

表A-3　直流全桥性能测量实验数据

质量 W/g	0	20	40	60	80	100	120	140	160	180	200
输出电压 U_o/mV											

④ 关闭电源，拆除导线。

⑤ 根据表 A-3 测量的原始数据绘制电阻应变片直流全桥电压-质量实验曲线，并计算灵敏度 k 和线性度 γ_L。

（4）电阻应变片直流单臂、双臂、全桥电路性能比较。

对电阻应变片直流单臂、双臂、全桥电路的电压-质量实验曲线、灵敏度和线性度进行综合分析比较，总结三种结构直流电桥测量转换电路的性能特点与特性差异。

5．实验注意事项

（1）在改接电路时务必切断供电。

（2）导线与仪表测量线不能置于实验模块上，导线垂直插入、拔出。

（3）在实验过程中如果发现数字电压表显示数据"溢出"或过小，及时切换数字电压表的量程（对于可以自动切换量程的数字电压表不用手动切换量程）。

（4）为了对三种结构直流电桥进行科学正确的特性比较，需要保证在测量过程中不改变放大电路的增益。如果电桥输出电压幅值较高，能够获得准确的测量数据，本次实验也可以不使用放大电路进行信号的放大处理。

（5）电桥直流激励通常取值为 ±5 V。不要提供很高的直流激励工作电压值，过高的工作电压会导致电路中电流较大，电阻应变片的热电阻效应显著，进而会影响数据的测量准确度。

（6）在搭建电桥时要特别注意区别电阻应变片的受拉、受压工作状态。

实验二　差动式电容传感器直流激励微位移测量实验

1．实验目的

（1）了解变面积差动式电容传感器的结构特点；

（2）掌握二极管环形桥式测量转换电路的连接方法及其工作原理；

（3）掌握差动式电容传感器直流激励作用下的微位移测量方法。

2．实验原理

本实验选用圆筒式变面积差动式电容传感器，结构示意图如图A-4所示。

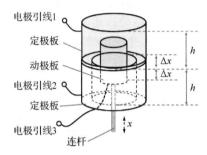

图A-4　圆筒式变面积差动式电容传感器结构示意图

圆筒式变面积电容传感器的工作原理解析及其电容量求解式的分析推导见5.2.3节。根据式（5-15），结合图A-4所示的圆筒式变面积差动式电容传感器的结构示意图，可以得到圆筒式变面积差动式电容传感器的电容量求解式 $\Delta C = -C_0(2\Delta x)/h$，式中，$C_0$ 表示电容传感器的初始状态电容量；Δx 表示连杆的位移量；h 表示差动式电容传感器其中一个定极板的高度。由此式可知，对于同样的位移变化量，差动式电容传感器要比非差动式电容传感器的电容变化量提高一倍，测量灵敏度也更高。

本实验选用的电容传感器的测量转换电路为二极管环形电桥测量转换电路，电路实验模块如图A-5所示。

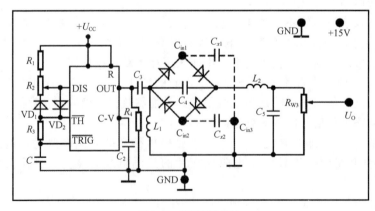

图A-5　电路实验模块

3．实验设备与器件

（1）圆筒式变面积差动式电容传感器；

（2）二极管环形电桥测量转换电路实验模块；

（3）螺旋测微器（千分尺）；

（4）直流电源；

（5）数字万用表或数字电压表；

（6）导线（若干）。

4．实验内容与步骤

（1）安装电容传感器与螺旋测微器

将电容传感器与螺旋测微器正确安装在实验装置支架上，确保两器件轴线对齐，并令圆筒式变面积差动式电容传感器的动极板置于两定极板的中间位置。然后将差动式电容传感器两个定极板引出的电极引线"1""2"分别插入二极管环形电桥测量转换电路实验模块的 C_{in1} 和 C_{in2} 插孔；将动极板引出的电极引线"3"接入实验模块的 C_{in3} 插孔。

需要注意的是，可以根据此测量转换电路实际输出的电压信号的幅度大小，决定后续是否需要连接图 A-3（b）所示的放大电路进行信号放大处理。

（2）测量转换电路输出端"调零"

给实验模块供电（+15V），用数字电压表测量二极管环形电桥测量转换电路输出端电压。调节实验模块上的 R_{W3} 电位器。保证在无输入量时，输出电压趋为零。

（3）电容传感器微位移数据测量

① 正向行程数据测量

选择一个方向（顺时针或逆时针）旋转螺旋测微器的粗调旋钮，令微分筒转过 10 个刻度线，即对应测微螺杆轴向移动 0.1mm 的位移变化量，推动差动式电容传感器的动极板连杆产生同样的位移量。观察此时数字电压表的示数，记录于表 A-4 中。继续按同一方向旋转螺旋测微器的粗调旋钮，令微分筒每次转过 10 个刻度线，观察并记录数据，总计完成 10 组数据测量。

② 反向行程数据测量

在正向行程数据测量完成的基础上，按相反的旋转方向旋转螺旋测微器的粗调旋钮，依然是令微分筒每次转过 10 个刻度线，观察并记录数据于表 A-4 中，测量 11 组数据。

表 A-4　圆筒式变面积差动式电容传感器微位移测量实验数据

正向行程→											
记录序号	调零	1	2	3	4	5	6	7	8	9	10
Δx /mm	0										
U_o /mV											

←反向行程											
记录序号	11	10	8	8	7	6	5	4	3	2	1
Δx /mm											
U_o /mV											

③ 关闭电源，拆除导线。

（4）根据表 A-4 测量的原始数据绘制电容传感器的电压-位移实验曲线，并计算灵敏度 k 和线性度 γ_L。

5．实验注意事项

（1）在连接电路时务必切断供电。

（2）实验开始前注意将差动式电容传感器内的动极板置于两个定极板的中间位置。

（3）在实验过程中根据实际测量数据的范围及时切换适合的数字电压表的量程。

（4）根据实验中电容传感器的实际测量特性，也可以令微分筒每次旋转 20 个刻度线，即对应测微螺杆轴向移动 0.2mm 的位移变化量。

实验三　电涡流传感器直流激励微位移测量实验

1．实验目的

（1）了解高频反射式电涡流传感器的结构特点；

（2）掌握高频反射式电涡流传感器直流激励微位移测量方法及其测量原理。

2．实验原理

用电涡流传感器测量微位移的工作原理基于"电涡流效应"。电涡流传感器的激励线圈在通以较高频率的交流激励信号后，会在被测金属材料表层感应生成电涡流（集肤效应）。电涡流会产生一个交变的感应磁场影响激励线圈的原交变磁场，进而影响激励线圈的等效自感系数、互感系数、等效电阻、电路品质因数等参数值，可以综合表现为阻抗值的变化。本实验选用的高频反射式电涡流传感器实质是一个扁平的激励线圈，完整意义的高频反射式电涡流传感器应该包含金属材料的被测对象（若被测对象为非金属材料，需要在其端面配置金属片状装置）。实验配置的高频反射式电涡流传感器测量转换电路实验模块如图A-6所示，其主要由正弦高频载波振荡电路、二极管检波（解调）电路、LC滤波电路、射极跟随器4部分构成。高频反射式电涡流传感器的激励线圈L_x是PNP型三极管VT_1构成的正弦波振荡电路的关键元件，其阻抗值会随着激励线圈与被测金属对象位移的改变而改变，进而会导致正弦波振荡电路输出的高频载波信号的幅值发生变化。调幅式载波信号经过二极管VD_1检波，再经过L_3、R_6、C_4、C_8构成的π型滤波电路滤波，最后通过NPN型三极管VT_2构成的射极跟随器输出。测量电路输出端的直流电压信号将随着高频反射式电涡流传感器的激励线圈与被测金属对象之间微位移的变化而发生变化。

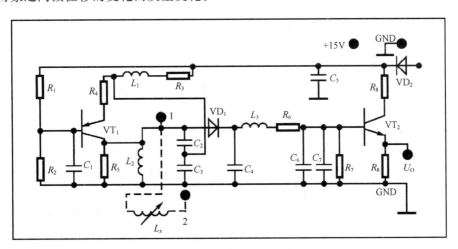

图A-6　高频反射式电涡流传感器测量转换电路实验模块

3．实验设备与元器件

（1）高频反射式电涡流传感器；

（2）电涡流传感器测量转换电路实验模块；

（3）螺旋测微器（千分尺）；

（4）辅助金属片（铁圆片、铝圆片）；

（5）直流电源；

（6）数字万用表或数字电压表；

（7）导线（若干）。

4．实验内容与步骤

（1）安装电涡流传感器与螺旋测微器。

将电涡流传感器与螺旋测微器正确安装在实验装置的支架上，确保两器件轴线对齐。将铁圆片或铝圆片固定于螺旋测微器的测微螺杆上，与电涡流传感器的激励线圈平面轻轻靠近。将电涡流传感器的2根电极引线分别插入电涡流传感器测量转换电路实验模块的"1"与"2"插孔中。

需要注意的是，可以根据实际输出的电压信号幅度的大小，决定后续是否连接图A-3（b）所示的放大电路，进行信号的放大处理。

（2）高频反射式电涡流传感器微位移数据测量。

给实验模块供电（+15V），用数字电压表测量转换电路输出端电压。观察此时数字电压表的示数，并记录于表A-5中。旋转螺旋测微器的粗调旋钮，令测微螺杆后退，即增大电涡流传感器的激励线圈与金属圆片之间的位移。令微分筒每次转过20个刻度线，即对应测微螺杆轴向产生0.2mm的位移变化量。逐次读取记录数据，直至实验模块输出电压连续3次以上数据基本不再发生变化为止。本实验只进行单向行程数据测量。

表A-5　高频反射式电涡流传感器微位移测量实验数据

记录序号	1	2	3	4	5	6	7	8	9	10	……
Δx /mm	0										
U_o/mV											

（3）可以更换测微螺杆的金属片，实现对比组数据测量，重复步骤（2），记录新的数据表，以验证高频反射式电涡流传感器对于不同材料、特性的金属被测对象，位移检测性能的差异。

（4）关闭电源，拆除导线。

（5）根据表A-5测量的原始数据绘制高频反射式电涡流传感器电压-位移实验曲线，并计算灵敏度k和线性度γ_L。

5．实验注意事项

（1）在连接电路时务必切断供电。

（2）进行实验之前，确保铁圆片或铝圆片与电涡流传感器的激励线圈平面可轻轻靠近。

（3）实验开始后，确保测微螺杆是后退，而非向前顶进。

（4）在实验过程中根据实际测量数据的范围及时切换适合的数字电压表的量程。

实验四 热电式温度传感器测温特性实验

1．实验目的

（1）掌握 K 型热电偶、Pt100、AD590 三种类型的热电式温度传感器的测温原理；

（2）掌握热电偶、金属热电阻、集成温度传感器的测温方法；

（3）掌握热电偶计算修正法冷端温度补偿措施的应用。

2．实验原理

接触式的热电式温度传感器根据测温原理的不同，主要分为热电偶、热电阻和集成温度传感器三种类型。

（1）热电偶测温原理是基于"热电效应"。本实验选用 K 型标准热电偶，冷端温度补偿措施采用计算修正法，计算公式为 $e_{AB}(T,T_0) = e_{AB}(T,T_C) + e_{AB}(T_C,T_0)$。

（2）热电阻测温原理是基于"热电阻效应"。本实验选用金属热电阻 Pt100。Pt100 在 0℃～850℃的测温范围对应的阻值–温度函数关系式为 $R_t = R_0(1 + At + Bt^2)$。

（3）集成温度传感器测温原理主要是基于半导体材料 PN 结的电压、电流与温度的关系。本实验选用电流输出型模拟式集成温度传感器 AD590，输出电流灵敏度为 1μA/K。AD590 与实验模块上固定阻值的采样电阻 R_2（1kΩ）构成 I/V 测量转换电路。当被测对象的温度发生变化时，流经 R_2 支路的电流就会发生变化，R_2 两端的电压降发生变化，从而实现温度变化到电流变化继而到电压变化的测量转换。测量电路输出电压的灵敏度为 1mV/K。例如，若测量温度为 10℃，则采样电阻 R_2 的端电压 $U_o = (1\text{mV/K}) \times (273.15 + 10℃) \approx 0.283\text{V}$。

本实验配置的热电式温度传感器温度测量实验模块如图 A-7 所示。

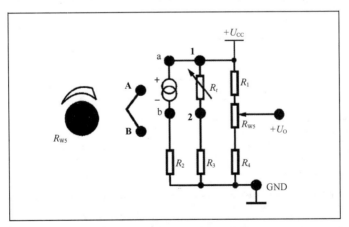

图 A-7 热电式温度传感器温度测量实验模块

3．实验设备与元器件

（1）K 型热电偶、Pt100、AD590；

（2）热电式温度传感器温度测量实验模块与信号放大电路实验模块；

（3）数字恒温源；

（4）直流电源；

（5）正弦交流信号源；

（6）室温温度计；

（7）数字万用表和数字电压表；

（8）导线（若干）。

4．实验内容与步骤

（1）热电偶测温特性测量

① 信号放大电路"调零"与增益设定。

a．用导线将放大电路的两输入端"1"与"2"短接，将输出端"3"与接地端"GND"接至数字电压表。给放大电路实验模块供电，调节放大电路的增益调节电位器R_{w9}，直至数字电压表显示为零。

b．通过正弦交流信号源提供确定有效值与频率的正弦交流信号作为放大电路增益调节的测试信号，例如，将有效值为20mV、频率为1KHz的正弦交流信号接入放大电路输入端，调节放大电路的增益调节电位器R_{w9}，获得确定的增益，增益设定范围可为10倍～30倍。

② 将K型热电偶的正极引线（红色或黄色线）接至热电式温度传感器温度测量实验模块的"A"插孔，进而接到信号放大电路实验模块的"1"端；将K型热电偶的负极引线（蓝色或黑色线）接至热电式温度传感器温度测量实验模块的"B"插孔，进而接到信号放大电路实验模块的"2"端。

③ 通过室内温度计获得当前室内温度值。

④ 将K型热电偶的热端放入数字恒温源中。在室温的基础上，每次通过调节数字恒温源，可获得5℃的温度递增，通过数字电压表获得此时K型热电偶测量温度对应的放大后的热电势输出值，记录于表A-6中，总计测量10组数据。

表A-6　K型热电偶测量温度实验数据

数字恒温源 显示温度/ ℃	室温 （　　）									
热电偶测温热电势 U_o/ mV										
冷端补偿热电势e/ mV										
查分度表对应温度/ ℃										

⑤ 关闭电源，拆除导线。

⑥ 根据表A-6测量的原始数据绘制K型热电偶的热电势-温度实验曲线，并计算灵敏度k和线性度γ_L。

⑦ 对表A-6测量的热电势，通过计算修正法获得冷端补偿后的热电势值，并根据此数据，查K型热电偶的分度表，获得对应的温度值，记录于表A-6中。

（2）铂电阻测温特性测量

① 信号放大电路"调零"与增益设定。

方法与步骤与热电偶实验部分相同。

② 三线制的 Pt100 有三根引出线，其中两根导线为同种颜色，引自 Pt100 的同一端，相互短路。将这两根引出线分别接到热电式温度传感器温度测量实验模块中的"2"端和信号放大电路实验模块中的"1"端。剩余的一根引出线接到热电式温度传感器温度测量实验模块中的"1"端，则 Pt100 与实验模块中的固定阻值的电阻 R_1、R_3、R_4 构成直流单臂电桥。用导线将电桥的输出端与信号放大电路实验模块中的"2"端相连接。

③ 通过室内温度计获得当前室内温度值。通过数字万用表欧姆挡测量 Pt100 在当前室温环境中对应的电阻值。

④ 将 Pt100 放入数字恒温源中。调节数字恒温源，在室温的基础上，增加 5℃的温度，通过数字电压表测量读取此时的放大电路输出电压值，记录于表 A-7 中。

⑤ 断电并断开 Pt100 与实验模块的导线连接，用数字万用表欧姆挡测量 Pt100 两根不同颜色的引出线之间在当前温度下对应的阻值，记录于表 A-7 中。

⑥ 将 Pt100 引出线与实验模块连接、供电，增加数字恒温源的温度（5℃），重复④、⑤两个操作步骤，总计测量 10 组数据，记录于表 A-7 中。

表 A-7　Pt100 测量温度实验数据

数字恒温源 显示温度/℃	室温 （　　）									
U_O/mV										
Pt100 测量阻值/Ω										
查分度表对应温度/℃										
公式计算阻值/Ω										

⑦ 关闭电源，拆除导线。

⑧ 根据表 A-7 测量的原始数据绘制 Pt100 的电压-温度实验曲线，并计算灵敏度 k 和线性度 γ_L。

⑨ 将查分度表获得的温度值代入 Pt100 对应的阻值-温度函数关系式，见式（3-11）与式（3-12），记录于表 A-7 中。（选做项）

（3）AD590 测温特性测量

① 信号放大电路"调零"与增益设定。

方法与步骤与热电偶实验部分相同。

② 将 AD590 的正、负极引线分别接至热电式温度传感器温度测量实验模块中的"a"端和"b"端；通过导线将电阻 R_2 端电压的变化引至信号放大电路的输入端，实现线性放大处理。

③ 通过室内温度计获得当前室内温度值。

④ 将做了防水、防潮封装处理的 AD590 放入数字恒温源中。在室温的基础上，每次通过调节数字恒温源，获得 5℃的温度递增，通过数字电压表测量获得此时 AD590 测量的温度转换得到的输出电压值，记录于表 A-8 中，总计测量 10 组数据。

表A-8　AD590测量温度实验数据

数字恒温源 显示温度/℃	室温 （　　）							
U_o/mV								
I/μA								

⑤ 根据 $I = U/1\text{k}\Omega$，计算出输出电压对应的电流值，并填写于表A-8中。

⑥ 关闭电源，拆除导线。

⑦ 根据表A-8数据值画出AD590电压-温度实验曲线，并计算灵敏度 k 和线性度 γ_L。

（4）结合本次实验数据对K型热电偶、Pt100、AD590三种类型的热电式温度传感器的测温特性进行分析对比。

5．实验注意事项

（1）在连接电路时务必切断供电。

（2）在实验过程中根据实际测量数据的范围及时切换适合的数字电压表的量程。

（3）在实验之初，放大器的增益调节好后，实验过程中不要再调整 R_{w9} 增益电位器。

（4）实验过程中数字恒温源的最高设定温度不高于100℃。

实验五　霍尔传感器直流激励微位移测量实验

1．实验目的

（1）了解四引脚霍尔传感器的测量电路连接方法；

（2）掌握霍尔传感器微位移测量原理；

（3）掌握霍尔传感器直流激励微位移测量方法及其电路特性。

2．实验原理

本实验测量原理基于霍尔传感器的"霍尔效应"。由两个磁钢提供磁场（两个磁钢的北极相对），且磁场方向与霍尔传感器激励电流的方向相垂直，因此对应的霍尔电势（霍尔电压）表达式为 $U_H = K_H IB$。本实验的线性霍尔传感器微位移测量示意图如图 A-8 所示。当霍尔传感器偏离两个磁钢的中间位置（磁感应强度 B 为零）的位移量越大，对应的磁感应强度值越大，输出的霍尔电压就越大。将位移量的变化转换为磁感应强度的变化，继而转换为电压量的变化，从而实现对位移量的测量。

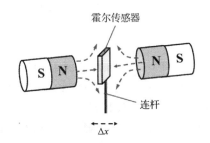

图 A-8　线性霍尔传感器微位移测量示意图

本实验对应的线性霍尔传感器测量微位移实验模块如图 A-9 所示。

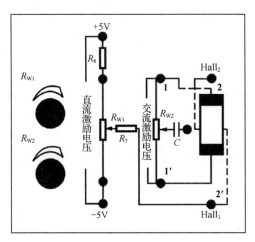

图 A-9　线性霍尔传感器测量微位移实验模块

3．实验设备与元器件

（1）线性霍尔传感器；

（2）霍尔传感器实验模块；

（3）螺旋测微器（千分尺）；

（4）直流电源；

（5）数字万用表或数字电压表；

（6）导线（若干）；

4．实验内容与步骤

（1）安装线性霍尔传感器与螺旋测微器

将线性霍尔传感器与螺旋测微器正确安装在实验装置的支架上，确保两器件轴线对齐，并且确保线性霍尔传感器处于两个磁钢的中间位置（磁感应强度 B 近似为零）。将线性霍尔传感器的两根激励电极引线分别插入霍尔传感器实验模块的"1"与"1′"插孔；将线性霍尔式传感器的两根霍尔电极引出线分别插入实验模块的"2"与"2′"插孔。

需要注意的是，可以根据实际输出的霍尔电压幅度的大小决定后续是否连接图 A-3（b）所示的放大电路，进行信号的放大处理。

（2）不等位电势测量与补偿

给实验模块供电（±5V），用数字电压表测量线性霍尔传感器输出的霍尔电压（不等位电势）。调节实验模块上的 R_{w1} 电位器，令不等位电势值最小。

（3）线性霍尔传感器微位移测量

① 正向行程数据测量

选择一个方向（顺时针或逆时针）旋转螺旋测微器的粗调旋钮，令微分筒转过 10 个刻度线，即对应测微螺杆轴向移动 0.1mm 的位移变化量，推动线性霍尔式传感器的连杆产生同样的位移量。观察此时数字电压表的示数，并记录于表 A-9 中。继续按同一方向旋转螺旋测微器的粗调旋钮，令微分筒每次转过 10 个刻度线，观察并记录数据，总计完成 10 组数据测量。

② 反向行程数据测量

在正向行程数据测量完成的基础上，按相反的旋转方向旋转螺旋测微器的粗调旋钮，依然是令微分筒每次转过 10 个刻度线，观察并记录数据于表 A-9 中，总计测量 11 组数据。

表A-9　线性霍尔传感器微位移测量实验数据

正向行程→											
记录序号	1	2	3	4	5	6	7	8	9	10	11
Δx /mm	0										
U_o/mV	不等位电势 （　　）										

←反向行程											
记录序号	11	10	9	8	7	6	5	4	3	2	1
Δx /mm											
U_o/mV											

③ 关闭电源，拆除导线。

（4）根据表 A-9 测量的原始数据绘制线性霍尔传感器电压-位移实验曲线，并计算灵敏度 k 和线性度 γ_L。

5．实验注意事项

（1）在连接电路时务必切断供电。

（2）实验测量进行之前将线性霍尔传感器置于两磁钢的中间位置，即令磁感应强度为零，进行不等位电势补偿调节。

（3）在实验过程中根据实际测量数据的范围及时切换适合的数字电压表的量程。

（4）在实验测量过程中，注意不要出现线性霍尔传感器紧紧挤压磁钢的情况，这样容易造成霍尔传感器的损坏。

（5）可以根据需要增加正向行程和反向行程的数据测量次数，根据实际测量的数据量调整表格。

附录B 传感器基础实验模块总图

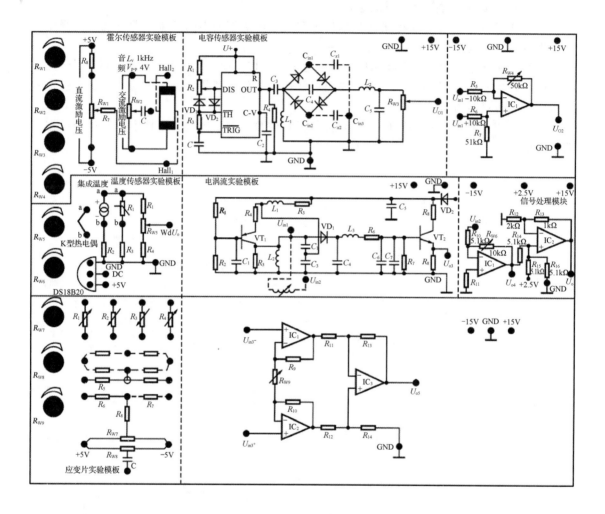

参考文献

[1] 胡向东. 传感器与检测技术[M]. 3版. 北京：机械工业出版社，2018.

[2] 李晓莹，张新荣，任海果. 传感器与测试技术[M]. 2版. 北京：高等教育出版社，2019.

[3] 郭天太，李东升，薛生虎. 传感器技术[M]. 北京：机械工业出版社，2020.

[4] 张玉莲. 传感器与自动检测技术[M]. 3版. 北京：机械工业出版社，2020.

[5] 徐科军，马修水，李晓林，等. 传感器与检测技术[M]. 4版. 北京：电子工业出版社，2018.

[6] 沈亚强，蒋敏兰，楼恩平，等. 传感与检测技术及应用[M]. 北京：北京大学出版社，2016.

[7] 王劲松，刘志远. 智能传感器技术与应用[M]. 北京：电子工业出版社，2022.

[8] 游青山，赵悦，黄崇富. 智能传感器技术应用[M]. 北京：科学出版社，2021.

[9] 孟立凡，蓝金辉. 传感器原理与应用[M]. 2版. 北京：电子工业出版社，2013.

[10] 苏震. 现代传感技术——原理、方法与接口电路[M]. 北京：电子工业出版社，2011.

[11] 刘传玺，毕训银，袁照平. 传感与检测技术[M]. 北京：机械工业出版社，2011.

[12] 王霞，王吉晖，高岳，等. 光电检测技术与系统[M]. 3版. 北京：电子工业出版社，2018.

[13] 周秀云，张涛，尹伯彪，等. 光电检测技术及应用[M]. 2版. 北京：电子工业出版社，2018.

[14] 宋德杰. 传感器及工程应用[M]. 北京：电子工业出版社，2016.

[15] 胡福年，白春艳，丁启胜，等. 传感器与测量技术[M]. 南京：东南大学出版社，2015.

[16] 贾海瀛. 传感器技术与应用[M]. 2版. 北京：高等教育出版社，2021.

[17] 付华，徐耀松，王雨虹，等. 传感器技术及应用[M]. 3版. 北京：电子工业出版社，2018.

[18] 费业泰. 误差理论与数据处理[M]. 7版. 北京：机械工业出版社，2016.

[19] 刘锴. 面向无人驾驶的多激光雷达与相机的融合技术研究[D]. 长春：吉林大学，2020.

[20] 李峥. 无人驾驶汽车的运动规划与多传感器数据融合技术研究[D]. 天津：天津大学，2021.

[21] 陈英，胡艳霞，刘元宁，等. 多传感器数据的处理及融合[J]. 吉林大学学报：理学版，2018，56(5)：1170–1178.

[22] 宋璐，左小磊，李敏. 柔性可穿戴传感器及其应用研究[J]. 分析化学，2022，50（11）：1661–1672.

[23] 刘博扬，王冉冉，孙静. 可视化柔性可穿戴传感器研究进展 [J]. 分析化学，2023，51（3）：305–315.

[24] 齐钰，鲁洋，周青青，等. 高性能水凝胶在可穿戴传感器中的应用进展[J].分析化学，2022，50（11）：1699–1711.

[25] 高久伟，卢乾波，郑璐，等. 柔性生物电传感技术[J].材料导报，2020，34（1）：01095–01106.